高等职业教育计算机类专业精品教材
"互联网+"新形态立体化教学资源特色教材

计算机工程技术项目化教程

主 编 丁晓香
副主编 姜洪雨 李 妍 王尔康
　　　　姜 薇 沈敏跃
参 编 刘成宝 柴方艳 王效慧

中国轻工业出版社

图书在版编目（CIP）数据

计算机工程技术项目化教程/丁晓香主编. —北京：中国轻工业出版社，2024.8

高等职业教育计算机类专业精品教材

ISBN 978-7-5184-4930-9

Ⅰ.①计… Ⅱ.①丁… Ⅲ.①计算机技术—高等职业教育—教材 Ⅳ.①TP3

中国国家版本馆CIP数据核字（2024）第077671号

责任编辑：李金慧　　　　责任终审：李建华　　设计制作：锋尚设计
策划编辑：张文佳　李金慧　责任校对：晋　洁　　责任监印：张　可

出版发行：中国轻工业出版社（北京鲁谷东街5号，邮编：100040）

印　　刷：三河市国英印务有限公司

经　　销：各地新华书店

版　　次：2024年8月第1版第1次印刷

开　　本：787×1092　1/16　印张：15.5

字　　数：400千字

书　　号：ISBN 978-7-5184-4930-9　定价：49.80元

邮购电话：010-85119873

发行电话：010-85119832　010-85119912

网　　址：http://www.chlip.com.cn

Email：club@chlip.com.cn

版权所有　侵权必究

如发现图书残缺请与我社邮购联系调换

240179J2X101ZBW

前言

信息化时代背景下,计算机的使用已成为当代大学生必备的专业技能之一。为了让IT新手快速成长,我们联合企业编写了这本具有实用性、时效性、创新性的教材。教材注重实际应用和解决问题,以满足电子信息领域的不断发展和创新需求。

全书5个工程项目,主线为认识计算机、管理软件、学习网络、组建网络、编辑工程文档等计算机专业入门知识,形成22个基于计算机操作员、网络管理员、信息处理技术员等职业岗位能力的典型工作任务。根据新的教材大纲,紧贴"三教"改革,紧密联系生产生活,突出应用性和实践性。

本书具有以下特点。

(1) 本书是一本"项目引导、任务驱动"的理实一体化校企合作教材,设置5个计算机工程项目,每个项目分为多个学习任务,每个任务解决一个计算机工程中的实际问题,突出计算机工程方面应用实践,遵循学生职业能力培养基本规律。

(2) 教材内容结合岗位能力要求,融入华为"1+X"认证、职业技能大赛知识点和技能点,以及信息技术应用创新行业相关国产软件,具有先进性和前瞻性。

(3) 本书是高等职业教育计算机类课程新形态一体化教材,有配套的数字化学习资源和精品在线课程,相关素材以二维码形式提供。

(4) 本书内容融入课程思政,落实立德树人。在知识学习、任务实施、任务拓展、扩展阅读等环节,以故事、案例、技能讲解等形式,将课程思政融入教材中,增强学生的网络强国意识和信息安全意识,提升职业素养,激发爱国情怀以及勇于创新的工匠精神。同时,在案例使用时,依托国产的信息技术应用创新(信创)产品,让学生了解我国在当前IT基础设施、应用设备等领域面临的机遇和挑战,培养专业理想和奋斗精神。

本书由黑龙江农垦职业学院丁晓香担任主编,姜洪雨、李妍、王尔康、姜薇、沈敏跃担任副主编,刘成宝、柴方艳、王效慧参编,其中丁晓香编写了项目3,并负责全书的总体策划与审稿,项目1由姜薇编写,项目2由姜洪雨编写,项目4由王尔康编写,项目5的任务1、任务2、任务6由沈敏跃编写,项目5

的任务3、任务4、任务5由李妍编写。柴方艳参与了思政案例的编写,刘成宝和王效慧参与了习题的编写。

本书在编写过程中,中国铁路哈尔滨局集团有限公司等企业提供了编写建议、技术支持、案例及素材,在此表示衷心感谢。同时,本书在编写过程中还进行了大量的岗位调研和参考了大量的书籍、报刊,衷心地感谢参与岗位调研的人员和参考文献的所有作者。

由于编者水平有限,书中难免存在不足之处,如果您在使用中发现了问题,请和我们联系,我们将真诚接受建议和批评,并及时进行修改。

编者

目录

项目 1　与时俱进，走进计算机信息时代　1

任务 1　初识计算机系统 2
1.1　计算机发展历程 2
1.2　计算机的分类 5
1.3　计算机的特点 6
1.4　计算机的应用领域 7
1.5　计算机系统组成 8

任务 2　实现进制间转换 13
2.1　数据的存储单位 14
2.2　计算机中的数制 15
2.3　进制转换关系 16
2.4　信息编码 16

任务 3　识别计算机硬件 22
3.1　计算机硬件组成 22
3.2　计算机硬件系统 26

任务 4　组装台式计算机 33
4.1　组装前的准备 33
4.2　主板的插槽 34

项目 2　共生共荣，探索计算机生命之源　45

任务 1　管理磁盘分区 46
1.1　磁盘的初始化 47
1.2　文件系统 48
1.3　分区的类型 48
1.4　MBR和GPT 49
1.5　动态磁盘 50

任务 2　安装操作系统 57

	2.1	操作系统概述	57
	2.2	常见的操作系统	58
	2.3	操作系统的安装方式	59
	2.4	硬件配置要求	59
	2.5	安装系统前的准备	60

任务 3　防护系统安全 66

  3.1　用户管理 66
  3.2　计算机病毒 66
  3.3　系统优化工具 67
  3.4　个人防火墙 67

任务 4　安装应用软件 74

  4.1　WPS Office 75
  4.2　虚拟机软件 75
  4.3　华为eNSP 76

项目 3　开放共建，描绘信息化网络架构　　84

任务 1　运用拓扑结构实现网络互联 85

  1.1　计算机网络的定义 86
  1.2　计算机网络的结构 86
  1.3　计算机网络的主要功能 87
  1.4　计算机网络的发展 87
  1.5　计算机网络的分类 89

任务 2　构建体系结构实现网络分层 97

  2.1　网络协议 98
  2.2　计算机网络体系结构 98
  2.3　OSI参考模型的层次结构 99
  2.4　TCP/IP模型 101
  2.5　TCP/IP中主流协议 102
  2.6　数据的传输过程 102
  2.7　抓包工具 103

任务 3　依据 IP 地址实现网络通信 108

  3.1　IP地址的概述 108
  3.2　IP地址的表示方法 108

3.3　IP地址的结构 109
　　3.4　IP地址的分类 109
　　3.5　特殊的IP地址 111
　　3.6　子网掩码 112
任务 4　利用子网划分实现网络隔离 118
　　4.1　子网的定义 118
　　4.2　划分子网的优点 119
　　4.3　划分子网的方法 119

项目 4　和谐共享，组建数字化校园网络　　127

任务 1　组建双机互连的局域网 128
　　1.1　局域网概述 128
　　1.2　以太网 130
　　1.3　局域网的组成 131
任务 2　制作标准非屏蔽双绞线 138
　　2.1　有线传输介质 138
　　2.2　无线传输介质 140
　　2.3　传输介质的连接 141
任务 3　组建小型共享式对等网 147
　　3.1　局域网工作模式 148
　　3.2　资源共享 149
任务 4　远程访问网络中计算机 158
　　4.1　远程控制 158
　　4.2　远程登录服务 159

项目 5　夯实基础，编辑计算机工程文档　　168

任务 1　编辑机房工程方案 169
　　1.1　WPS文字文件 170
　　1.2　WPS文字工作界面 170
　　1.3　文本的操作 171
　　1.4　文档格式 171
　　1.5　表格 172
　　1.6　文档页面 173

任务 2　编辑软件系统说明书 179
2.1　常用对象 180
2.2　分隔符 180
2.3　页眉和页脚 181
2.4　样式 181
2.5　目录 181

任务 3　统计笔记本销售表 190
3.1　WPS表格文件 190
3.2　WPS表格工作界面 190
3.3　WPS表格的基本元素 192
3.4　表格中的数据 193
3.5　数据的整理和分析 194
3.6　图表 195

任务 4　展示常用工具软件 205
4.1　WPS演示文稿 206
4.2　WPS演示工作界面 206
4.3　WPS演示视图 207
4.4　WPS演示母版 207
4.5　WPS演示版式 207
4.6　多媒体对象 208

任务 5　展示手机电子产品 217
5.1　WPS动画效果 218
5.2　超链接与动作设置 219
5.3　演示文稿的放映 219
5.4　演示文稿的发布 220

任务 6　绘制网络拓扑图 229
6.1　层次化网络设计 230
6.2　绘图软件 231
6.3　流程图 232

参考文献 240

项目 1 | 与时俱进，走进计算机信息时代

▶ 项目描述

计算机的诞生是人类历史发展的一个重要节点。随着时代的发展，计算机技术不断成熟、与时俱进，为人类科技、文化、经济、社会等方面的发展奠定了基础。进入信息化时代，计算机已成为人们学习、工作和生活中必不可少的工具。

作为计算机专业技术人员，对计算机的发展和应用要有一定的了解，还要熟练掌握计算机的硬件组成，能够根据用户对计算机硬件的需求，完成硬件的选购和安装。组装计算机是计算机操作员必备的基本专业技能之一。

本项目从计算机系统的概述、进制的转换方法、计算机硬件及组装等方面介绍计算机的基础知识和基本实践技能，提升选购和组装计算机的能力。

▶ 学习目标

【知识目标】

（1）掌握数据存储单位、数制、进制之间的转换方法、信息编码等知识。
（2）了解计算机的发展、分类、特点、应用领域，以及系统组成等基础知识。
（3）掌握计算机中各种硬件设备的型号、性能和用途，以及硬件系统的结构。
（4）熟悉组装计算机的前期准备工作，以及主板的插槽结构。

【能力目标】

（1）能够进行各种进制之间的转换。
（2）能够使用计算机进行文献检索和资料查找，会识别各种类型的计算机。
（3）能够识别计算机的硬件组成及产品规格，根据不同需求选购性价比较高的计算机。
（4）能够按照计算机组装的顺序与流程，安全、规范地组装计算机的各个部件，能够分析并处理组装过程中出现的问题。

【素质目标】

（1）了解我国计算机的发展历程，规划对未来职业的愿景，树立端正的学习态度，激发科技报国的责任感和使命感。

（2）通过学习进制转换，培养认真细致的工作态度，热爱科学，能够明辨是非。

（3）通过查询与整理计算机配置清单，树立强烈的市场意识、成本意识、服务意识和质量意识。

（4）通过规范组装计算机的操作，提升实践动手能力，培养严、慎、细、实的职业素养和工匠精神。

任务 1　初识计算机系统

▶ 任务描述

计算机是20世纪先进的科技发明之一，促进了人类社会的发展，成为信息社会中不可或缺的工具，目前它被应用在各行各业。学习计算机的相关知识是从事计算机操作员岗位的基本要求。

计算机从业人员需要从计算机的发展历程、特点、分类、应用领域、系统组成等方面熟悉计算机，才能更好地使用计算机。

▶ 知识学习

1.1　计算机发展历程

计算机（Computer），全称"电子计算机"，是一种能够按照程序自动、高速、精准地进行信息处理的电子设备。

1.1.1　计算机的诞生

世界上第一台电子计算机，如图1-1所示，于1946年2月在美国宾夕法尼亚大学诞生，这台"电子数字积分计算机"（Electronic Numerical Integrator And Computer，ENIAC）占地170平方米，重30吨，用了18000多个电子管，每秒能进行5000次加法运算。

图1-1 世界上第一台电子计算机

1.1.2 计算机的发展

根据计算机所采用的物理元器件,可以大致将计算机的发展划分为四个时代。

第一代(1946—1957年)——电子管计算机:结构上以CPU(中央处理器)为中心,采用电子管为主要元器件。它的特点是体积大、耗电多、速度低、存储量小、可靠性差、成本高,采用机器语言或汇编语言,主要用于军事和科研部门的科学计算。

计算机的发展历程

第二代(1958—1964年)——晶体管计算机:结构上以存储器为中心,采用晶体管为主要元器件。与上一代相比,它的特点是体积缩小、功耗降低,提高了运算速度和可靠性,产生了高级语言(FORTRAN、COBOL、ALGOL等)和批量处理系统,出现了操作系统,被应用到数据和事物处理以及工业控制等领域。

第三代(1965—1970年)——中小规模集成电路计算机:结构上仍以存储器为中心,采用小规模和中等规模集成电路为主要元器件,增加了多种外部设备。与上一代相比,它的特点是体积减小、功耗和价格降低、功能增强,运算速度及可靠性有了更大的提高,软件得到一定发展,操作系统逐步完善,计算机具有了对图像、文字、资料等信息进行处理的功能,还被应用到企业管理和自动控制等领域。

第四代(1970年至今)——大规模、超大规模集成电路计算机:采用大规模集成电路为主要元器件,运算速度可达每秒几千万次,最高可达百亿亿次,输入输出设备有了很大的发展,应用更加广泛,出现了微型计算机。计算机的应用进入以网络化为特征的时代,广泛应用于社会生活的各个领域。

四个时代的计算机元器件如图1-2所示。

| 电子管 | 晶体管 | 中小规模集成电路 | 大规模、超大规模集成电路 |

图1-2 四个时代的计算机元器件

1.1.3 我国计算机的发展

我国从1957年开始研制通用数字电子计算机103机，1958年8月，这台计算机完成了四条指令的运行，宣告我国制造的第一架通用数字电子计算机的诞生。我国计算机的发展历程如表1-1所示。

我国计算机的发展

表1-1 我国计算机的发展历程

年代	特点	代表机型
1957—1964年	研制出第一台电子管计算机，每秒2500次运算	103机
1965—1972年	研制出第二代晶体管计算机，每秒运算6万次	109型机
1973—19世纪80年代初	研制出第三代集成电路计算机，运算速度达每秒100万次	DJS-130小型计算机
19世纪80年代初—至今	研制出每秒4亿次浮点运算的巨型机	银河-Ⅰ巨型机 长城0520CH微机

1.1.4 计算机语言的发展

人与人的交流需要语言，人与计算机的交流同样需要语言。实现人与计算机之间信息交换的语言被称为计算机语言，计算机语言的发展经历了三个阶段。

计算机语言的发展

①机器语言是用二进制代码"0"和"1"组成的一组代码指令，每条指令用二进制编码，计算机硬件可以直接识别并执行，效率很低。

②汇编语言用一些容易理解和记忆的缩写单词来代替指令，例如："ADD"代表加法操作指令、"SUB"代表减法操作指令等。汇编语言仍是面向机器的语言，很难从其代码上理解程序设计意图，设计出来的程序不易被移植。

③高级语言克服了汇编语言和机器语言的弱点，成为一种独立于机型的、接近人类习惯

的自然语言。使用高级语言编写的程序具有可读性强、可靠性好、利于维护的特点。常用的计算机高级语言有C、Java、Python等。

例如：将变量b的值加1后的结果存入变量a的过程，用三种编程语言描述的代码如表1-2所示。

表1-2 用三种编程语言描述的代码

编程语言	机器语言（十六进制）	汇编语言	C语言

表示形式	a1 1c a0 04 08
	83 c0 01
	a3 18 a0 04 08
		MOV AX, b
		ADD AX, 01H
		MOV a, AX
			a=b+1;

1.2 计算机的分类

计算机的分类方法有多种，按综合性能分类有超级计算机、服务器、微型计算机和嵌入式计算机等。

（1）超级计算机

超级计算机是计算机中功能最强、运算速度最快、存储容量最大的一类计算机，具有很强的计算和处理数据的能力，它主要应用于科学计算，在气象、军事、能源、航天等领域，承担大规模、高速度的计算任务，是国家科技发展水平和综合国力的重要标志。我国研制的天河二号巨型机如图1-3所示，就属于超级计算机。

计算机的分类

（2）服务器

服务器专指某些能通过网络对外提供服务的高性能计算机，也称为网络服务器，如图1-4所示。服务器的高性能主要体现在高速的运算能力、长时间的可靠运行、强大的外部数据吞吐量等方面。服务器的系统构成与普通计算机相同，而在稳定性、安全性、数据传输速

图1-3 天河二号巨型机

图1-4 网络服务器

率等方面的要求更高，因此需要更高性能的CPU、内存、磁盘系统、网络等配件。

（3）微型计算机

微型计算机是目前发展最快、应用最广的机型，也称为个人计算机（Personal Computer，PC），涵盖了台式计算机、电脑一体机、笔记本电脑等，台式机与笔记本电脑如图1-5所示。微型计算机具有操作简单、灵活性好、价格低廉、使用方便、体积小等优点，在办公自动化、多媒体应用、辅助设计等方面起到了不可估量的作用。

（4）嵌入式计算机

嵌入式计算机是指嵌入到某些产品中的微型计算机系统，用来执行与产品有关的特定功能或任务。它一般由嵌入式微处理器、外围硬件设备、嵌入式操作系统以及产品的应用程序四个部分组成。嵌入式系统几乎包括了生活中的所有电器设备，如手机、数字电视、汽车、自动售货机、工业自动化仪表等，手机与自动售货机如图1-6所示。随着信息化浪潮带动大数据、云计算等电子信息行业的进一步发展，相关各类智能终端设备的需求也将进一步释放，嵌入式技术作为智能终端设备的核心技术之一，将被应用到更多领域。

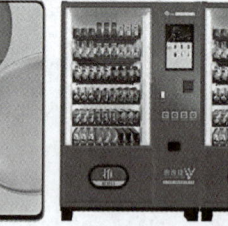

图1-5　台式机与笔记本电脑　　　　图1-6　手机与自动售货机

1.3　计算机的特点

（1）自动化程度高

自动化程度高是指计算机能在程序控制下自动连续地高速运算。计算机采用存储程序控制的方式，能自动地运行已编制好的程序，直至完成任务，不需要人工干预，而且程序可以反复执行。

计算机的特点

（2）运算速度快

运算速度是计算机的一个重要性能指标。计算机的运算速度通常用每秒钟执行定点加法的次数或平均每秒钟执行指令的条数来衡量。计算机的运算速度已由早期的每秒几千次发展到现在的每秒十亿亿次，甚至高达百亿亿次。

（3）运算精度高

在科学研究和工程设计中，对数据的精度有很高的要求。一般的计算工具只能达到几位有效数字，而计算机中数据的精度可达到十几位、几十位有效数字，还可以根据需要指定计算精度。

（4）具有记忆和逻辑判断能力

计算机具备存储和"记忆"信息的能力，还具备数据分析和逻辑判断能力。可以使用计算机进行资料分类、情报检索、大数据挖掘等具有逻辑判断功能和信息存储的工作。

（5）可靠性高

随着计算机技术的发展，现在的计算机可以实现长达几十万小时的无故障运行，具有极高的可靠性。例如：安装在宇宙飞船上的计算机可以连续多年无故障地运行、提供某些网站服务的服务器可以实现"7×24小时"服务，这些数据都代表着计算机的可靠性和稳定性。

1.4 计算机的应用领域

计算机的应用领域

（1）科学计算

科学计算是计算机最早的应用领域，可以解决人工无法完成的各种科学计算问题。在工程设计、地震预测、气象预报、火箭发射等领域都需要使用计算机来进行庞大而复杂的计算。

（2）信息处理

使用计算机能够完成对大量数据的分析、加工和处理等工作。信息处理广泛应用在办公自动化、企事业管理、情报检索、电影电视动画设计、会计电算化等各行各业，已成为计算机应用的主流方向。

（3）过程控制

在工业方面，利用计算机对生产过程和其他过程进行自动监测，不仅能够对高精度、形状复杂的零件实现自动化加工，而且可以使整个车间或工厂实现自动化控制和管理。因此，计算机过程控制已在机械、冶金、石油、化工、电力等领域得到广泛的应用。

（4）计算机辅助技术

计算机辅助技术是指使用计算机辅助人力完成某些特定工作的技术，目前应用广泛的辅助技术有计算机辅助设计CAD、计算机辅助制造CAM、计算机辅助教学CAI等。

（5）人工智能

人工智能（Artificial Intelligence，AI）是研究使用计算机来模拟人的某些思维过程和智能行为（如学习、推理、思考、规划等）的学科，运用计算机能够进行逻辑运算的原理,制造类似于人脑智能的计算机,使计算机能实现更高层次的应用。人工智能涉及计算机科学、心理学、哲学和语言学等学科。人工智能已成为新一代计算机研究成果的集中体现,如模拟高水平医学专家进行疾病诊疗的专家系统,以及具有一定思维能力的智能机器人等。

（6）计算机网络

计算机在网络方面的应用使人与人之间的交流跨越了时间和空间的障碍,如在全球最大的互联网络——Internet上可以进行视频聊天、浏览网页、检索信息、收发电子邮件、阅读书报、选购商品、查询或购买车票等。

1.5 计算机系统组成

一台完整的计算机应该包括硬件系统和软件系统两部分。计算机硬件（Hardware）是指那些由电子元器件和机械装置组成的"硬"设备,如键盘、显示器、主板等物理实体。

计算机系统组成

计算机软件系统（Software）是指那些在硬件设备上运行的各种程序、数据和有关的技术资料以及各种软件的集合。软件系统可分为系统软件和应用软件两大类。

系统软件是为了提高计算机的使用效率,对计算机的各种软、硬件资源进行管理的一系列软件的总称,主要有操作系统、语言处理软件、诊断程序、数据库系统等。

应用软件是指为解决计算机用户的特定应用而编制的软件,它运行在操作系统之上。常用的应用软件有:办公类（办公自动化软件、PDF阅读器等）、管理类（教务管理系统、进销存管理系统等）、工程类（CAD、CAI等）、工具类（杀毒软件、压缩软件、驱动软件等）。

▶ **任务实施**

技能点1.1　检索计算机

登录中关村在线官方网站的笔记本电脑频道（https://nb.zol.com.cn/）,进入"笔记本"页面,如图1-7所示,可以查看各种类型笔记本电脑的品牌、产品数据以及专业资讯等。

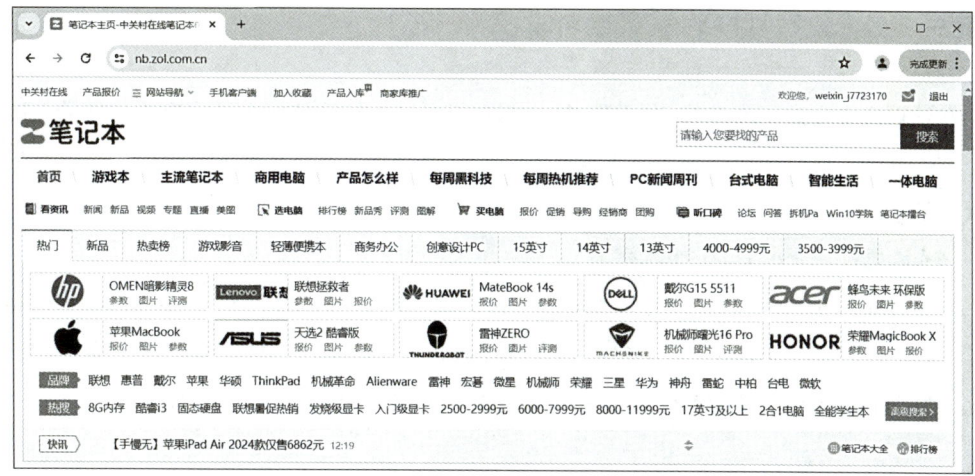

图1-7 "笔记本"页面

技能点1.2 查看当前运行的程序

使用鼠标右键单击Windows 10桌面下方的"任务栏"空白处,在弹出的快捷菜单中选择"任务管理器"命令,打开"任务管理器"窗口,在"进程"选项卡中,显示的是当前系统中正在运行的应用程序和后台进程等。"进程"选项卡如图1-8所示。

认识计算机系统

图1-8 "进程"选项卡

技能点1.3　查看软件的版本号

在计算机中安装了许多软件，每个软件都有版本号，软件的版本号代表着软件的发展历程。在"开始"菜单的程序列表里查找已安装的软件，打开某个软件的主界面，可以查看到该软件的版本号。

（1）查看Python软件的版本号

单击Windows 10桌面左下角的"开始"按钮■，在打开的程序列表中，选择"Python 3.11"文件夹中的"Python 3.11（64-bit）"程序，打开"Python 3.11（64-bit）"命令窗口，在此窗口里显示了已安装的Python软件的版本号。查看Python软件版本号如图1-9所示。

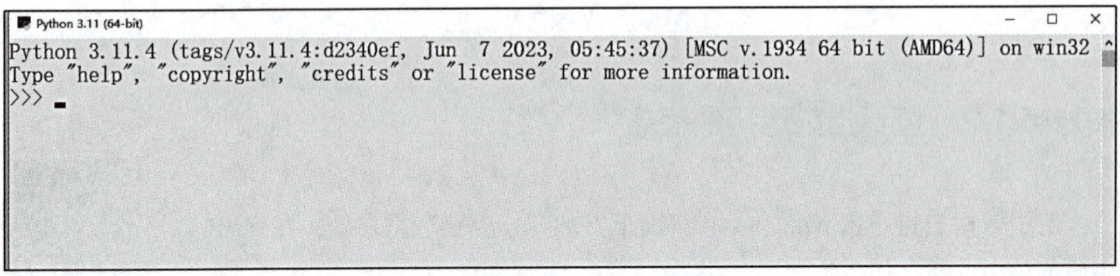

```
Python 3.11.4 (tags/v3.11.4:d2340ef, Jun  7 2023, 05:45:37) [MSC v.1934 64 bit (AMD64)] on win32
Type "help", "copyright", "credits" or "license" for more information.
>>>
```

图1-9　查看Python软件版本号

（2）查看WPS Office软件的版本号

使用同样的方法，在开始菜单的程序列表中，选择"WPS Office"文件夹中的"WPS Office"程序，打开"WPS Office"用户界面，单击右侧工作区的"全局设置"按钮≡，在打开的菜单中选择"关于WPS"命令，打开的界面中显示已安装的WPS Office软件的版本号。查看WPS Office软件版本号如图1-10所示。

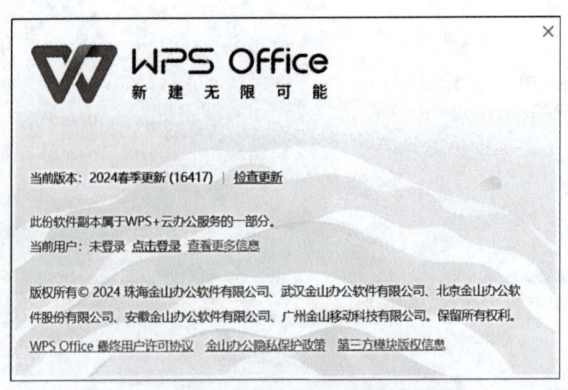

图1-10　查看WPS Office软件版本号

> **思考总结**
>
> 　　从事一个领域的研究,首先要了解的就是这个领域的发展历史。计算机发展历程中涉及了计算机硬件、软件、应用领域等多个方面,发展过程大致是硬件小型化、操作系统人性化、编程语言高级化。从简单的计算到复杂的人工智能,计算机在引领时代的潮流。
>
> 　　了解计算机的前世今生,不仅可以帮助我们更好地使用计算机,也可以帮助我们树立对未来职业的愿景,激发科技报国的责任感和使命感。

任务拓展

我国超级计算机的发展

从1983年开始,我国先后自行研制成功了银河系列、天河系列、神威系列等超级计算机。

（1）银河系列

银河计算机是由中国国防科技大学研制的一系列巨型计算机。银河系列计算机广泛应用于天气预报、空气动力实验、工程物理、石油勘探、地震数据处理等领域。

（2）天河系列

天河系列超级计算机是我国高性能计算机的代表,包括天河一号、天河二号和天河三号,持续运行速度分别为2570万亿次、3.329亿亿次、百亿亿次。其中,天河二号连续多年在全球超级计算机500强排行榜中名列前茅。天河系列超级计算机在我国气象预测、地震模拟、高能物理和生物医学等领域多有广泛应用。

（3）神威系列

"神威·太湖之光"超级计算机,如图1-11所示,由国家并行计算机工程技术研究中心研制,包括处理器在内的所有核心部件全部实现了国产化,其峰值计算速度达每秒12.54亿亿次,是世界上首台峰值计算速度超过10亿亿次的超级计算机。依托"神威·太湖之光",我国在天气气候、航空航天、海洋科学、新药创制、先进制造、新材料等重要领域取得了一批应用成果。

图1-11 "神威·太湖之光"超级计算机

"神威·太湖之光"超级计算机在全球超级计算机500强（TOP500）榜单中，多次位于前列，在我国的安全、经济和社会发展等方面具有举足轻重的意义，被誉为"国之重器"。

任务总结

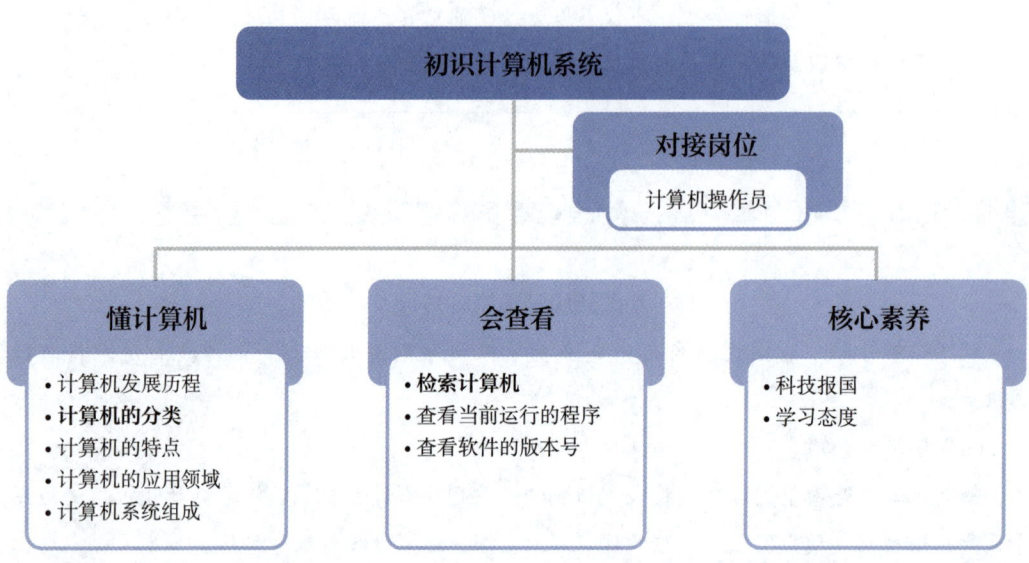

扩展阅读

世界上最古老的计算机——珠算

算盘是中国传统的计算工具。在计算机尚未被发明之前，它可以说是最先进的高科技产品。算盘的发明反映了我国古代科学的超高水准，同时也是古代劳动人民智慧的结晶。

珠算是以算盘为工具进行数字计算的一种方法，它以简便的计算工具和独特的数理内涵，被誉为"世界上最古老的计算机"。珠算在中国是一种大众文化，具有广泛的群众认知度，是一种活态的文化遗产。随着计算机技术的发展，珠算的计算功能逐渐被削弱，但是古老的珠算依然有顽强的生命力。2013年，教科文组织正式将中国珠算列入《人类非物质文化遗产名录》，这是中国第三十项被列入其中的非物质文化遗产。珠算成功申遗，将有助于让更多的人认识珠算，了解珠算，增强民族自豪感，吸引更多的人加入保护与弘扬珠算文化的行列中来。

知识检测

一、判断题

1. 微机的软件系统分为系统软件和应用软件两种类型。（　　）
2. 我国先后自行研制成功了银河、天河、神威等系列巨型计算机。（　　）
3. 计算机的语言发展经历了机器语言、汇编语言、高级语言三个阶段。
　　（　　）
4. 某些网站服务的服务器可以实现"7天×24小时"服务，这些数据都代表着计算机具有可靠性和稳定性的特点。（　　）
5. 车间或工厂实现自动化体现了计算机的信息处理应用领域。（　　）

二、选择题

1. 世界上第一台计算机简称（　　）。
   A. ABC　　　　　B. ENIAC　　　　C. EDVAC　　　　D. EDSAC
2. 完整的计算机系统同时包括（　　）。
   A. 硬件和软件　　B. 主机与外设　　C. 输入/输出设备　D. 内存与外存
3. 手机属于（　　）。
   A. 微型计算机　　B. 服务器　　　　C. 嵌入式计算机　D. 超级计算机
4. 我国第一代计算机的代表机型为（　　）。
   A. 长城0520　　　B. 手机　　　　　C. 103机　　　　　D. 银河II号
5. 第四代计算机采用（　　）为主要元器件。
   A. 晶体管　　　　　　　　　　　　　B. 电子管
   C. 大规模、超大规模集成电路　　　　D. 集成电路

任务2　实现进制间转换

任务描述

计算机内部由各种数字逻辑电路构成，只能识别和处理数字信息，而数字逻辑电路中的各种数据都是以二进制数表示，如果要处理或存储其他进制的数据，则需要转为二进制数。能够完成计算机中各种进制之间的转换是计算机操作员应具备的基本技能。

通过学习计算机中数据的存储单位、数制及其转换、信息编码等相关知识,掌握计算机中的数据表示形式以及进制间的转换方法。

▶ 知识学习

2.1 数据的存储单位

在计算机中,各种信息都是以数据形式呈现的,数据经过处理后产生的结果为信息,因此数据是计算机中信息的载体。计算机中的信息分为两种:一种是数值信息;另一种是非数值信息,如文字、声音、图像和视频等。这两种信息在计算机中以二进制的形式存储,存储单位通常有位、字节、字长等。

数据的存储单位

（1）位

计算机只能识别由"0"和"1"组成的二进制数,二进制数中的每个"0"或"1"就是数据的最小单位,被称为"位"（bit）。

> **📝 小知识**
>
> 现实生活中,具有截然相反的两种状态的现象是大量存在的,比如开灯与关灯,电路的通电与断电,电容器的充电与放电等。电路的接通可用二进制的"1"表示,断开可用二进制的"0"表示。

（2）字节

字节是计算机存储容量的单位。一个8位的二进制数据单元被称为一个字节（Byte）。在计算机内部,一个字节可以存储一个数字,也可以存储一个英文字母或其他特殊字符。

存储容量是指存储器中能够容纳的字节数,各存储容量单位之间的换算关系如表1-3所示。

（3）字长

计算机一次能够并行处理的二进制位数被称为字长。字长是衡量计算机性能的一个重要指标,它直接关系到计算机的精度、功能和速度。字长越长,数据所包含的位数越多,计算机处理数据的精度就越高,处理速度也就越快。计算机字长通常是字节的2^n倍,如8位、16位、32位、64位、128位等。

表1-3 各存储容量单位之间的换算关系

序号	单位	序号	单位
1	1 B（Byte）一字节 =8bit	7	1 EB（ExaByte）艾字节=1024 PB
2	1 kB（KiloByte）千字节=1024 B	8	1 ZB（ZetaByte）泽字节=1024 EB
3	1 MB（MegaByte）兆字节=1024 kB	9	1 YB（YottaByte）尧字节=1024 ZB
4	1 GB（GigaByte）吉字节=1024 MB	10	1 BB（BrontoByte）珀字节=1024 YB
5	1 TB（TeraByte）太字节=1024 GB	11	1 NB（NonaByte）诺字节=1024 BB
6	1 PB（PetaByte）拍字节=1024 TB	12	1 DB（DoggaByte）刀字节=1024 NB

2.2 计算机中的数制

2.2.1 数制的表示

数制是指用一组固定的符号和统一的规则来表示数值的方法。它按照进位的原则进行计数，也称为进位计数制，如十进制数是按照"逢十进一"的原则进行计数。常用的进位计数制包括十进制、二进制和十六进制等，各数制的表示如表1-4所示。

表1-4 各数制的表示

数制名称	下标法	字母法	默认
十进制数（Decimal number）	$(1010)_{10}$	1010D	1010
二进制数（Binary number）	$(1010)_2$	1010B	
十六进制数（Hexadecimal number）	$(1010)_{16}$	1010H	

2.2.2 进位计数制的组成

进位计数制由数码、基数和位权3个要素组成。

（1）数码

数码是指一个数制中用于表示基本数值大小的不同符号，如二进制的数码只有0和1，十进制的数码有0～9，十六进制的数码有0～9、A～F。

（2）基数

基数是指用进位计数制表示数值时所用数码的个数，例如，十进制数每位上可使用的数字有10个数码，所以基数是10。依此类推，十六进制的基数为16，二进制的基数为2。

计算机中的数制

（3）位权

每一种进制数中的数码所在的位置称为数位，不同数位有不同的"位权"。位权就是指一个数值的每一位上的数字的权值大小，是以基数为底的幂，即 R^i，R 代表基数，i 是数位的序号。

一般规定整数部分个位的序号为0，十位为1，…，向左依次增1，小数部分向右依次减1，如十进制整数123，基数为10，3所在的数位的位权为 10^0，2的位权为 10^1，1的位权为 10^2。

因此，123这个数字按权展开式为：

$123 = 1 \times 10^2 + 2 \times 10^1 + 3 \times 10^0$

$\quad\ = 1 \times 100 + 2 \times 10 + 3 \times 1$

2.3 进制转换关系

生活中有很多数制，最常用的是十进制数，而计算机是采用二进制数进行存储和运算。将数从一种进制转换为另一种进制的过程称为进制间的转换，十进制、二进制、十六进制的转换关系如表1-5所示。

表1-5 十进制、二进制、十六进制的转换关系

十进制	二进制	十六进制	十进制	二进制	十六进制
0	0000	0	9	1001	9
1	0001	1	10	1010	A
2	0010	2	11	1011	B
3	0011	3	12	1100	C
4	0100	4	13	1101	D
5	0101	5	14	1110	E
6	0110	6	15	1111	F
7	0111	7	16	10000	10
8	1000	8	17	10001	11

2.4 信息编码

键盘是计算机主要的输入设备，从键盘上输入的命令和数据，实际上表现为英文字母、标点符号和数字字符等。然而计算机只能存储二进制数，这就需要用二进制的"0"和"1"

对各种字符进行编码，信息编码就是将复杂多样的信息在计算机中转化为由"0"和"1"构成的二进制数。

2.4.1 ASCII 字符编码

信息编码

ASCII字符编码（American Standard Code for Information Interchange）是美国标准信息交换代码，是基于拉丁字母的一套电脑编码系统，主要用于对英文字母以及一些常用的符号进行编码，一共有128个字符。

ASCII码是现今最通用的单字节编码系统。如在键盘上输入英文字母"A"，存入计算机的数据是"A"的ASCII码值"01000001"。

2.4.2 汉字编码

汉字编码是为汉字设计的一种便于输入计算机的代码，也用二进制编码表示。新版《信息技术 中文编码字符集》GB 18030—2022于2022年7月发布，并于2023年8月1日实施。此标准规定了信息技术用的中文图形字符及其二进制编码的十六进制表示，修订后的标准收录87887个简化字和繁体字，以及10种少数民族文字。

2.4.3 Unicode 编码

Unicode是一种国际标准字符集，采用多字节编码，几乎能够表示世界上所有的书写语言中能用于计算机通信的文字和其他符号。

Unicode又叫统一码、万国码、单一码，它为每种语言中的每个字符设定了统一并且唯一的二进制编码，以满足跨语言、跨平台进行文本转换、处理的要求。Unicode已在网络、Windows操作系统和大型软件中得到应用。

▶ **任务实施**

技能点 2.1 其他进制数转换为十进制数

对于任何一个二进制数、十六进制数转换为十进制数，只需把各数位的值乘以该位的位权，再按十进制加法相加即可，这种方法也称"位权法"。

例如：将二进制数（101）转换为十进制数。

$(101)_2 = 1 \times 2^2 + 0 \times 2^1 + 1 \times 2^0 = 4+0+1=5$

例如：将十六进制数（2A）转换为十进制数。

$(2A)_{16} = 2 \times 16^1 + 10 \times 16^0 = 32+10=42$

进制转换

技能点 2.2　二进制数与十六进制数的转换

（1）二进制数转换成十六进制数。采用"四合一"转换法，将二进制数从右（最低位）向左（最高位）每四位划分成一组，最后一组不足四位向高位以0补足，每组数分别转化为对应的一位十六进制数，最后将这些数字从左到右连接起来即可。

例如：将二进制数（11111010011）转为十六进制数，"四合一"转换法如图1-12所示。

$$（不够4位，最高位补0）\underline{0111}\ \underline{1101}\ \underline{0011}$$
$$\qquad\qquad\qquad\qquad\quad 7\quad\ \ D\quad\ \ 3$$
$$(11111010011)_2 = (7D3)_{16}$$

图1-12　"四合一"转换法

（2）十六进制数转换成二进制数。采用"一拉四"转换法，将每一位十六进制数转换成对应的四位二进制数，将这些二进制数从左到右连接起来即可。

例如：将十六进制数3B5转换为二进制数，"一拉四"转换法如图1-13所示。

$$\qquad\qquad\quad 3\quad\ \ B\quad\ \ 5$$
$$拆分结果为：\underline{0011}\ \underline{1011}\ \underline{0101}$$
$$(3B5)_{16} = (001110110101)_2$$

图1-13　"一拉四"转换法

提示： 由于二进制数与十六进制数之间的转换比较简单，所以在较大的二进制数和十进制数相互转换时，常常使用十六进制数作为中间桥梁实现转换。

技能点 2.3　十进制数转换为二进制数

将十进制数转换为其他进制数，整数部分采用"除基倒取余法"进行转换。

例如：将十进制数75转换为二进制数，"除基倒取余法"转换过程如图1-14所示。

所得结果为：$(75)_{10} = (1001011)_2$

应用案例：计算机无线局域网适配器WLAN的TCP/IP参数如图1-15所示，试着将物理地址、IP地址、子网掩码等转换成二进制数。

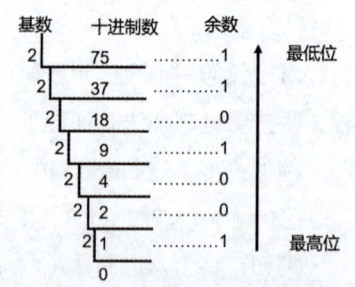

图1-14　"除基倒取余法"转换过程

①计算机中的物理地址（00-1E-64-E3-1D-27）是用十六进制数表示的，转换为48位二进制数，结果为：

（00000000-00011110-01100100-11100011-00011101-00100111）$_2$

```
物理地址. . . . . . . . . . . . . . : 00-1E-64-E3-1D-27
DHCP 已启用 . . . . . . . . . . . . : 是
自动配置已启用. . . . . . . . . . . : 是
本地链接 IPv6 地址. . . . . . . . . : fe80::b9e0:cba2:1c4d:3414%16(首选)
IPv4 地址 . . . . . . . . . . . . . : 192.168.31.58(首选)
子网掩码. . . . . . . . . . . . . . : 255.255.255.0
```

图1-15　TCP/IP参数

②IP地址（192.168.31.58）是用十进制数表示，转换为二进制数，结果为：

（192）$_{10}$=（11000000）$_2$　　　　（168）$_{10}$=（10101000）$_2$

（31）$_{10}$=（00011111）$_2$　　　　（58）$_{10}$=（00111010）$_2$

合在一起，IP地址（192.168.31.58）转换为32位二进制数，结果为：

（11000000.10101000.00011111.00111010）$_2$

③子网掩码（255.255.255.0）是用十进制数表示的，转换为二进制数，结果为：

（255）$_{10}$=（11111111）$_2$　　　　（0）$_{10}$=（00000000）$_2$

合在一起，子网掩码（255.255.255.0）转换为32位二进制数，结果为：

（11111111.11111111.11111111.00000000）$_2$

思考总结

计算机中使用二进制存储数据，容易实现、工作可靠、运算简单，便于逻辑运算和逻辑设计，但在应用中常采用十进制或十六进制。对这三种进制进行转换时要采取正确的转换方法，在计算时要认真仔细，将十进制数转为二进制数采用"除基倒取余法"时，要记住提取余数的方向。

任务拓展

验证键盘字符的ASCII码值

在计算机中利用记事本新建一个文本文档，在其中只输入一个字母"A"，将文件保存之后查看它的大小，验证字母"A"的ASCII码值大小如图1-16所示。

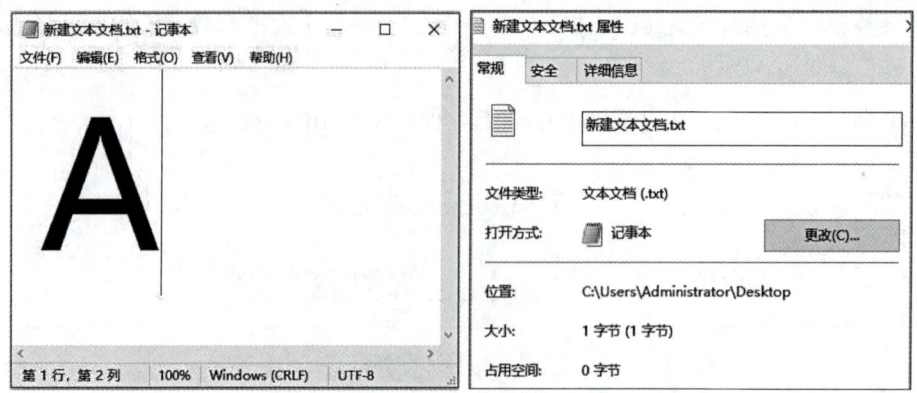

图1-16 验证字母"A"的ASCII码值大小

提示：一个英文字符在计算机内部采用UTF-8编码，对应了一个8位的二进制数，大小为1字节。

任务总结

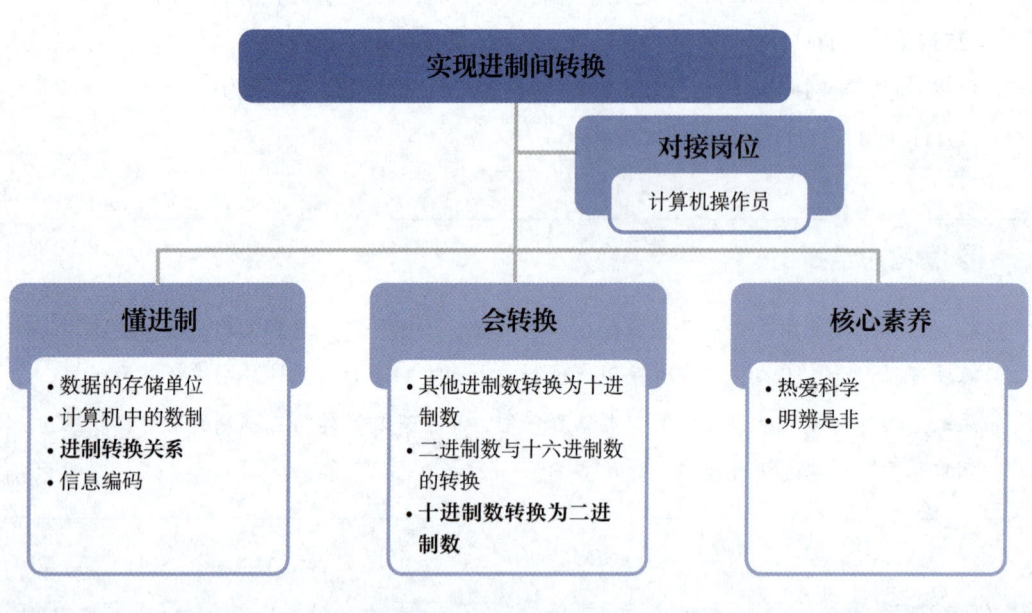

扩展阅读

活字印刷术

活字印刷术是一种古代印刷方法，是中国古代"四大发明"之一。北宋庆历年间（1041—1048年）毕昇发明的泥活字，标志着活字印刷术的诞生。活字印刷术的基本原理是将文字或图案雕刻成独立的小块,这些小块称为"活字",活字可以是泥、木、陶瓷或金属制成。活字印刷的方法是先制成单字的阳文反文字模,再按照稿件把单字挑选出来,排列在字盘内,涂墨印刷,印完后再将字模拆出,留待下次排印时再次使用。

中国的印刷技术从雕版、活字印刷,到印刷术的二次革命汉字激光照排技术,再到如今的新兴产业3D打印技术,通过一代代人的努力和创新,使印刷术不断地改进和突破。活字印刷术不仅是一种技术,更是一种文化的传承和精神的象征,它完美诠释了中华民族的创新精神和工匠精神。

知识检测

一、判断题

1. 将十进制数8转为二进制数,结果为(1000)$_2$。（　　）
2. 二进制数(100001)$_2$相当于十进制数的34。（　　）
3. ASCII值使用2个字节存放字符。（　　）
4. 十六进制数转为二进制数,采取的方法是一拉四转换法。（　　）
5. 二进制数(101101)$_2$转为十六进制数,结果为2DH。（　　）

二、选择题

1. 十进制数968,其中6的位权为(　　)。
   A. 10^0　　　　　　　　　　　　B. 10^1
   C. 10^2　　　　　　　　　　　　D. 10^3
2. 计算机中所有信息都是用(　　)存储的。
   A. 八进制数　　　　　　　　　　B. 二进制数
   C. ASCII码　　　　　　　　　　 D. BCD码
3. 数值最小的是(　　)。
   A. 十进制数55　　　　　　　　　B. 二进制数(110101)
   C. 字符'A'　　　　　　　　　　 D. 十六进制数42
4. 以下(　　)不是十六进制数。
   A. 9AH　　　　　　　　　　　　B. (1234)$_{16}$
   C. 4TH　　　　　　　　　　　　D. BDH
5. 十进制数转换为二进制数的方法为(　　)。
   A. "一拉四"方法　　　　　　　　B. "四合一"方法
   C. "除基倒取余"方法　　　　　　D. "三合一"方法

任务 3　识别计算机硬件

▶ 任务描述

计算机硬件是构成计算机系统各功能部件的集合，也是计算机能够正常工作的物质基础。能够读懂和编写装机配置单是计算机操作员必备的基本技能。

计算机使用者需要掌握计算机硬件的型号、性能和用途，根据自己的实际需求，在计算机DIY网站或计算机硬件市场进行考察，制定购买预算，再经过筛选，最后确定需要购买的硬件的品牌及参数。

▶ 知识学习

3.1　计算机硬件组成

3.1.1　主板

主板又称系统板或母板，是安装在机箱内的一块多层印制电路板。主板是计算机的核心部件之一，几乎所有的计算机硬件都连接在主板上，由主板协调各部件之间进行协同工作。华硕主板如图1-17所示。

3.1.2　中央处理器

中央处理器（Central Processing Unit，CPU）是计算机的核心部分，负责计算机内部数据的运算和处理，它的主频是计算机的重要性能指标。

目前，CPU的国外生产厂家主要有Intel和AMD公司，Intel（英特尔）的处理器有服务器Xeon（至强）系列、高端Core（酷睿）I9/I7等型号，AMD主要生产Ryzen 9、Ryzen 7等锐龙系列处理器。

图1-17　华硕主板

龙芯系列CPU是我国自主研发并拥有自主知识产权的通用高性能微处理芯片。自2001年以来，我国开发了龙芯1号、龙芯2号、龙芯3号三个型号的微处理器和龙芯桥片系列，在政企、安全、金融、能源等领域得到了广泛的应用。

三种品牌的CPU如图1-18所示。

主板和CPU

| Intel | AMD | 龙芯 |

图1-18　三种品牌的CPU

3.1.3　内部存储器

计算机的存储器一般可分为内部存储器和外部存储器两类。中央处理器能直接访问的存储器称为内部存储器，又称主存储器，用来存放当前正在运行的程序以及相关数据。内部存储器又分为只读存储器（ROM）和随机存储器（RAM）。

存储器

ROM被固化在主板上，存放着计算机的BIOS（基本输入/输出系统）程序，存储的数据只可读出不能写入，断电后数据不会消失。

RAM则可随意读出写入数据，但断电后数据会消失。内存条，即我们常说的内存，使用RAM芯片存储数据。内存是CPU与其他设备沟通的桥梁，它的容量和主频是计算机的重要性能指标。

目前主流内存是DDR4（Double Date Rate 4），拥有两倍于上一代DDR内存读取的能力。内存的容量通常有16GB、32GB等，服务器上搭载的内存容量会更大。联想DDR4台式机32GB内存条如图1-19所示，海力士金颐（SK hynix）DDR5笔记本16GB内存条如图1-20所示。

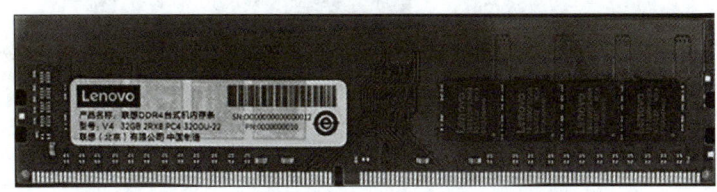

图1-19　联想DDR4台式机32GB内存条

图1-20　海力士金颐（SK hynix）DDR5笔记本16GB内存条

> **📝 小知识**
>
> ROM中的BIOS程序里保存着计算机出厂设置的数据,如基本的输入输出程序、系统设置信息、开机通电自检程序和系统启动自检程序等,只可读取不能改写。用户设置的数据,如日期、时间等,保存在RAM芯片中,因此需要使用电池供电才能保存数据。

3.1.4 外部存储器

中央处理器不能直接访问的存储器称为外部存储器,也称辅助存储器。外部存储器中的信息必须调入内存后才能被中央处理器处理。磁性存储的硬盘、闪存(Flash Memory)介质的U盘和移动硬盘等,均可以作为永久性存储器,还有使用固态电子存储芯片阵列制成的硬盘,被称为固态硬盘(Solid State Drive),是由控制单元和存储单元组成,读取数据的速度更快。

(1)硬盘

硬盘(Hard disk)是计算机系统的主要硬件设备之一,是主要的存储设备。近年来硬盘性能发生了很大变化,体现在容量不断增大、速度不断加快、可靠性不断增强、价格不断降低等。

目前常见的硬盘类型有三种:SATA机械硬盘、SATA固态硬盘和M.2固态硬盘,三种硬盘的外观如图1-21所示。

SATA机械硬盘　　　SATA固态硬盘　　　M.2固态硬盘

图1-21　三种硬盘的外观

SATA硬盘可用于台式机和笔记本电脑,需要使用数据线与主板连接。M.2固态硬盘采用了全新的物理布局和连接器,它的连接不需要数据线,直接插到主板上即可,速度更快,体积更小,目前在台式机和笔记本电脑内被广泛使用。

(2)U盘和移动硬盘

U盘是一种使用USB接口的微型高容量移动式存储器,无须物理驱动即可访问。U盘的特点是重量轻、体积小（一般只有拇指大小）、即插即用、使用方便等。目前市面上在售的U盘有64GB、128GB及以上容量。

移动硬盘也是使用USB数据线连接的，常见的移动硬盘容量有500GB、1TB、2TB等，因存储容量大，而且携带方便，常被计算机的使用者喜爱。U盘和移动硬盘如图1-22所示。

USB接口如图1-23所示，目前有2.0、3.0、3.1、3.2接口。3.0以上接口的传输速度要比2.0接口的传输速度快得多，但连接时最好采取速度相匹配的接口连接，否则会影响U盘的传输速度。

   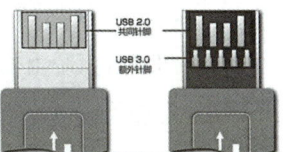

图1-22　U盘和移动硬盘　　　　　　　　图1-23　USB接口（图源网络）

3.1.5　键盘和鼠标

键盘（Keyboard）和鼠标（Mouse）是基本的输入设备，键盘与鼠标如图1-24所示，主要有PS/2和USB两种接口，PS/2接口的键盘和鼠标常用在台式机上，目前该接口趋于淘汰，多数使用USB接口的键盘和鼠标。随着无线通信技术的广泛使用，无线键盘和鼠标越来越受到广大计算机用户的青睐。

图1-24　键盘与鼠标

3.1.6　显示器

显示器是计算机重要的输出设备，通过显示屏幕将数据、文本、图形、图像等信息显示出来，用户可以直观地看到信息。显示器的种类有很多，目前主要使用LCD液晶显示器。

显示适配器（简称显卡）将计算机系统所需要的显示信息进行转换，并向显示器提供逐行或隔行扫描信号，控制显示器的正确显示，是连接显示器和电脑主板的重要元件。显卡的性能决定了图形显示的质量，是"人机对话"的重要设备之一。液晶显示器和独立显卡如图1-25所示。

图1-25　液晶显示器和独立显卡

> **小知识**
>
> 显示器与电脑相连，有两种方法：一种是集成显卡；另一种是独立显卡。集成显卡集成在主板上，有一个接口与显示器的数据线相连；独立显卡是一个单独的硬件，插在主板上，再与数据线相连。

3.2 计算机硬件系统

计算机硬件系统由输入设备、输出设备、存储器、运算器和控制器组成，硬件系统结构如图1-26所示。

①控制器负责协调并控制计算机中各功能部件执行指令序列，它是计算机的指挥系统，确保系统自动运行。

②运算器是对信息进行加工处理的部件，它在控制器的控制下与内存交换信息，负责进行各类基本的算术运算和与、或、非、比较、移位等各种逻辑运算。此外，在运算器中还有能暂时存放数据或结果的寄存器。

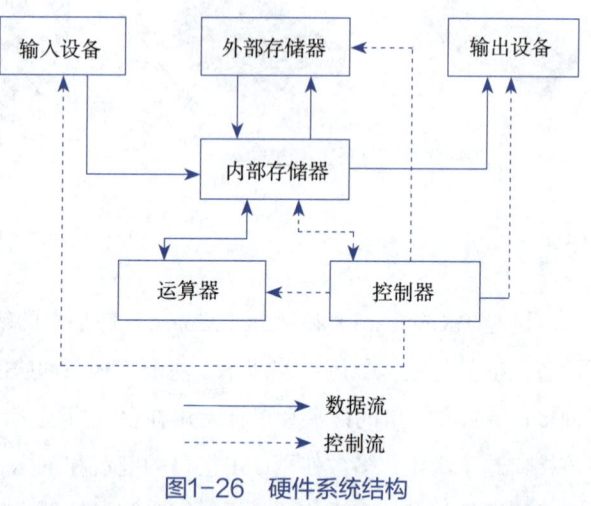

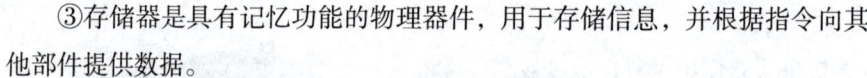

图1-26 硬件系统结构

③存储器是具有记忆功能的物理器件，用于存储信息，并根据指令向其他部件提供数据。

计算机硬件系统

④输入设备是将外界信息输入计算机的设备。常见的有键盘、鼠标、触摸屏、麦克风、扫描仪、视频输入设备、条形码扫描器等。

⑤输出设备是将计算机处理的结果以人们所能识别的形式表现出来的设备。常见的有显示器、打印机、绘图仪和音箱等。

在计算机工作时，把预先编制好的用于控制计算机工作的程序输入计算机的存储器中存储起来，由计算机的控制器将存储器中的指令和数据传输到运算器中，由运算器进行计算，再将计算结果在输出设备中显示。在大规模集成电路与超大规模集成电路出现后，运算器与控制器被结合在一起，称为中央处理器（CPU），CPU与内存被称为主机，输入设备、输出设备和外存储器合称为外设。

任务实施

技能点 3.1 查看计算机运行情况

在"任务管理器"的"性能"选项卡中,可以查看CPU的运行情况、内存的占用情况,以及磁盘的使用空间比例等计算机运行情况。

（1）CPU运行情况

CPU的主频是指CPU主时钟在每秒内发出时钟脉冲的数目,或指在单位时间内完成的指令周期数,单位是赫兹（Hz）。

任务管理器

查看CPU运行情况如图1-27所示,此计算机的CPU参数是"Intel(R)Core(TM)i5-5300U CPU @ 2.30GHz"。

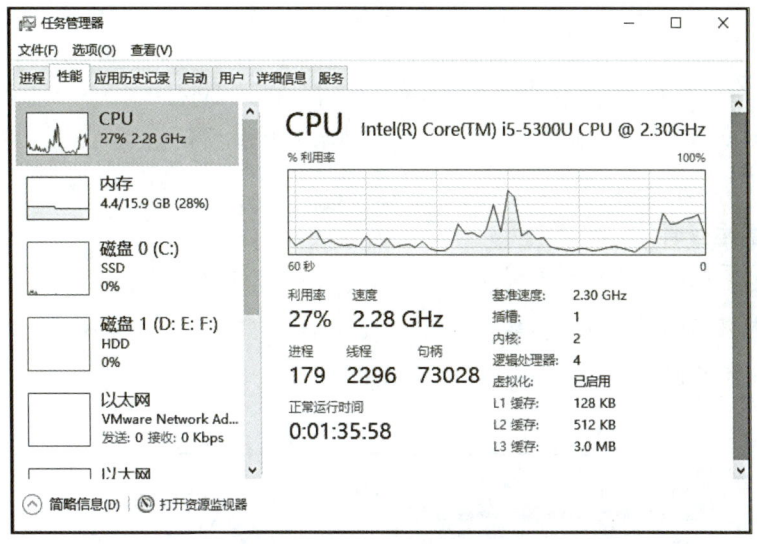

图1-27 查看CPU运行情况

提示：Intel(R)Core指的是CPU的厂商和型号,i5-5300U指的是处理器是i5第5代,U指的是低功耗,2.30GHz指的是CPU的主频。

（2）内存运行情况

内存主频和CPU主频一样,通常被用来表示内存的运行速度,它代表该内存所能达到的最高工作频率。内存主频越高,在一定程度上代表着内存的运行速度越快,较为主流的内存频率是2600MHz以上。

查看内存运行情况如图1-28所示,此计算机的内存的总容量为16GB,主频是1600MHz,可以看到"已使用的插槽"为"2/2",即表示此计算机中有两个内存条。

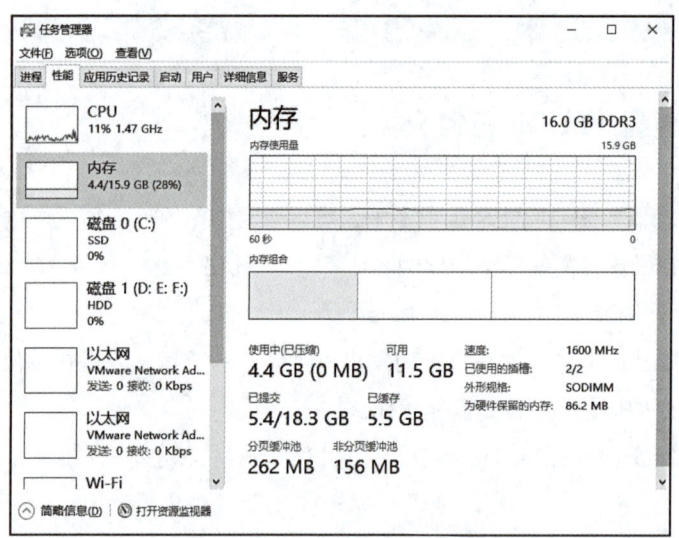

图1-28　查看内存运行情况

提示：市面上，DDR4内存条常见的频率有2133MHz、2400MHz、2666MHz、2933MHz、3200MHz等。DDR5内存条于2022年年底上市，目前的标准频率是4800MHz，单条容量最小是8GB。

（3）磁盘运行情况

硬盘的数据传输速率是指硬盘读写数据的速度，单位为兆字节每秒（MB/s）或千字节每秒（kB/s）。目前常见的硬盘的容量有500GB、1TB、2TB等。查看磁盘运行情况如图1-29所示，此计算机的磁盘信息是"tigo SSD 512GB"。

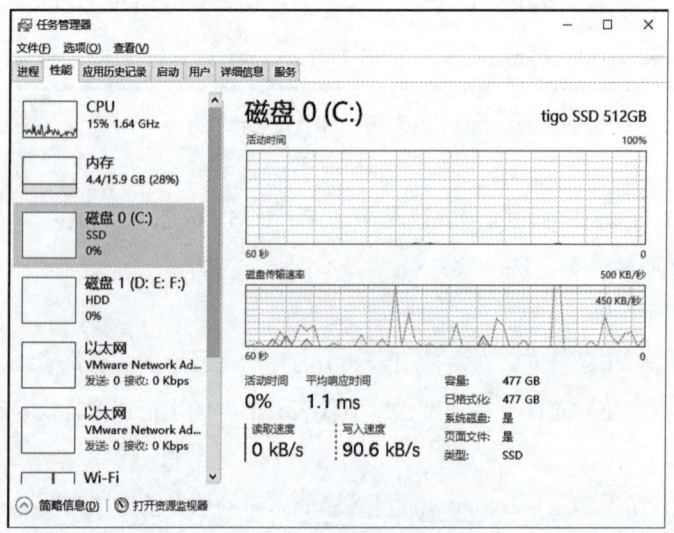

图1-29　查看磁盘运行情况

提示：本磁盘是固态硬盘（SSD），品牌是tigo（金泰克），容量是512GB，分为一个C分区，当前的传输速率是500kB/s。

技能点 3.2　查看设备管理器

设备管理器是计算机中的一种管理工具，用来查看和管理计算机上安装的硬件设备和设置驱动程序，"设备管理器"窗口如图1-30所示，双击"处理器"项，可以查看到该计算机安装的处理器的型号、主频，以及该处理器的线程。

技能点 3.3　在线模拟攒机

在购买计算机硬件之前，一定要了解和掌握计算机中的各种硬件及性能指标。

有许多计算机主题的网站都提供了在线模拟配机的网页，例如中关村在线的模拟攒机，我们在线模拟组装一台价值7000元左右的学生机。

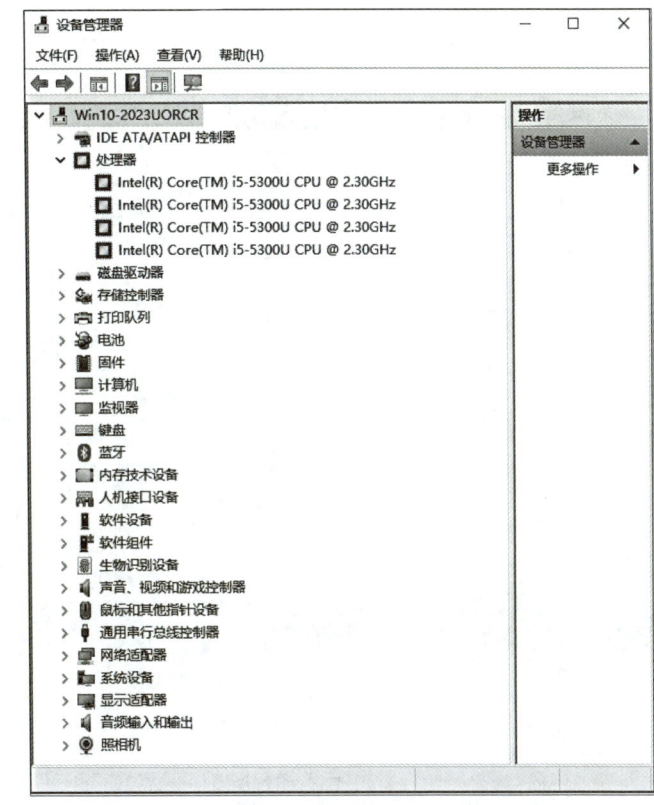

图1-30　"设备管理器"窗口

①在中关村在线官方网站主页上找到右上角的"攒电脑"链接，单击此链接，进入"模拟攒机"页面。

②在左侧用鼠标左键单击要选择的硬件，在右侧依据品牌、价格、型号等选项，选择合适的硬件，单击"+加入配置单"按钮，即完成配件的选择，"模拟攒机"页面如图1-31所示。

模拟攒机

③将要选择的配件全部选择完成后，将配置单进行保存，生成装机配置单，可在购买计算机时作为参考。计算机配置单如表1-6所示。

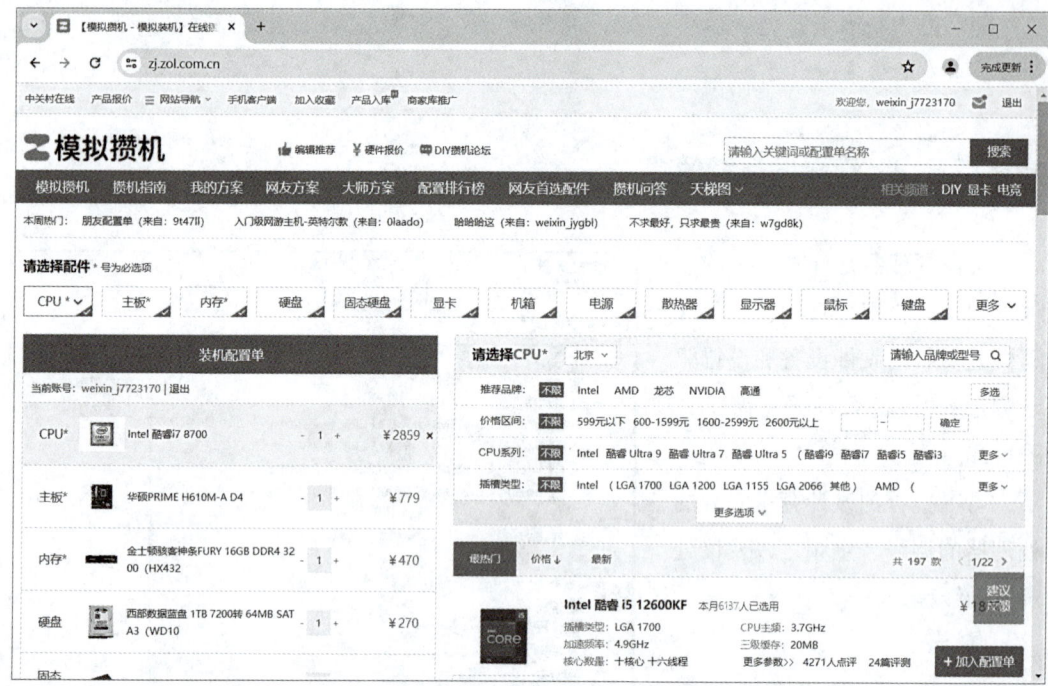

图1-31 "模拟攒机"页面

表1-6 计算机配置单

配件	型号	价格（元）
CPU	Intel 酷睿i7 8700	2859
主板	华硕PRIME H610M-A D4	779
内存	金士顿骇客神条FURY 16GB DDR4 3200	470
硬盘	西部数据蓝盘 1TB 7200转 64MB SATA3	270
固态硬盘	金士顿A400（120GB）	189
显卡	铭瑄 RX 550变形金刚4G	699
显示器	AOC 27B1H	1049
机箱	航嘉S920暴风雪（白）	359
电源	航嘉WD500K	299
散热器	九州风神玄冰400	89
鼠标	罗技G102游戏鼠标第二代	99
键盘	狼蛛S2022有线机械键盘	109
总价		7270

提示： 报价为网上报价，实际价格需要到当地IT市场进行调查。

> 📝 **思考总结**
>
> 攒机需要根据"适用""够用"的原则选购配件。如果想选购计算机硬件，一定要先了解硬件的性能与用途，做出预算，多方考察筛选，不要贪图高配置高性能，要选择适合自己的性价比高的电脑。购买时要为硬件留出未来扩展接口，还要考虑良好的售后服务。

▶ 任务拓展

笔记本电脑的选购

对于许多同学来说，电脑的选购是一个需要慎重考虑的问题，如果从携带方便的角度考虑，建议购买笔记本电脑，在选择笔记本电脑时，参考以下几点。

①笔记本电脑的尺寸一般有14in或15in，也有其他尺寸的规格，如果选择小尺寸的电脑，显示器也小，对于视力不太好的同学来说，会影响使用。如果选择尺寸大一些的电脑，对于携带又不太有利。选择一个合适尺寸的笔记本电脑，要多方考虑。

②CPU的性能是笔记本电脑的一个重要参数，购买时要考虑CPU主频和缓存的大小，这两个参数都会影响价格。

③笔记本电脑标配带有一个内存条，还可以加装同型号的内存条，提升笔记本电脑的性能。

④目前笔记本电脑标配的硬盘多为固态硬盘，可以根据自己的需求，再加装一个硬盘，对于提升计算机的运行速度和增加容量是非常有利的。

笔记本电脑的CPU、主板、显示器、键盘等硬件均固化在主板上，为了未来的扩展需求，电脑内部会留有内存和硬盘的扩展接口。

任务总结

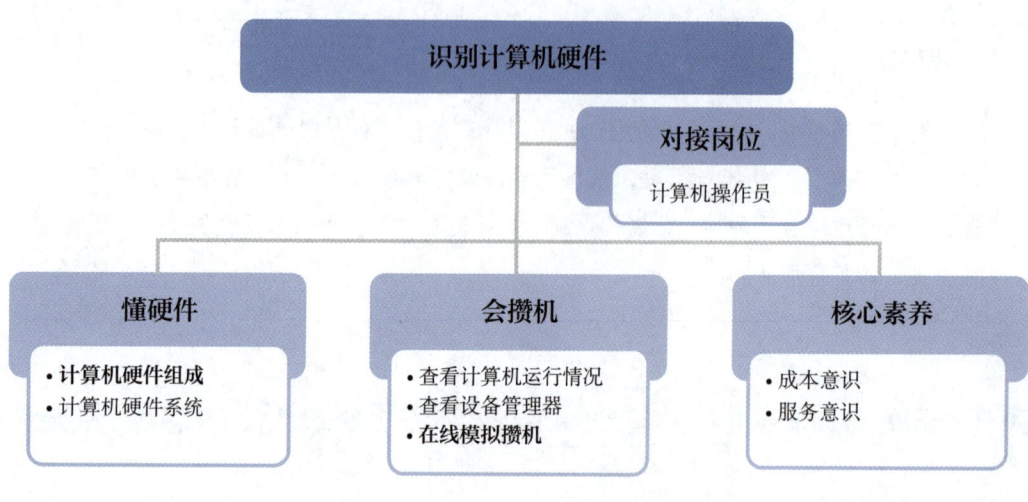

扩展阅读

坚定不移走自主研发之路

芯片是信息产业的关键。如果将芯片产业比作高楼,那么指令系统就是地基。芯片研发是一项复杂的系统工程。要实现完全自主可控,自主研发的CPU、基于自主指令系统的软件生态和基于自主材料设备的生产工艺,缺一不可。可想而知,从无到有研发一款指令系统,注定是一场时间与耐力的比拼,背后凝聚着无数人的心血和汗水。

芯片的关键核心技术是国之重器。进入数字化时代,信息产业成为引领新一轮科技革命和产业变革的关键力量。加速推动信息领域核心技术突破,才能进一步保障国家经济发展安全,抓住发展主动权。近年来,从华为未雨绸缪、发布自主操作系统鸿蒙,到国产操作系统银河麒麟V10,走过多年坎坷路最终面世,再到龙芯中科打造自主CPU指令集架构……我国一批批科技人、产业人在自主创新的道路上迎难而上、坚定前行,不断提升信息技术产业的自主化水平,不断增强着我们应对外部环境不确定性的信心和底气。

知识检测

一、判断题

1. 中央处理器由运算器和控制器构成。　　　　　　　　　　　　(　　)
2. 我国自主研发的CPU的品牌为龙芯。　　　　　　　　　　　　(　　)
3. 目前市场上常见的硬盘包括机械硬盘和固态硬盘。　　　　　　(　　)

知识检测

4．U盘的使用是通过计算机的COM串口即插即用。　　　　　　　　　　（　　）
5．CPU主频的单位是Hz。　　　　　　　　　　　　　　　　　　　　（　　）

二、选择题

1．几乎所有的计算机硬件都连接在（　　）上。
　　A．主机箱　　　　　B．主板　　　　　　C．内存　　　　　　D．硬盘
2．（　　）是连接显示器和主板的重要元件。
　　A．显卡　　　　　　B．声卡　　　　　　C．网卡　　　　　　D．USB
3．键盘属于（　　）设备。
　　A．网络　　　　　　B．输入　　　　　　C．内部　　　　　　D．存储
4．Ryzen 9是（　　）厂家的CPU产品。
　　A．微软　　　　　　B．AMD　　　　　　C．Intel　　　　　　D．三星
5．以下（　　）不是内存条的容量。
　　A．4GB　　　　　　B．6GB　　　　　　C．8GB　　　　　　D．16GB

任务 4　组装台式计算机

▶ **任务描述**

在了解了计算机各部件的原理和性能后，要学会组装和拆解计算机。计算机的组装过程比较简单，既不需要特别的技术和专门的知识，也不需要特殊的工具，只需要进行相应的插入和连接操作，并将各个部件用螺丝钉固定好即可。组装计算机是每一个喜欢计算机的人都希望学会的一项技能。

计算机操作人员通过自己动手组装、调试计算机，能够更深入地了解各配件之间的工作原理和关系。正确使用工具、连接硬件，只要按照一定的顺序和步骤多加练习，就能成为装机高手。

▶ **知识学习**

4.1　组装前的准备

在选购了组装一台计算机所需的各类配件以后，就可以开始进行组装。在组装计算机之

前要做好准备工作。

4.1.1 环境准备

①准备一张比较宽敞的工作台。

②计算机对防静电要求比较高,因此,组装前要检查电源插座是否为可接地线的三线插座。

③准备一块抗静电的海绵,在对主板进行跳线连接、安装CPU和内存条时使用。

4.1.2 工具准备

常言道,"工欲善其事,必先利其器",装机之前,首先要做的就是准备好各种装机工具,这些工具包括强磁螺丝刀、尖嘴钳、镊子、散热硅脂等,组装计算机所需工具如图1-32所示。

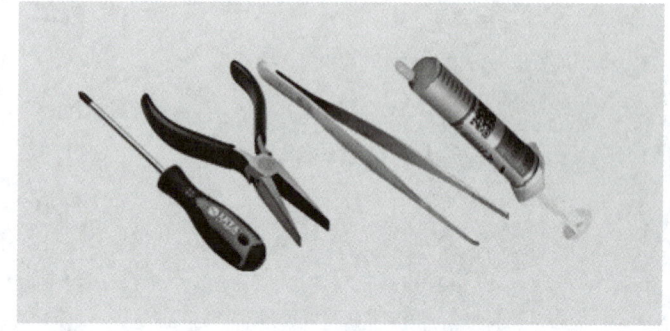

图1-32 组装计算机所需工具

4.2 主板的插槽

主板主要包括CPU插座、显卡插槽、内存条插槽、总线插槽、I/O接口以及控制主板各部件协调工作的芯片组等。

总线是连接计算机系统的桥梁,是各个部件之间进行数据传输的公共通道。总线扩展槽又称为I/O插槽,是总线的延伸。本书以ASUS PRIME H510M-A主板为例,主板接口和插槽如图1-33所示。

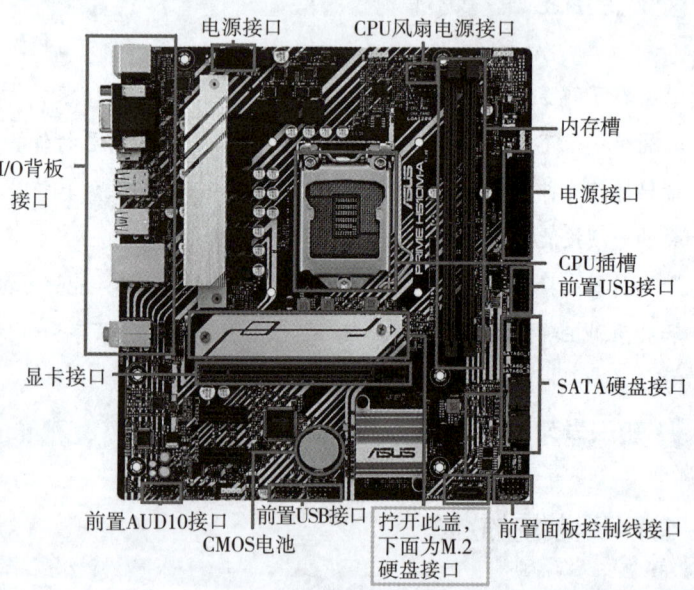

图1-33 主板接口和插槽

任务实施

组装计算机的过程就是按照规范的操作方法,将计算机的各个配件根据性能或功能要求进行合理搭配并组装的过程。计算机硬件的组装没有固定的程式,主要以方便、可靠为原则。

介绍部件

技能点 4.1　安装电源

通常,机箱的整个机架由金属构成,正面的面板用塑料注成,可用十字螺丝刀将机箱盖的螺丝拧开。

机箱内电源的位置通常在机箱内部靠近背板的上端,电源外侧四个角上各有一个螺丝孔,它们通常呈梯形排列,将电源按位置与方向放入机箱内部,将电源背面的螺丝孔与机箱背板的螺丝孔对准,在机箱外将四个螺丝拧上,固定电源。安装电源如图1-34所示。

安装电源

机箱内电源的位置

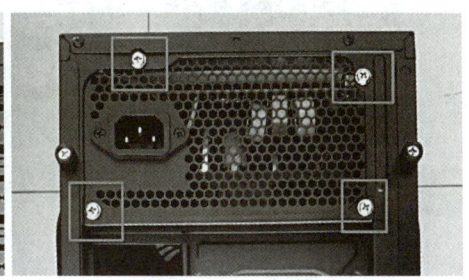
机箱外的四个螺丝

图1-34　安装电源

技能点 4.2　安装 CPU 和散热器

本书CPU以英特尔处理器i3-10105为例,接口为LGA1200接口。

(1)打开CPU盖板。CPU插座上安有固定CPU的压力杆,安装CPU时先移出压力杆,打开CPU盖板如图1-35所示。

(2)安装CPU。CPU插座上相对的两条边有向内的凸起,CPU对应的两边有向内的凹槽,将CPU的凹槽对准CPU插座的凸起,放入CPU。

放置好CPU后,压回压力杆,同时带动CPU盖板插入六角螺丝下方,固定CPU。安装CPU如图1-36所示。

安装CPU和散热器

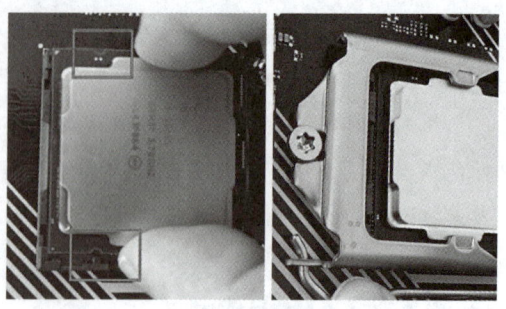

图1-35　打开CPU盖板　　　　　　　　　图1-36　安装CPU

（3）涂抹散热硅脂。本机所带的散热器与CPU的接触面已经涂抹了散热硅脂，可以将CPU运行时产生的热量散发出去。如果散热器没有涂抹散热硅脂，需要在散热器底部或CPU表面涂抹一层散热硅脂。涂抹散热硅脂如图1-37所示。

风扇　　　　　　　散热器底部　　　　　　CPU表面

图1-37　涂抹散热硅脂

提示：一定要在CPU上涂抹散热硅脂，这有助于将CPU的热量传导至散热装置，CPU过热易产生死机、蓝屏错误、打开程序错误、丢失数据等问题。

（4）安装CPU散热器。将散热器的四个脚插入CPU插座周围的四个固定孔里，按压并旋转散热器四个脚上的卡扣，然后将散热器的电源线插到标记有"CPU FAN"的引脚上，连接CPU散热器供电线。安装CPU散热器如图1-38所示。

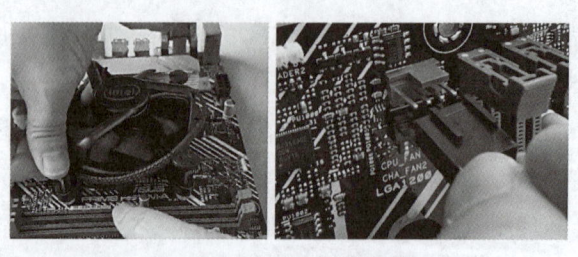

图1-38　安装CPU散热器

技能点 4.3　安装内存条

内存插槽两端配有卡扣,安装内存条前先要扳开内存槽卡扣,将内存条的凹槽对准内存槽隔断,然后用两拇指按住内存条两端轻微向下压,听到"啪"的一声响后,卡扣自动弹回,压住内存条,即可表示内存条安装到位。安装内存条如图1-39所示。

 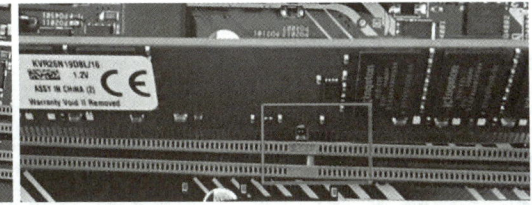 

安装内存条

图1-39　安装内存条

提示:在安装之前必须确定好内存条的型号和主板内存槽必须匹配。

技能点 4.4　安装主板

主板上有一些安装孔,这些孔的位置和机箱主板托板上的一些螺丝支柱的位置对应,用于固定主板。如果机箱主板托板上的安装孔没有安装螺丝支柱,需要用尖嘴钳将螺丝支柱安在机箱里的安装孔处。

把主板的安装孔对准螺丝支柱,用螺丝刀将螺丝拧在主板和螺丝支柱上,固定主板。安装主板如图1-40所示。

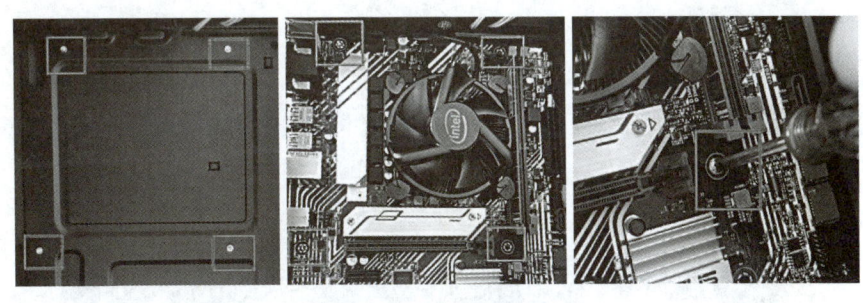

图1-40　安装主板

提示:在安装主板螺丝时,如果用力不当,螺丝可能会掉到别处。若不慎发生此类情况,建议采用精细工具如镊子,以稳健的手法轻轻夹取。

技能点 4.5 安装硬盘

硬盘的接口分SATA和M.2两种，对应有两种不同的安装方法。

（1）连接SATA硬盘数据线。SATA硬盘的数据线接口采用的是防呆式设计，连接数据线时要对准方向，将SATA数据线的两个接头分别插在主板的SATA接口和硬盘的数据线接口处。连接数据线如图1-41所示。

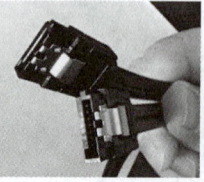

安装机械硬盘

图1-41　连接数据线

提示： 数据连接线的接头处如果有卡子，插入时不需要捏住卡子，拔出数据线时需要捏住卡子才能将数据线从接口处拔出，不要使用蛮力硬拔。

（2）连接SATA硬盘电源线。连接硬盘电源线时，将电源线接头对准硬盘上电源接口的方向，插入电源线，完成SATA硬盘的线路连接。连接电源线如图1-42所示。

图1-42　连接电源线

（3）固定SATA硬盘。连接好SATA硬盘的数据线与电源后，将硬盘放入机箱内的硬盘架里，用螺丝刀拧入两颗螺丝，将硬盘固定，再将硬盘电源线与数据线捋顺，避免阻碍其他硬件的运行。固定SATA硬盘如图1-43所示。

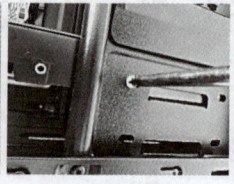

图1-43　固定SATA硬盘

（4）M.2接口的硬盘是插卡式，将硬盘插到主板的M.2插槽处，M.2硬盘与其插槽如图1-44所示。

提示：部分主板的M.2接口采用免螺丝安装设计。

图1-44　M.2硬盘与其插槽

安装固态硬盘

技能点 4.6　安装连接线

（1）安装主板供电线。主板供电接口有两处：一处为24针供电接口；一处为8针供电接口，将电源供电线与主板上的供电接口按针数相连，安装主板供电线如图1-45所示。

提示：插入电源接口时要注意一只手插入，另一只手要扶住主板底座，防止压迫主板造成损失。

安装主板连接线

（2）扩展前置USB接口如图1-46所示，有USB2.0和USB3.0两种。

提示：USB3.0是主板上标识为U32G1_12的接口，该接口能提供高达5GB/s的数据传输率，对可充电的USB设备提供更快的充电速度，与USB2.0向下兼容。

将前置USB连接线分别插入主板的USB2.0接口以及USB3.0接口，连接前置USB接口如图1-47所示。

（3）主机箱前面有开关和指示灯等前置面板连接线，包括电源按钮"POWER SW"、复位按钮"RESET SW"、硬盘指示灯"H.D.D LED"、电源指示灯"POWER LED"等，按照主板上连接线插针附近印刷的标识进行对应，将连接线插到插针上，主机前置面板连接线如图1-48所示。

提示：只要按着主板说明书上的指示，对好正负就可以接线。一个重要的规律，彩色是正极，黑/白是负极。如果没有颜色区分，则会标示正（+）负（−）极。

24针供电接口

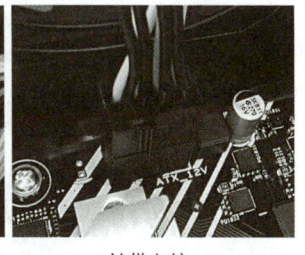
8针供电接口

图1-45　安装主板供电线

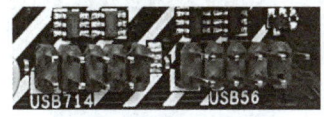
USB2.0

USB3.0

图1-46　扩展前置USB接口

图1-47　连接前置USB接口

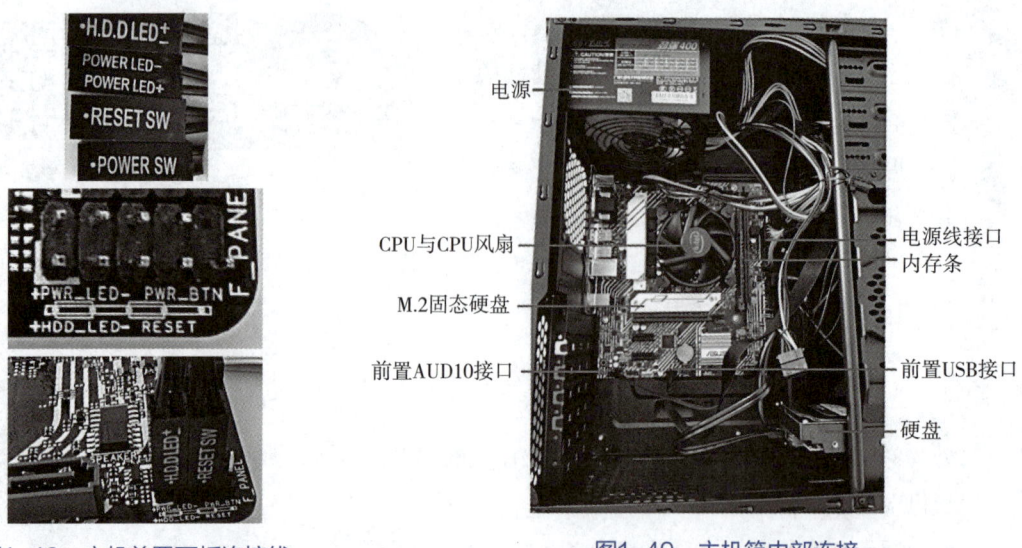

图1-48 主机前置面板连接线　　图1-49 主机箱内部连接

（4）主机箱内部连接完成之后，检查连接线是否松动，将连接线绑到硬盘支架上，不要遮挡住CPU风扇，主机箱内部连接如图1-49示。

技能点4.7　连接外设

主机箱后面的I/O外设接口主要有PS/2接口、USB接口、音频接口、显示器接口等。机箱内部安装完毕后，将各个外设的线连接到相对应的插孔上，连接I/O外设如图1-50所示。

连接外设与自检

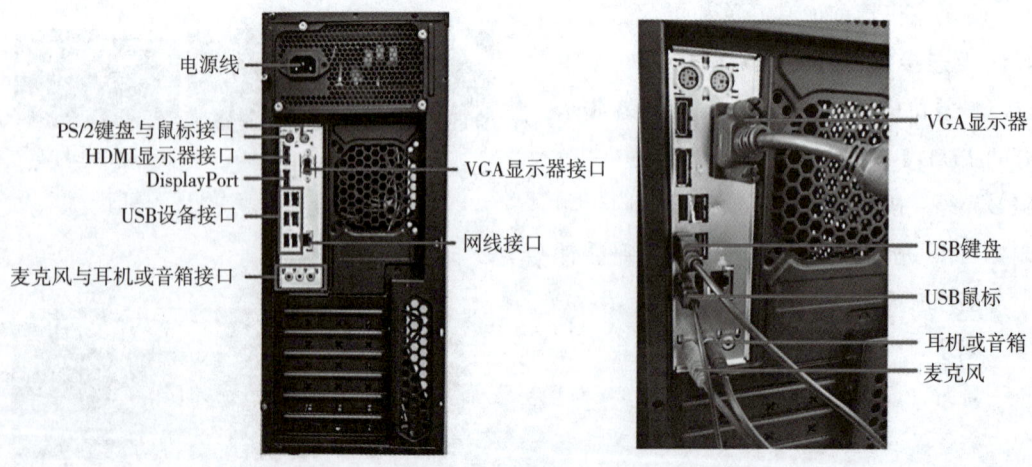

图1-50　连接I/O外设

> 📝 **小知识**
>
> 目前常见的外设如键盘、鼠标、扫描仪、数码照相机、打印机等设备的接口发生了较大变化，越来越多的设备淘汰了过去沿用的PS/2接口、串/并行接口等接口形式，而改用传输性能好、允许带电插拔的USB接口。

技能点 4.8　开机自检

组装完计算机之后，接通主机箱和显示器的电源，按下开机按钮，计算机启动后显示自检过程，通电开机自检如图1-51所示，此界面说明硬件主板、CPU、内存、显示器等连接正确。

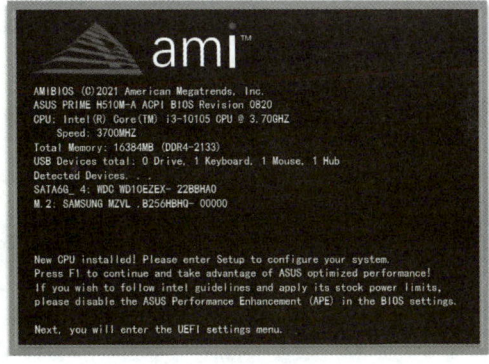

图1-51　通电开机自检

提示：在计算机组装完成以后，首先检查各类配件是否安装到位，各类电源线和数据线是否正确连接，确保无误后盖上机箱盖，在不拧上螺丝钉的情况下通电开机自检。开机自检正常后，再关机并拧上机箱螺丝钉。如果不能自检，则需要排查哪一个硬件出现问题。

> 📝 **思考总结**
>
> 组装计算机硬件需要耐心和细致，在组装之前做好准备工作，在组装过程中要注意防止静电、不要带电操作、防止液体进入计算机内部、轻拿轻放、不要使用蛮力等细节，找好连接点的位置和方向，再进行组装。

▶ **任务拓展**

拆解一台计算机

拆解台式计算机的步骤基本与组装步骤相反，从外到内，先拔线后拆件，拆的时候要注意不要使用蛮力。具体步骤如下。

①断开外部连接。分别断开显示器和主机的电源开关，并拔掉显示器的电源线和数据线，拔掉连接主机的电源线、鼠标线、键盘线、音频线及网线等。

②拆卸计算机主机硬件。打开机箱的侧面板，拆卸掉所有PCI扩展卡和显卡，拔掉硬盘的数据线及电源线，依次拆卸硬盘、内存和CPU，拔掉主板上的各种连接线，拆卸主板，最后拆卸电源，并为这些硬件清理灰尘，放置在一起。

▶任务总结

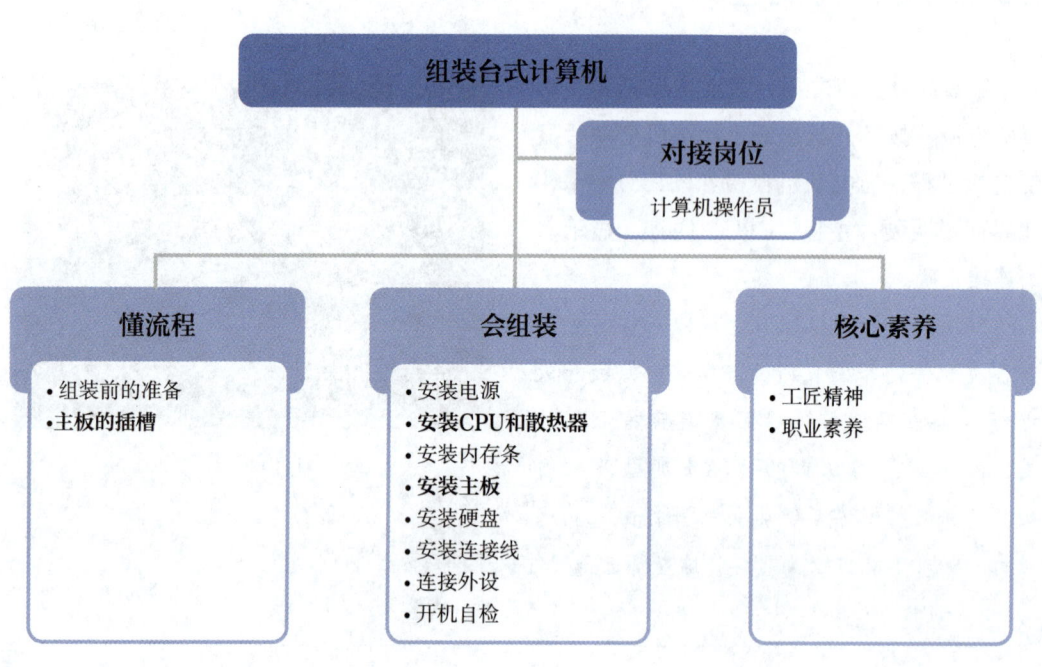

▶扩展阅读

国之重器——量子计算机"九章"

2023年10月11日，中国科学技术大学中国科学院量子创新研究院与上海微系统所、国家并行计算机工程技术研究中心合作，成功构建了255个光子的量子计算原型机"九章三号"，这项成果再度刷新了光量子信息的技术水平和量子计算优越性的世界纪录。

根据公开发表的最优算法，"九章三号"处理"高斯玻色取样"的速度比上一代"九章二号"提升100万倍，我国成为唯一在光学和超导两种技术路线都达到了"量子计算优越性"的国家。

知识检测

一、判断题

1. 在装机之前，需要准备的工具有强磁螺丝刀、尖嘴钳、镊子、散热硅脂等。（   ）
2. 主机箱背面的扩展接口包括PS/2接口、USB接口、音频接口、显示器接口等。（   ）
3. 在主机箱正面可以看到的按钮和接口有电源按钮、复位按钮、USB接口、音频接口等。（   ）
4. 显卡是连接计算机系统的桥梁，是各个部件之间进行数据传输的公共通道。（   ）
5. 散热硅脂的作用是将CPU运行时产生的热量散发出去。（   ）

二、选择题

1. 在安装CPU风扇之前，需要在CPU与风扇之间涂抹一层（   ）。
   A．胶水　　　　B．散热硅脂　　　C．润滑油　　　D．黏性物质
2. SATA硬盘使用（   ）数据线连接。
   A．IDE　　　　 B．SATA　　　　 C．USB　　　　D．安卓
3. 主板上的USB2.0接口有（   ）根插针。
   A．10　　　　　B．9　　　　　　 C．8　　　　　 D．7
4. "POWER SW"连接着机箱前置面板的（   ）按钮。
   A．电源　　　　B．USB　　　　　C．音频　　　　D．RESET
5. 标记为"CPU FAN"的插针，作用是（   ）。
   A．CPU散热器供电线　　　　　　　B．USB接口
   C．主板电源线　　　　　　　　　　D．音频线

项目实战

【项目要求】

按客户要求，需要将计算机的硬件组装好并进行自检，让客户试用后，由客户签下计算机硬件保修单，将计算机完整地交给客户。

【项目实施】

步骤一：客户在购物网站上查找自己喜欢的台式计算机。

步骤二：按客户要求为客户推荐计算机硬件配置。

步骤三：将工作台整理并清洁，将硬件按顺序摆放，向客户出示硬件封装状态，在客户同意后拆封，将包装清理，准备工具，开始进行组装。

步骤四：组装完成后，自检与测试。

【项目评价】

考核评价表

任务	专业能力和职业素质	评价指标	考核方式
1	能够识别各种类型的计算机，查阅资料，对资料的整理归纳能力	汇报简洁、图片清晰、参数完整	自评 师评
2	能够完成计算机各种进制之间的转换，认真细致的工作态度	认真细致，计算能力，会明辨是非	自评 师评
3	能够独立完成计算机硬件的组装，善于与客户沟通，良好的服务意识	给出性价比高的台式机硬件配置单，需求明确，参数完整，报价合理	互评 师评
4	能够规范组装计算机，团结合作能力、严谨细致的职业素养	正确装机，规范理线，安全意识，操作规范	互评 师评

注：评价档次采用A（优秀）、B（良好）、C（合格）、D（不合格）四个水平。

项目 2　共生共荣，探索计算机生命之源

▶ 项目描述

没有软件系统的计算机是没有灵魂的，无法正常工作，需要软件才能活起来，软件系统是计算机的生命源泉。计算机的功能不仅仅取决于硬件系统，在更大程度上是由所安装的软件系统决定的，两者之间相互依赖、不可分割、共生共荣。

作为计算机操作人员，对计算机系统的了解不仅局限于硬件的层面，还要掌握软件的应用层面，能根据用户对系统功能需求的不同，完成一些常见应用软件的下载、安装和使用，使计算机满足基本的学习和工作需要，软件管理是计算机专业技术人员基本的专业技能之一。

本项目主要从管理磁盘分区、安装操作系统、防护系统安全、安装应用软件四个方面介绍软件系统的相关知识和技能，为用户正常使用计算机提供软件平台。

▶ 学习目标

【知识目标】

（1）了解磁盘初始化、分区、文件系统以及动态磁盘的基本概念。
（2）理解用户管理、计算机病毒、系统优化工具软件、个人防火墙等方面的安全知识。
（3）掌握虚拟机软件、WPS Office、华为eNSP等应用软件的基础知识。
（4）熟悉Windows系列操作系统、Linux操作系统以及麒麟操作系统的相关知识。

【能力目标】

（1）能够使用系统优化工具软件对计算机进行安全维护，并能创建和管理计算机用户账户。
（2）能够下载并安装VMware Workstation、WPS Office、eNSP等应用软件。
（3）能够完成对硬盘进行分区和格式化操作，并会查看硬盘分区格式和调整硬盘空间。

（4）能够正确安装Windows 10操作系统。

【素质目标】

（1）对硬盘进行规划，要科学、合理、有效，树立整体意识和节能环保意识。

（2）掌握国产操作系统，了解操作系统在新一代信息技术中的重要性，激发使命担当的责任感、自主创新意识。

（3）通过引入技能比赛中的软件列表，提升自主学习、资料查找与阅读的水平。

（4）通过系统安全的学习，明确维护信息安全是每个计算机用户的责任，应加强个人保护，提升遵纪守法的自觉性。

任务1 管理磁盘分区

任务描述

磁盘管理主要用于管理计算机的磁盘、各种分区或卷系统，以提高磁盘的利用率，确保系统访问的便捷与高效。计算机操作人员要学会对磁盘进行分区和格式化的方法，具有管理磁盘的基本能力。

一台计算机上有3块磁盘，其中一块磁盘已安装Windows 10操作系统，该计算机的磁盘管理如图2-1所示。需要对另外两块空的磁盘进行规划，根据个人需要，通过磁盘管理完成磁盘分区和格式化。

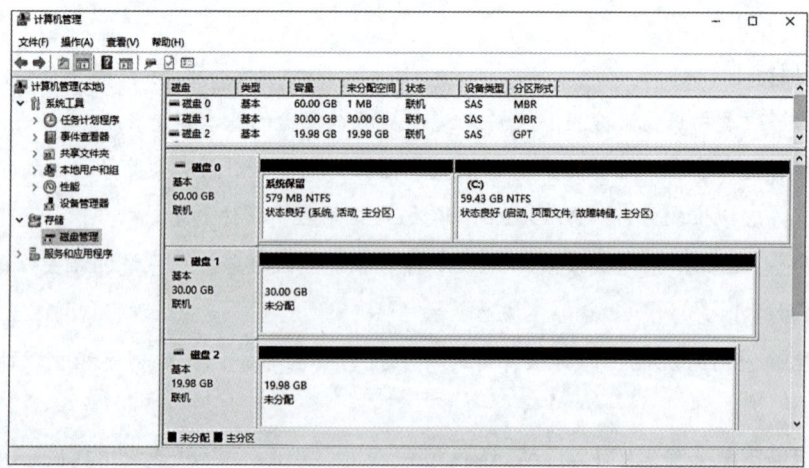

图2-1 磁盘管理

▍知识学习

1.1 磁盘的初始化

计算机使用磁盘来存放文件，工厂生产的磁盘必须经过低级格式化（Low Level Format）、分区和高级格式化（文中均简称为格式化）3个初始化工作后，才能使用磁盘存储数据。

磁盘初始化

1.1.1 低级格式化

磁盘的低级格式化通常由生产厂家完成，目的是划定磁盘可供使用的扇区和磁道，并标记有问题的扇区。目前市场上销售的新硬盘在出厂前均做了低级格式化，用户对新硬盘无须进行低级格式化。

提示：经过低级格式化后的硬盘，原来保存的数据将全部丢失，所以一般来说对正在使用的硬盘低级格式化是非常不可取的，只有非常必要的时候才能对硬盘进行低级格式化。

1.1.2 分区

磁盘属于大容量存储设备，通常在使用前需要对磁盘进行分区，可以依据个人使用习惯科学规划存储空间，将整个磁盘合理地分成几个逻辑不同的分区。将计算机中存储的数据分类，根据需要存放到不同的分区，这样更有利于数据的管理与查找，设备和驱动器如图2-2所示。

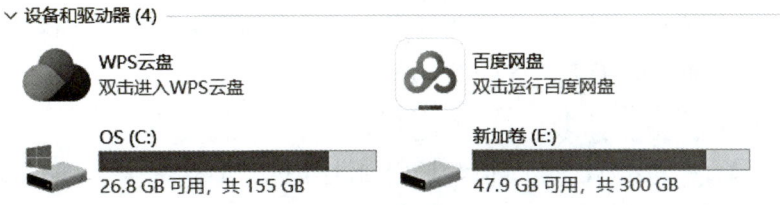

图2-2 设备和驱动器

提示：真实的硬盘称为物理磁盘，在Windows系统中把所有的分区都称作"盘"或者"驱动器"或者卷（Volume）。

1.1.3 格式化

一个仅完成分区的磁盘仍然无法正常使用，若用它存储文件，还必须对它进行格式化操作。格式化是根据用户选定的文件系统，在磁盘的特定区域写入特定数据，以达到初始化磁盘或磁盘分区的一个操作。同一磁盘的分区划分成一个个小的区域，再把这些区域编上号，这样计算机才知道该往哪写入数据和读取数据。

1.2 文件系统

目前Windows所使用的文件系统主要有2种，即FAT32和NTFS。

（1）FAT32

FAT是文件分配表（File Allocation table）的缩写，FAT32指的是文件分配表采用32位二进制数记录管理的磁盘文件管理方式，可以有效地管理大容量硬盘，并识别容量超过2GB的硬盘。

（2）NTFS

NTFS（New Technology File System）是Microsoft Windows NT的标准文件系统，它是一个特别为网络和磁盘配额、文件加密等管理安全特性而设计的分区格式。NTFS提供长文件名、数据保护和恢复，对用户权限进行非常严格的限制，并支持在多个硬盘上存储文件（跨越分区）。从Windows 2000开始，其后的操作系统均支持NTFS文件系统，也是目前使用较多的文件系统。

1.3 分区的类型

分区主要有主分区、扩展分区和逻辑分区等类型。

（1）主分区

主分区是在物理磁盘上首先建立的基本分区，分区信息保存在主引导记录的分区表中。如果要在硬盘上安装操作系统，则该硬盘必须有一个主分区，主分区上存储着操作系统启动所必需的文件和数据，可以用来引导操作系统。

（2）扩展分区

在创建1~3个主分区后，可在剩余空间中创建1个扩展分区。扩展分区不能直接存储文件，需要进一步划分成逻辑分区才能存储文件。逻辑分区是扩展分区的组成部分，两者缺一不可，相互依存。

（3）逻辑分区

逻辑分区是硬盘上的一块连续区域，建立逻辑分区时，需要先建立扩展分区。1个扩展分区可以划分成多个逻辑分区，每个逻辑分区都被赋予一个盘符，逻辑分区不能启动操作系统。

Windows10提供了一个界面非常友好的磁盘管理工具，使用该工具可以很轻松地完成各种基本磁盘和动态磁盘的配置和管理维护工作。磁盘管理工具分别以文本和图形的方式显示出所有磁盘和分区（卷）的基本信息，这些信息包括分区（卷）的驱动器号、磁盘类型、文件系统类型以及工作状态等。"磁盘管理"窗口如图2-3所示。

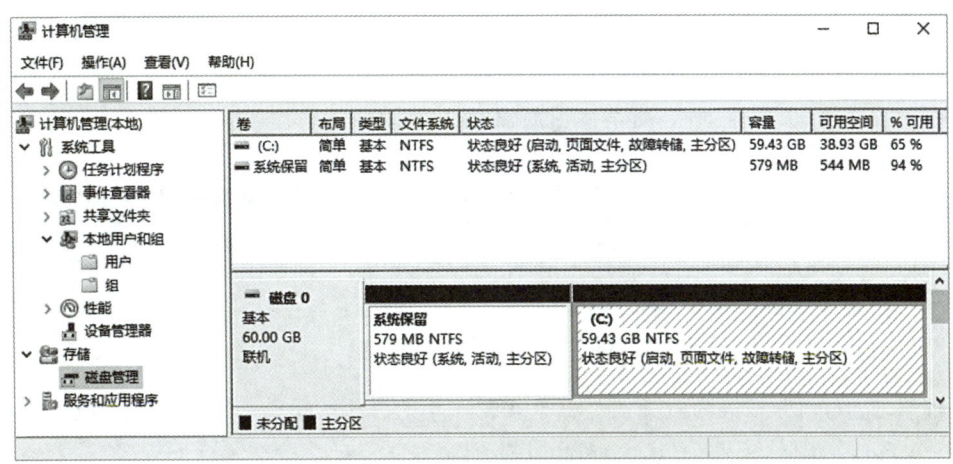

图2-3 "磁盘管理"窗口

1.4 MBR 和 GPT

全新硬盘在使用之前,必须对其进行分区,MBR和GPT是Windows系统两种流行的分区形式,它们是HDD(硬盘驱动器)或SSD(固态驱动器)等存储设备布局的标准。

1.4.1 MBR 分区表

主引导记录(Master Boot Record,MBR)将分区信息保存到磁盘的第一个扇区,即整个磁盘的0柱面0磁道1扇区,每个分区项占用16个字节。由于MBR分区只有64个字节用于分区表,因此只能记录4个分区的信息,即一个磁盘最多可以建立4个主分区。MBR分区方案无法支持超过2TB容量的磁盘,磁盘容量超过2TB以后,分区的起始位置也就无法表示。

一个磁盘的MBR分区表示例如图2-4所示,即3个主分区+1个扩展分区(划分了2个逻辑分区),磁盘中还有6GB可用空间未分配。

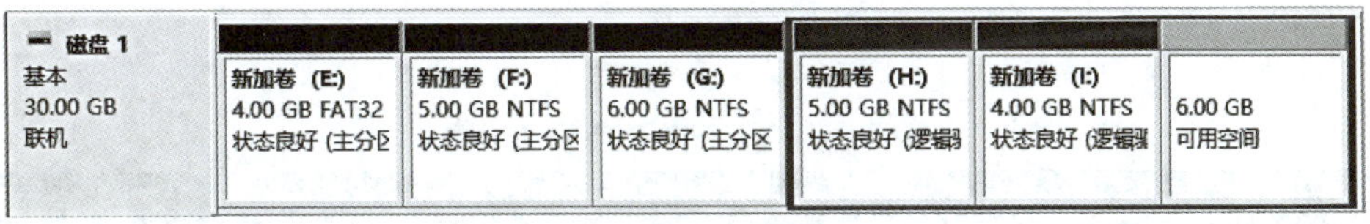

图2-4 MBR分区表示例

1.4.2 GPT 分区表

全局唯一标识符分区表(GUID Partition Table,GPT)是磁盘分区表结构的一个标准模式。在Windows环境下，GPT磁盘可设定1～128个分区，每个分区的大小可扩展至18EB。GPT磁盘可以利用主分区表和备份分区表进行数据备份。

一个划分了5个主分区的GPT分区表示例如图2-5所示。

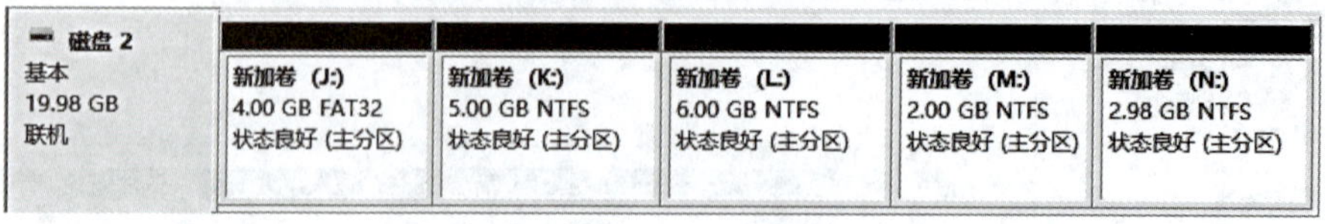

图2-5　GPT分区表示例

提示：在GPT分区表的最开头，出于兼容性考虑仍然存储了一份传统的MBR，用于防止不支持GPT的硬盘管理工具错误识别并破坏硬盘中的数据。

MBR和GPT的比较如表2-1所示。

表2-1　MBR和GPT的比较

比较项目	MBR 分区表	GPT 分区表
支持分区	主分区（1～4个） 扩展分区（最多1个） 逻辑分区（可以有多个）	主分区（1～128个） 没有扩展分区 没有逻辑分区
最大硬盘	2TB	18EB
启动方式	BIOS（基本输入输出系统）	UEFI（统一固件接口）
数据恢复	较难	容易

1.5　动态磁盘

动态磁盘提供了更好的磁盘访问性能以及容错等功能。动态磁盘是用"卷"来命名的，在一块动态磁盘上对于"卷"的个数没有限制。动态磁盘的最大优点是可以将磁盘容量扩展到非邻近的磁盘空间。动态磁盘主要分为简单卷、跨区卷、带区卷、镜像卷等，各种动态磁盘卷的对比如表2-2所示。

表2-2　各种动态磁盘卷的对比

比较项目	简单卷	跨区卷	带区卷	镜像卷
磁盘数	1	≥2	≥2	2
容错功能	无	无	无	有
读写速度	—	—	最快	—
存储空间计算	—	磁盘空间可不同 利用率100%	磁盘空间相同 利用率100%	磁盘空间相同 利用率1/2

任务实施

在安装了Windows10系统的虚拟机中添加两块硬盘，硬盘大小分别是30GB和20GB，使用磁盘管理工具对这两块硬盘进行分区和格式化操作。

技能点1.1　初始化新磁盘

使用鼠标右键单击Windows 10桌面左下角的"开始"按钮，在弹出的快捷菜单中选择"计算机管理"。在"计算机管理"窗口中，单击"磁盘管理"，进入磁盘管理页面，弹出的"初始化磁盘"界面如图2-6所示，设置磁盘1的分区形式为"MBR"。使用同样的方法，设置磁盘2的分区形式为"GPT"。

磁盘管理

按"磁盘列表"方式查看，磁盘列表如图2-7所示。

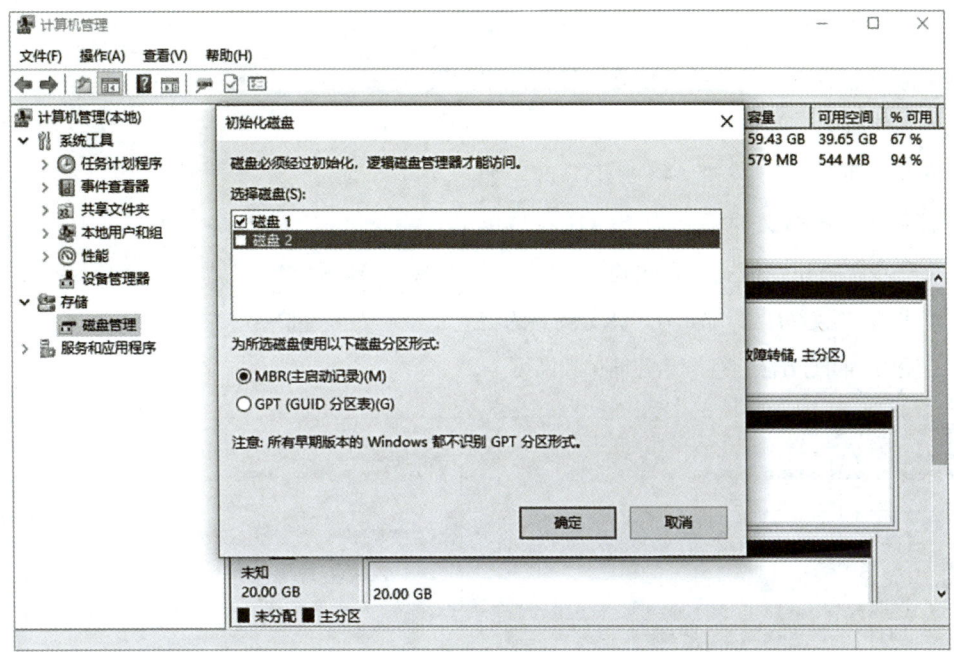

图2-6　"初始化磁盘"界面

图2-7　磁盘列表

技能点1.2　新建磁盘分区

（1）新建磁盘1的分区。在图形视图中，使用鼠标右键单击磁盘1未分配的磁盘空间，在弹出的快捷菜单中选择"新建简单卷"，如图2-8所示，进入"新建简单卷向导"，根据实际需求，指定卷大小如图2-9所示，大小值为"4096"。

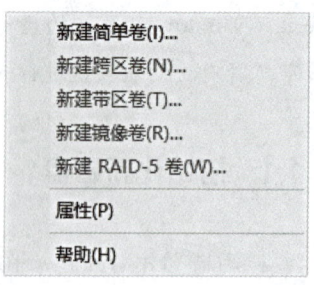

图2-8　选择"新建简单卷"

提示：这里的"简单卷"，可以理解成分区，设置分区大小时，最好填写整数，并注意1GB=1024MB这个换算方式。

单击"下一步"按钮，分配驱动器号，如图2-10所示。

提示：在Windows 10操作系统中，磁盘分区是按照字母进行编号，简称盘符或者驱动器号。系统分区默认是C盘，其他盘符按照字母顺序依次排列。

单击"下一步"按钮，格式化分区，如图2-11所示，选择文件系统为"FAT32"。单击"下一步"按钮，即完成新建卷。

如果还想继续分区，那么在"未分配"的空间上，使用相同的方法，继续新建简单卷即可。

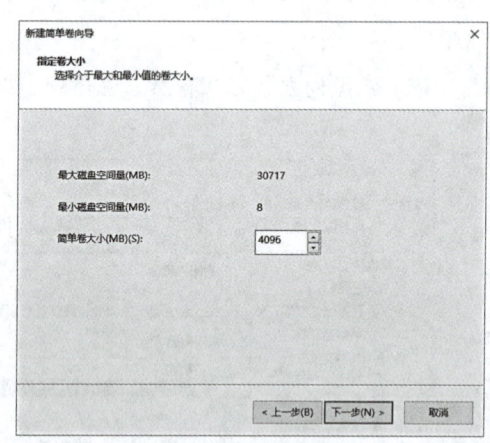

图2-9　指定卷大小

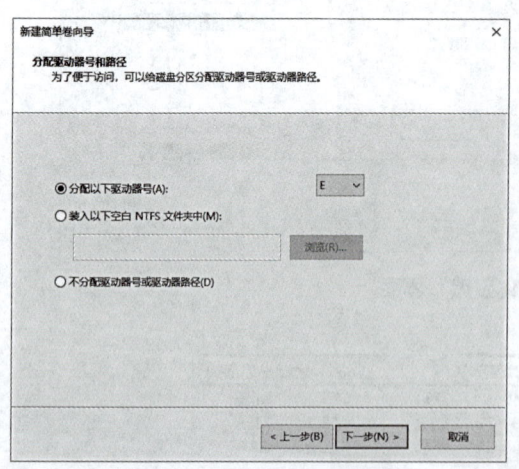

图2-10　分配驱动器号　　　　图2-11　格式化分区

在磁盘1中完成3个主分区创建后，再创建分区时，系统自动将最后一个分区设置为扩展分区的一个逻辑驱动器。创建5个分区完成后，磁盘1的分区情况如图2-12所示。

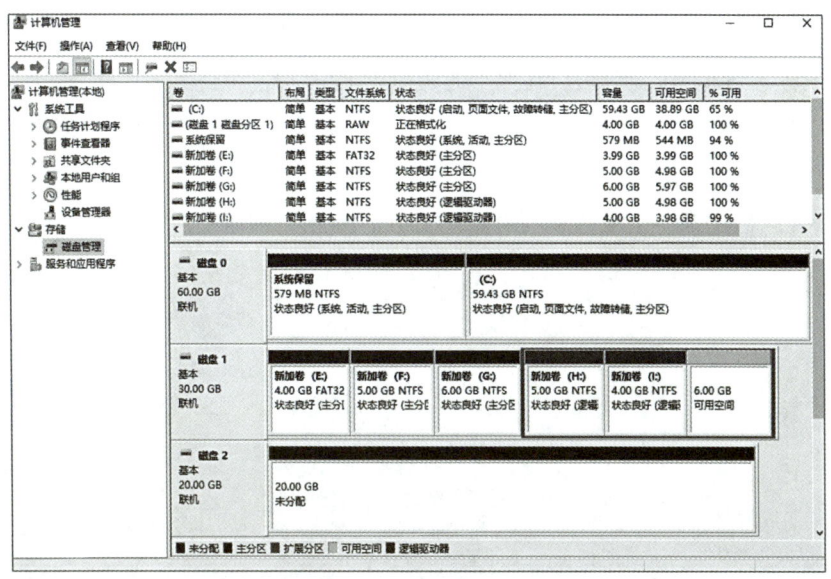

图2-12　磁盘1的分区情况

提示：在磁盘管理工具的下部，以不同的颜色表示不同的分区（卷）类型。扩展分区和逻辑分区的关系是包含与被包含的关系，每个逻辑分区都是扩展分区的一部分。

（2）新建磁盘2的分区。使用同样的方法，在磁盘2中自行创建5个分区，磁盘2的分区情况如图2-13所示。

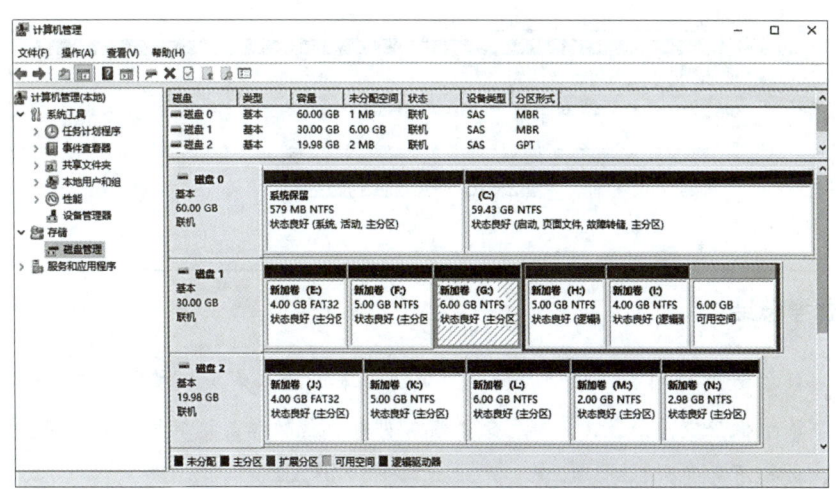

图2-13　磁盘2的分区情况

技能点 1.3　调整磁盘空间

如果磁盘空间过大，也可以压缩分区。压缩分区时，任何普通文件都会自动重新定位到磁盘上以便创建未分配的空间，所以无须重新格式化磁盘即可缩小分区。

使用鼠标右键单击C盘分区，在弹出的快捷菜单中选择"压缩卷"，如图2-14所示，根据需求，在打开的窗口中自行设定压缩卷的大小，如图2-15所示，单击"压缩"按钮，完成压缩。

在C盘分区后出现一个未分配的磁盘，大小是10GB，即压缩后产生的分区，如图2-16所示。

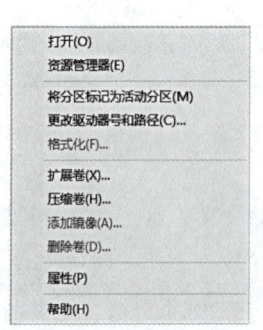
图2-14　选择"压缩卷"

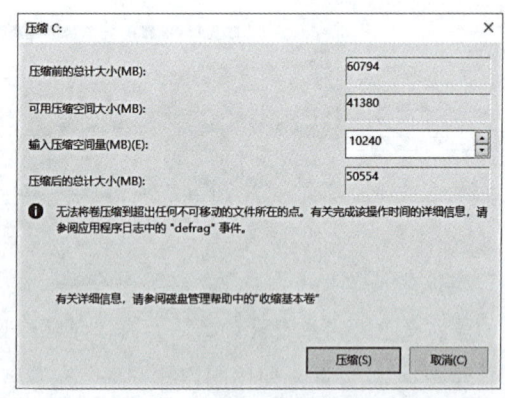
图2-15　设定压缩卷的大小

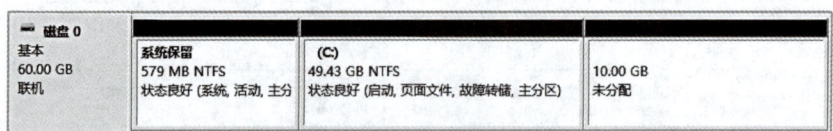
图2-16　压缩后的磁盘

> 📝 **思考总结**
>
> 　　对硬盘进行规划要科学、合理、有效。如果电脑只有一块硬盘，根据磁盘大小，建议至少分成两个区，分别存放系统文件和其他数据，这样可以保证在重装系统时，数据不会受到影响。

▶ 任务拓展

使用命令来查看磁盘分区情况

（1）使用鼠标右键单击Windows 10桌面左下角的"开始"按钮▇，在弹出的快捷菜单中选择"运行"，在"运行"对话框中输入"cmd"，单击"确定"按钮，打开命令提示符。输入"diskpart"命令如图2-17所示，回车确认后，切换到DISKPART命令环境。

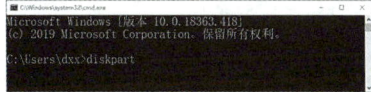

图2-17 输入"diskpart"命令

提示：diskpart命令是Windows环境下的一个命令，利用它可实现对硬盘的分区管理，包括创建分区、删除分区、合并（扩展）分区。

（2）在DISKPART命令环境中（提示符为"DISKPART>"），输入"list disk"命令，查看磁盘列表，如图2-18所示。

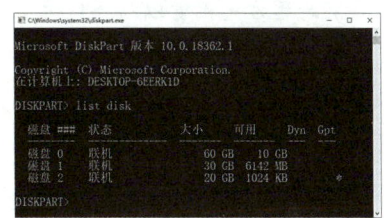

图2-18 查看磁盘列表

提示：查看最后一列的"GPT"项，如果这一项中有★号则表示对应的磁盘为GPT磁盘，如果没有则为MBR磁盘。

（3）输入命令"select disk 1"，选择磁盘1。再输入命令"detail disk"，查看磁盘1的分区情况如图2-19所示。

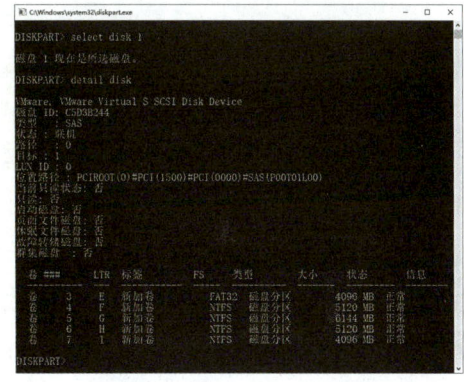

图2-19 查看磁盘1分区情况

▶ 任务总结

```
管理磁盘分区
   │
   ├── 对接岗赛
   │    计算机操作员
   │    网络系统管理
   │
   ├── 懂磁盘
   │    • 磁盘的初始化
   │    • 文件系统
   │    • 分区的类型
   │    • MBR和GPT
   │    • 动态磁盘
   │
   ├── 会管理
   │    • 初始化新磁盘
   │    • 新建磁盘分区
   │    • 调整磁盘空间
   │
   └── 核心素养
        • 整体意识
        • 环保意识
```

扩展阅读

结绳记事——最早的存储器

结绳记事是我国远古先民实物记事的主要形式。《周易·系辞下》曰:"上古结绳而治,后世圣人易之以书契。"《周易正义》引东汉郑玄的注释说:"古者无文字,其有约誓之事,事大大其绳,事小小其绳,结之多少,随物众寡,各执以相考,亦足以相治也。"这些记载说明,我们的远古先祖曾以结绳作为实物记事的方法记载史事、传递信息。以结绳大小不同,表示不同的记事内容,在没有文字的时代,这些简单的绳子就是当时最为先进的存储器。

在中国,结绳文化源远流长。它不仅仅是一种记忆工具,更是一种民间艺术,一种心灵的表达。结绳记事作为中国古老的文化遗产,不仅承载着先人们的智慧与情感,也展现了中国民间艺术的独特魅力。在现代社会中,结绳仍然发挥着重要的作用,成为连接过去与现在、传统与创新的桥梁。

知识检测

一、判断题

1. 扩展分区可以直接存储数据。　　　　　　　　　　　　　(　　)
2. 逻辑分区是扩展分区的组成部分,两者缺一不可,相互依存。(　　)
3. 目前Windows的文件系统主要有FAT32和NTFS。　　　　(　　)
4. 在1个扩展分区只能划分成1个逻辑分区。　　　　　　　(　　)
5. 磁盘不用格式化就可以存储数据。　　　　　　　　　　　(　　)

二、选择题

1. MBR分区表中最多有(　　)主分区。
   A. 1~3个　　　　B. 128个　　　　C. 4个　　　　D. 10个
2. 动态磁盘可分为简单卷、跨区卷、带区卷、RAID-5卷和(　　)。
   A. 主分区　　　　B. 逻辑　　　　C. 扩展　　　　D. 镜像卷
3. 动态磁盘中(　　)读写速度最快。
   A. 跨区卷　　　　B. 带区卷　　　　C. RAID-5　　　　D. 简单卷

三、应用实践

在磁盘管理器中将新硬盘设置为动态磁盘,如下图所示,创建简单卷、跨区卷、带区卷、镜像卷和扩展卷等。

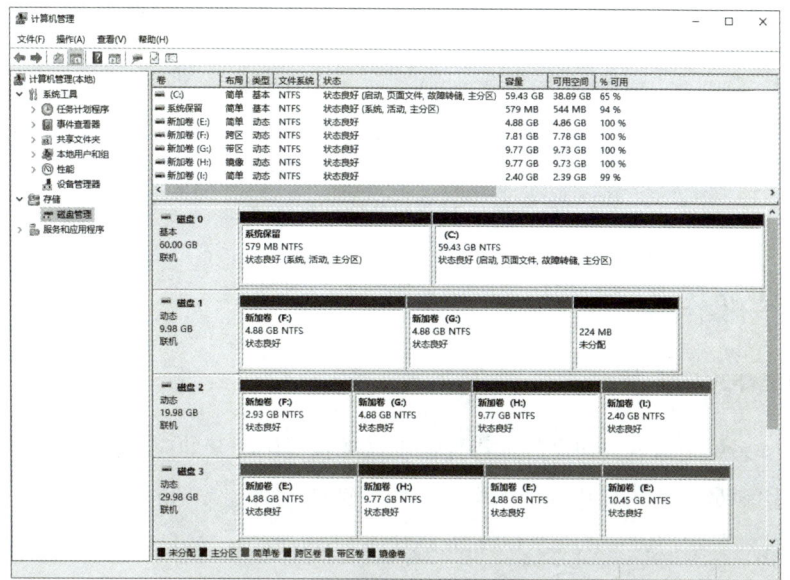

任务 2　安装操作系统

▶ **任务描述**

操作系统是系统软件的核心，用于管理计算机系统的硬件与软件资源，是连接硬件和应用软件的接口和桥梁。计算机需要安装操作系统才能正常工作，学会安装操作系统是计算机操作人员最基本的专业技能要求。

在完成计算机硬件组装后，首要的工作就是安装操作系统，Windows是目前使用最广泛的操作系统，可以使用已下载的系统安装盘安装Windows 10操作系统，在安装过程中对相关选项进行合理设置即可。

▶ **知识学习**

2.1　操作系统概述

计算机硬件是所有软件运行的物质基础，没有配置任何软件的计算机称为裸机。操作系统是直接运行在计算机硬件上的最基本的系统软件，也是计算机系统软件的核心，任何其他的系统软件和应用软件都必须在操作系统的支持下才能运行，计算机系统的层次结构如图2-20所示。

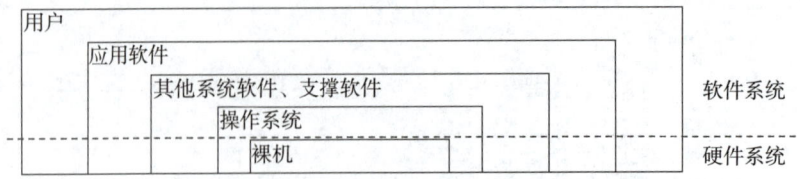

图2-20　计算机系统的层次结构

2.2　常见的操作系统

2.2.1　Windows 系统

Windows 系统是微软公司开发的操作系统，并且提供配套的应用软件，是目前全球用户最多的图形化界面的操作系统。目前市面上常见的Windows系列操作系统的版本有Windows 7、Windows 8、Windows 10、Windows 11、Windows Server 2022等。

操作系统

Windows 10系统于2015年7月29日发行，分为Windows 10 Home（家庭版）、Windows 10 Professional（专业版）、Windows 10 Enterprise（企业版）、Windows 10 Education（教育版）、Windows 10 Mobile（移动版）、Windows 10 Mobile Enterprise（企业移动版）、Windows 10 IoT Core（物联版）七个核心版本。

2.2.2　Linux 系统

Linux系统是一套免费使用和自由传播的类Unix操作系统，它主要用于基于Intel x86系列CPU的计算机上。Linux系统是开源操作系统，其目的是建立不受任何商品化软件的版权制约的、全世界都能自由使用的Unix兼容产品。

Linux系统已成为目前广泛使用的开源软件项目。许多公司或社团将Linux系统内核与应用软件及文档包装在一起，并提供一些安装界面和系统设定与管理工具，这样一套完整的软件环境称为一个发行版本。Red Hat、Debian、Slackware等各个大公司开发出各自不同的发行版本。我国目前正在进行国产操作系统的研发工作，如红旗Linux、统信UOS、银河麒麟、deepin等，这些系统大部分都是基于Linux开源内核开发的。

2.2.3　麒麟系统

麒麟软件现已开发了银河麒麟服务器操作系统、桌面操作系统、嵌入式操作系统等为代表的操作系统。麒麟操作系统（KylinOS）能全面支持飞腾、鲲鹏、龙芯等六款主流国产CPU，在安全性、稳定性、易用性和系统整体性能等方面都有了很大的提升，实现了国产操作系统的跨越式发展。

银河麒麟桌面操作系统V10是一款简单易用、稳定高效、安全创新的新一代图形化桌面操作系统。麒麟桌面操作系统主界面如图2-21所示，它是一款体验好用、安全好用、生态好用、行业好用的桌面操作系统。银河麒麟V10作为国内安全等级最高的操作系统，是首款实现具有内生安全体系的操作系统。

图2-21　麒麟桌面操作系统主界面

2.3　操作系统的安装方式

Windows 10的安装方式一般有两种：一种为升级安装；另一种为自定义（高级）安装。

①升级安装是指覆盖原有的操作系统，并保留原操作系统下的应用程序，将操作系统进行升级。在升级的过程中，将会按照微软公司原定义中的升级模式进行安装，升级之后不会格式化磁盘。

②自定义安装是指全新安装操作系统，也可以自定义磁盘分区，所以自定义安装将会删除安装盘中的原数据。自定义安装属于一种纯净的安装，主要用于新购硬盘或计算机出现故障后的重装系统。

两种安装方式各有优点，但要根据实际情况选择安装方式，如果硬盘的数据比较多，不方便迁移，建议选择升级安装。

2.4　硬件配置要求

Windows 10的硬件配置要求并不高，具体配置要求如表2-3所示。

表2-3　Windows 10 的硬件配置要求

硬件	最低配置	推荐配置	备注
CPU	1.0GHz或更快的处理器	双核以上处理器	CPU最好是越快越好
内存	1GB（32位） 2GB（64位）	2GB或3GB（32位） 4GB或更高（64位）	目前普遍使用的都是64位系统，所以推荐为4GB以上内存
硬盘空间	16GB（32位版） 20GB（64位版）	20GB或更高（32位） 40GB或更高（64位）	64位会占用更大的硬盘空间

续表

硬件	最低配置	推荐配置	备注
显卡	DirectX 9 或更高版本（包含WDDM1.0驱动程序）	DirectX 9 或更高版本（包含WDDM1.3或更高驱动程序）	分辨率要求越高越好
固件	UEFI2.3.1，支持安全启动	UEFI2.3.1以上，支持安全启动	固件必须是UEFI模式

2.5 安装系统前的准备

在安装操作系统之前，需要进行一些准备工作，以确保安装过程能够顺利进行及安装后的系统能够正常运行，以下是一些必要的准备工作。

①如果是新组装的计算机，要提前完成硬件组装以及分区、格式化等工作。

②正在使用的计算机，要对原系统中必要的数据进行妥善备份。

③每一个类型的操作系统都有多种版本，安装前要明确自己所要安装的操作系统类型和版本，并准备好相应的安装软件。

▶ 任务实施

技能点 2.1 安装 Windows 10 系统

安装Windows 10系统

Windows 10虽然版本很多，但是安装方法基本相同，下面介绍Windows 10教育版安装的步骤。

（1）插入制作好的安装盘，启动计算机，进入Windows 10的装机进程，Windows安装启动界面如图2-22所示，选择输入语言和其他首选项。

提示：可采用光盘、虚拟光驱、硬盘、U盘等安装方式，目前较为流行的是U盘安装方式，制作U盘启动盘的工具有U精灵、大白菜、U盘装机大师等。

单击"下一步"按钮，进入"现在安装"界面，如图2-23所示，单击"现在安装"按钮，启动安装程序。

（2）进入"输入产品密钥"界面，如

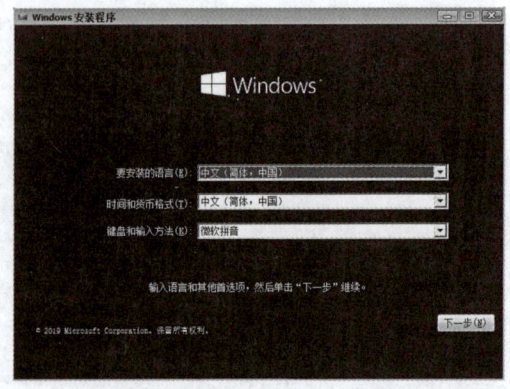

图2-22 Windows安装启动界面

图2-23 "现在安装"界面

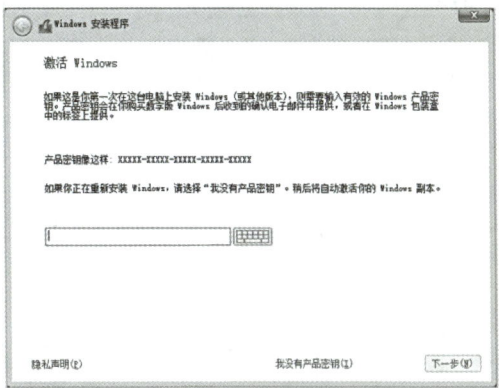

图2-24 "输入产品密钥"界面

图2-24所示，根据实际情况可以直接输入产品密钥，也可以选择"我没有产品密钥"，等系统安装好后再输入。

> **小知识**
>
> 产品密钥是产品授权的证明，它是根据一定的算法产生的随机数。当用户输入密钥，产品会根据其输入的密钥判断是否满足相应的算法，通过这样来判断，以确认用户的身份和使用权限。

单击"下一步"按钮，进入"许可条款"界面，阅读许可条款，并勾选"我接受许可条款"复选框。

单击"下一步"按钮，进入"执行哪种类型的安装"界面，如图2-25所示，由于执行的是全新安装，选择第二项"自定义：仅安装Windows（高级）"。

（3）进入"选择安装磁盘"界面，如图2-26所示，需要进行磁盘分区，单击"新建"按钮，自行选择新建分区大小，单击"应用"按钮即可完成创建磁盘分区。

提示：创建了第一个主分区，同时会自动生成系统分区来存放系统启动引导文件，还可能创建MSR（保留）分区，这两个分区默认状态下是隐藏的，安装完操作系统后是看不见的。

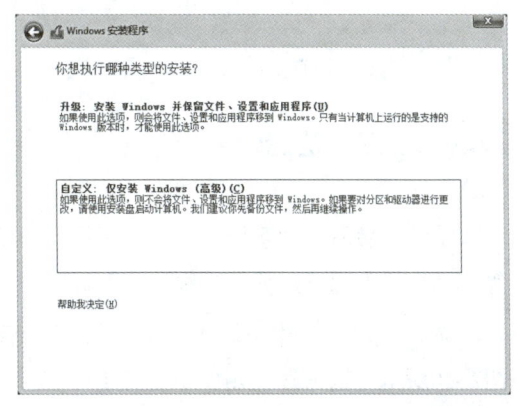

图2-25 "执行哪种类型的安装"界面

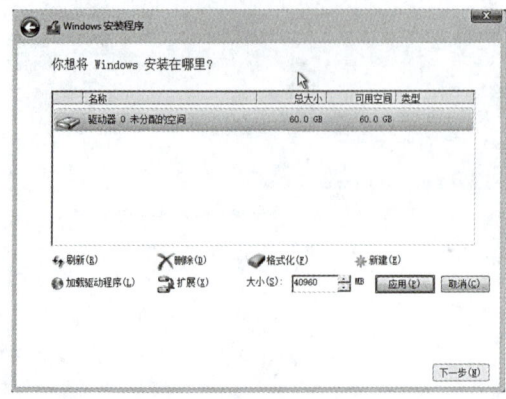

图2-26 "选择安装磁盘"界面

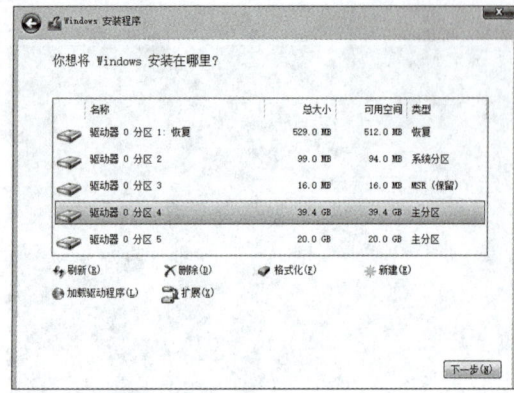

图2-27 "磁盘分区"界面

使用相同的方法，新建其他磁盘分区，"磁盘分区"界面如图2-27所示。选择新建好的分区"驱动器0分区4"，单击"下一步"按钮开始安装Windows系统。

提示：如果想删除磁盘分区，则选择该分区，单击"删除"按钮✗，删除该分区，也可单击"格式化"按钮，对所选磁盘分区进行格式化操作。

（4）"正在安装Windows"界面如图2-28所示。需要等待时间较长，安装完成后重启系统，"系统自动重启"界面如图2-29所示。

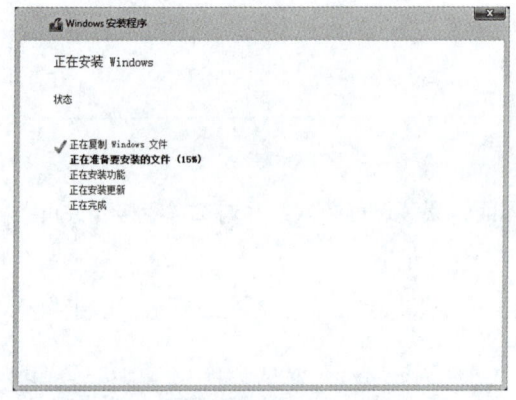

图2-28 "正在安装Windows"界面

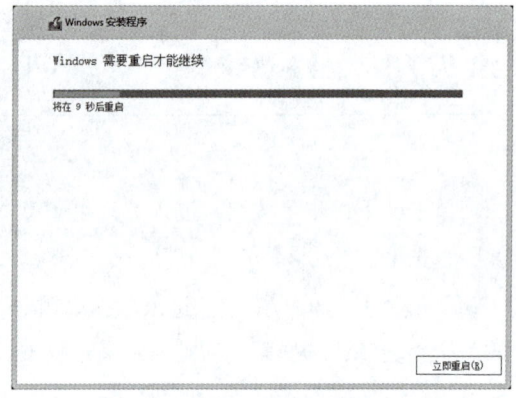

图2-29 "系统自动重启"界面

技能点 2.2　初始化系统配置

系统重启后，计算机自动进行一系列初始化配置，如设置区域、键盘布局、连接到网络等，其中绝大部分配置参数按默认设置即可。

需要单独配置使用这个系统的管理员本地账户的账户名和密码，"输入账户"界面如图2-30所示，输入账户名，单击"下一步"按钮。"输入密码"界面如图2-31所示，依次输入密码、确认密码和密码提示信息。

图2-30 "输入账户"界面

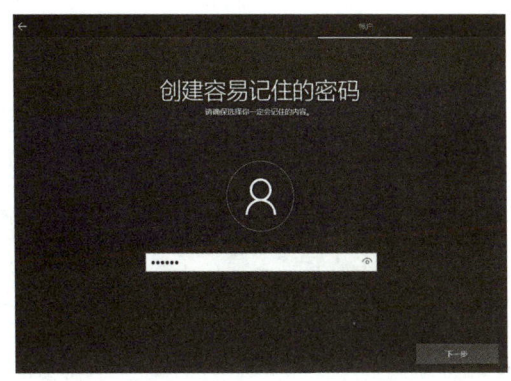
图2-31 "输入密码"界面

提示：在创建账户时，请记住输入的密码和密码提示信息，如果忘记密码或丢失密码，那么将很难恢复。

单击"下一步"按钮，初始化配置设置好之后需要等待几分钟，待配置完成后即可登录系统，Windows 10界面如图2-32所示。

技能点2.3 查看系统的版本信息

使用鼠标右键单击"开始"按钮，在弹出的快捷菜单中选择"设置"，在"设置"窗口中选择"系统"选项，在打开的窗口中选择"关于"选项，可以查看已安装的Windows 10系统的版本信息，如图2-33所示。

图2-32 Windows 10界面

> **思考总结**
>
> 在安装操作系统之前，要做好备份工作，并选择合适的操作系统版本。安装完成后，建议先进行系统备份。要及时安装驱动程序和安装常用软件，同时，定期更新系统补丁和进行系统优化，可以保持系统的稳定性和安全性。

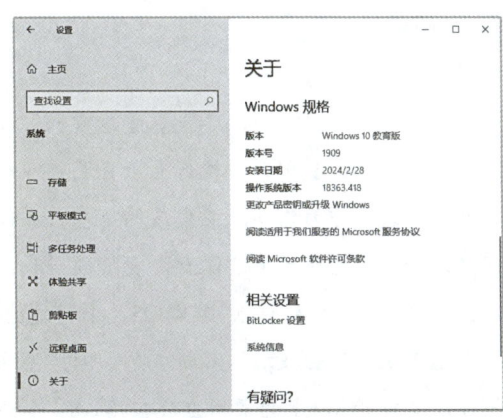
图2-33 系统的版本信息

▶ **任务拓展**

安装驱动程序

安装操作系统完成后，还应该完成安装显卡、声卡、网卡、打印机等设备驱动程序的工作。驱动程序是一种可以使计算机和设备通信的特殊程序。如果没有驱动程序，连接到计算机的设备将无法正常工作，正确安装驱动程序是计算机正常运行的基本保障。驱动程序的种类众多，安装方式也各有不同，大多数情况下，Windows系统会附带驱动程序，也可用一些驱动安装工具软件来完成驱动。

▶ **任务总结**

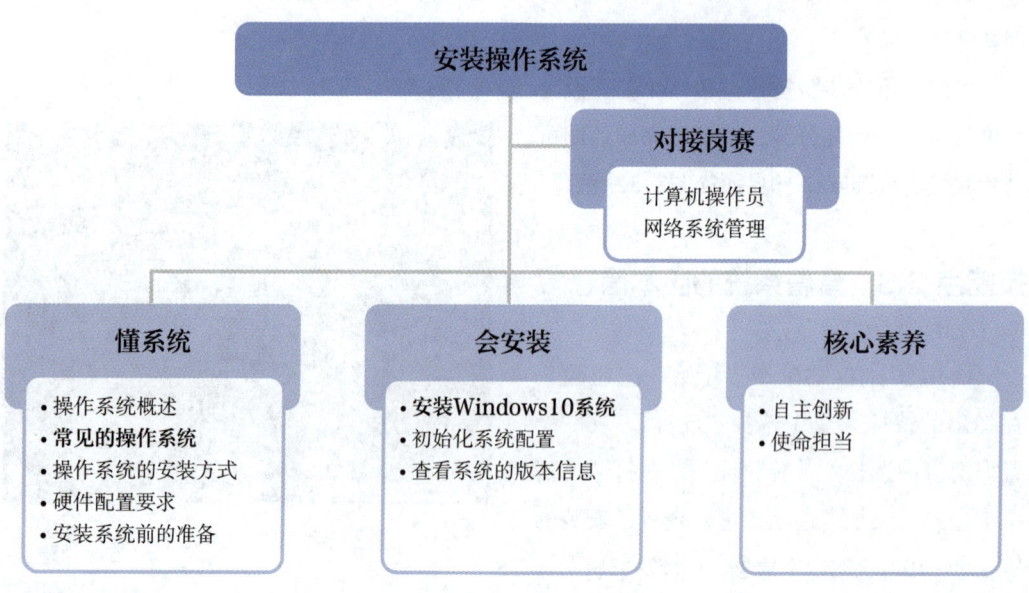

▶ **扩展阅读**

中国基础软件的"魂"——国产操作系统

长期以来，我国高科技行业一直面临"缺芯少魂"的困局，"芯"是指芯片，"魂"则是指操作系统。作为信息产业发展的根基，操作系统的重要性不言而喻。国产操作系统的自主研发是一项重大而紧迫的课题。现阶段，我国市场上的国产操作系统达10种以上，其中主流的包括UOS（统信软件）、麒麟OS、中科方德等，但它们大多是以Linux为基础的二次开发。

近年来，随着技术的不断成熟，国产操作系统在保持安全可控上的一贯优势的同时，已经可以支持90%以上的常用办公应用。国产操作系统和办公软件的下载量一时间以几倍的速度增长。国产操作系统真正实现了可用、能用,生态建设也从第一阶段往第二阶段过渡,从可用、能用向好用、易用迈进。操作系统、数据库、中间件等基础设施软件是软件行业的"基石"。加强国产软件基础研究是实现高水平科技自立自强的迫切要求,高水平原始创新是科技强国的重要标志。

▶ 知识检测

一、判断题

1. 操作系统是计算机系统软件的核心。   (   )
2. 没有配置任何软件的计算机称为裸机。   (   )
3. Windows 10的安装方式一般有升级安装和自定义安装两种类型。(   )
4. 升级安装是指覆盖原有的操作系统,并删除原操作系统下的
   应用程序。   (   )
5. Linux系统是一套免费使用和自由传播的类Unix操作系统。 (   )

二、选择题

1. 下面(   )不是操作系统。
   A. Windows 10   B. 麒麟系统
   C. Debian   D. 管理系统
2. 安装Windows 10的硬件最低配置要求有(   )。
   A. CPU为1.0GHz以上   B. 内存(32位版)为1GB以上
   C. 硬盘空间(32位版)为16GB以上   D. 硬盘空间(64位版)为16GB以上
3. 操作系统安装完后,计算机自动进行一系列的初始化配置,但不包括(   )。
   A. 设置区域   B. 设置键盘布局
   C. 安装软件   D. 配置网络

三、应用实践

1. 随着国家"信创"产业的快速发展,各种国产操作系统如雨后春笋般地涌现,目前我国自主研发的操作系统有哪些?
2. 在官方网站上下载并安装银河麒麟操作系统。

任务 3　防护系统安全

■ 任务描述

由于计算机和网络的普及，系统会面临着感染病毒、系统漏洞、黑客泛滥等各种安全威胁。对计算机操作人员来说，计算机的安全维护已经成为一项非常重要的工作。

操作系统安装完成后，为了对个人计算机的安全进行更好的维护，需要对计算机进行用户管理、安全防护、系统优化等操作，同时要有良好的上网习惯，加强个人保护，强化信息安全管理意识。

■ 知识学习

Windows系统是一个非常开放同时也是较脆弱的操作系统，稍有不慎就可能导致系统受损，所以在使用过程中要加强系统管理，定期检测、维护和优化。

3.1　用户管理

用户（User）指的是计算机的使用者。Windows 10提供了多用户操作环境，当多人使用同一台计算机时，可以分别为每个人创建一个用户账户。Windows 10提供管理员和标准用户两种不同类型的账户，管理员对整个计算机拥有完全的控制权限，可以对系统设置进行任意更改，Windows 10默认的管理员账户是Administrator。标准用户是用户自建账户，可以使用计算机上安装的大多数程序。

用户管理

不同类型的账户又提供了不同的计算机控制级别。可根据需要，对不同用户的账户设置不同权限，来限制其对计算机进行哪些基本操作。

3.2　计算机病毒

计算机病毒（Computer Virus）在《中华人民共和国计算机信息系统安全保护条例》中被明确定义，计算机病毒是指编制或者在计算机程序中插入的破坏计算机功能或者毁坏数据，影响计算机使用，并能自我复制的一组计算机指令或者程序代码。计算机病毒具有传染性、隐蔽性、潜伏性、破坏性等特征。计算机病毒已经成为各国信息战的首选武器，给国家的信息安全造成了极大威胁。

计算机病毒

3.3 系统优化工具

系统优化工具是将查杀病毒及木马、修复漏洞、访问控制等常用的系统维护和优化工具集合在一起的一类软件的总称,这些软件基本上是免费的,其中的代表有360安全卫士、火绒安全、2345安全卫士、腾讯电脑管家等,常见的系统优化工具软件如表2-4所示。

表2-4 常见的系统优化工具软件

软件名称	图示	说明
360安全卫士		奇虎360公司推出的安全杀毒软件,具有木马查杀、电脑清理、系统修复、优化加速等多种功能
火绒安全		北京火绒网络科技有限公司开发,"杀""防""管""控"一体的安全软件,有自主研发的病毒扫描引擎,其中个人版免费
2345安全卫士		2345安全卫士是一款专业的安全软件,能有效拦截广告,抵御病毒入侵、阻止捆绑安装、清理电脑垃圾、优化运行速度
腾讯电脑管家		腾讯公司推出的免费安全软件,有云查杀木马、系统加速、漏洞修复、实时防护、网速保护、计算机诊所、健康小助手等功能

3.4 个人防火墙

个人防火墙是安装并运行在计算机操作系统中,能够为个人计算机提供防火墙基础功能服务的软件。与网络防火墙不同,个人防火墙只能保证一台计算机免受网络黑客的攻击,可以监测和控制访问个人计算机的信息和数据,防止未授权的信息进入个人计算机或者发送到外部网络。使用防火墙技术实现对网络的访问控制,既保护内部网络不受外部网络的攻击和非法访问,还能防止病毒在局域网中传播。

▶ 任务实施

技能点 3.1 管理用户

(1)打开账户功能。使用鼠标右键单击"开始"按钮,在弹出的快捷菜单中选择"设置"。打开"设置"窗口,如图2-34所示。

单击"账户"功能,打开"账户"窗口,在左侧导航栏选择"家庭和其他用户"选项,如图2-35所示,在右侧的设置区域,单击"将其他人添加到这台电脑"按钮。

管理用户

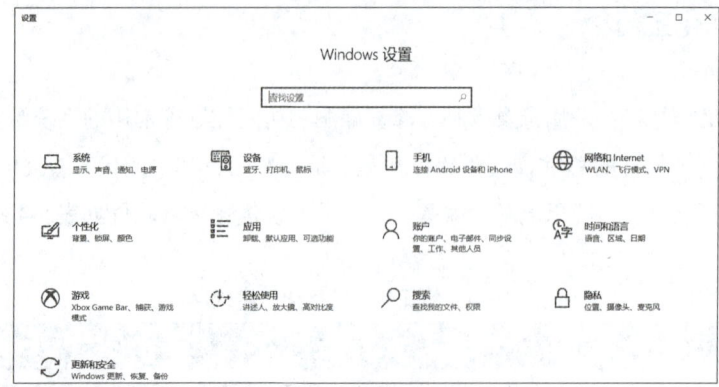

图2-34 "设置"窗口

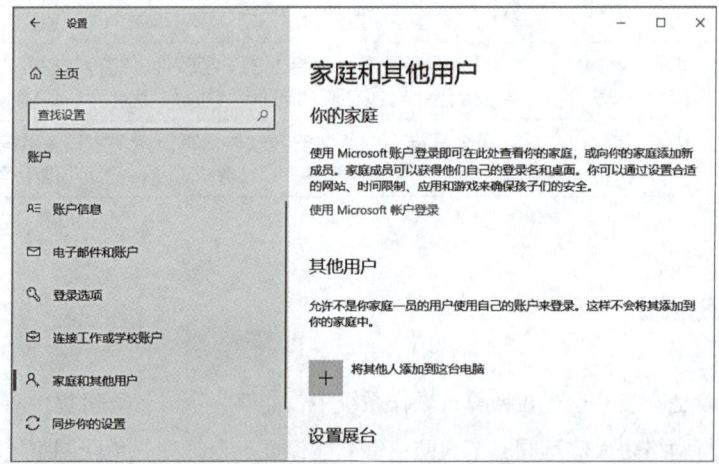

图2-35 "家庭和其他用户"选项

> **小知识**
>
> 使用电脑的每个人都拥有Microsoft账户。使用Microsoft账户，可以跨设备访问自己的应用、文件和Microsoft服务。

（2）添加用户。创建账户界面如图2-36所示，输入相应信息后，单击"下一步"按钮，账户添加完成。

提示：对用户账户要合理设置和管理，并设置好用户的访问权限，加强口令管理，杜绝弱口令的存在。设置各种密码时要充分考虑到其安全性，尽量设置不易辨识、较为复杂的密码，使用大小写字母、数字、下划线等组合的强密码，密码不宜设置得过短，应定期更新密码。

（3）更改本地账户类型。需要注意的是，出于安全原因，Windows 10创建的每个新账户都具有限制Windows 10可用性的标准权限。如果希望用户拥有更多权限来安装应用程序和进行系统更改，将需要更改账户类型为"管理员"。

单击user1用户账户，出现"管理账户"界面如图2-37所示，单击"更改账户类型"按钮，打开"更改账户"界面如图2-38所示，单击"账户类型"下拉框，选择"管理员"，单击"确定"按钮。完成更改用户类型后，user1用户账户将具有管理员权限。

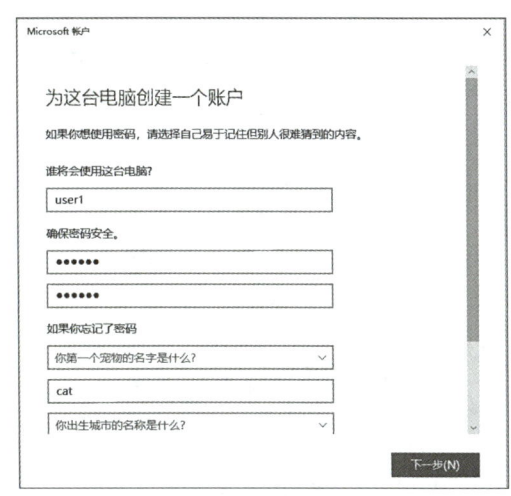

图2-36　创建账户界面

提示：拥有管理员账户的用户可以访问系统上的任何内容，任何恶意软件都可以使用管理员权限来潜在感染或损坏系统上的任何文件。一定要在绝对必要时向信任的人授予该级别的访问权限。

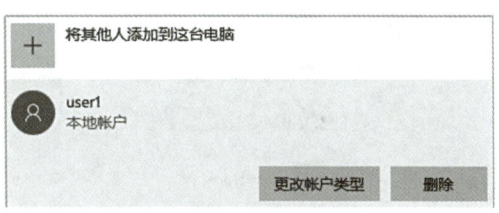

图2-37　"管理账户"界面

技能点 3.2　使用火绒安全

火绒安全软件主要防护功能分别是病毒查杀、防护中心、访问控制、安全工具。

（1）下载并安装火绒安全。在火绒安全官方网站（https://www.huorong.cn/）下载火绒安全软件5.0（个人用户），软件安装完成后，打开"火绒安全"主界面如图2-39所示。

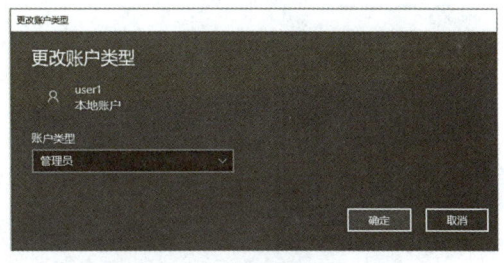

图2-38　"更改账户"界面

（2）病毒查杀。运行了木马程序的计算机就会有一个或几个端口被打开，黑客利用这些打开的端口便可进入计算机系统，系统安全和个人隐私也就全无保障了，所以要定时对计算机系统进行木马查杀。病毒查杀包括全盘查杀、快速查杀、自定义

图2-39　"火绒安全"主界面

图2-40 "病毒查杀"界面

图2-41 "防护中心"界面

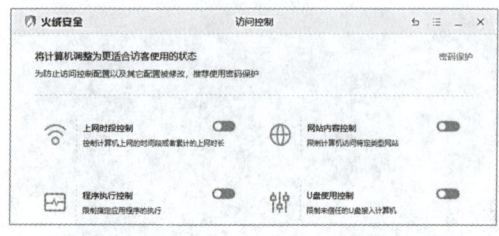

图2-42 "访问控制"界面

图2-43 "安全工具"界面

查杀,"病毒查杀"界面如图2-40所示。

(3)防护中心。防护中心提供了对系统和对未知威胁的防御,包括病毒防护、系统防护、网络防护,"防护中心"界面如图2-41所示。

(4)访问控制。访问控制是为了保障上网、程序执行、U盘使用等的安全而制定的一系列访问策略,包括上网时段控制、网站内容控制、程序执行控制、U盘使用控制等,"访问控制"界面如图2-42所示。

(5)安全工具。安全工具包括系统工具、网络工具、高级工具等,应用软件或操作系统的漏洞需要进行升级与修复,以防止不法分子以植入木马、病毒等方式来攻击或控制计算机。可以实时监察网络速度和网络流量,避免网络堵塞情况发生,能强制彻底删除文件,还可以对要访问的网站进行广告弹窗的拦截,"安全工具"界面如图2-43所示。

(6)火绒威胁情报系统。火绒威胁情报系统实时报告互联网中存在的威胁,在火绒安全官方主页上可以实时查看到当日病毒防御事件、当日终端防御事件、当日网络防御事件等,2024年2月28日,当日防御事件如图2-44所示。

图2-44 当日防御事件

技能点 3.3　设置系统优化

Windows 10自带的Windows安全中心如图2-45所示，集成了常用的病毒和威胁防护、账户保护、防火墙和网络保护等基础功能，定期对计算机上的信息进行扫描，如果找到了危险信息要及时清理。

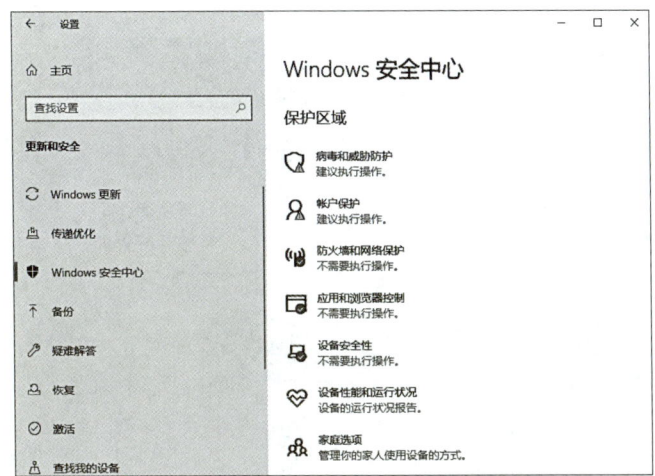

图2-45　Windows 10安全中心

> **思考总结**
>
> 个人计算机在使用过程中，要注意安全防护，包括开启防火墙、安装杀毒软件、定期更新操作系统和软件、强密码、定期备份数据等，平时也要遵守网络法规，提升守法意识。

▶ **任务拓展**

感染木马后的常见症状

一般的木马病毒程序主要是寻找计算机后门，伺机窃取被控计算机中的密码和重要文件等，可以对被控计算机实施监控、资料修改等非法操作。木马病毒具有很强的隐蔽性，计算机被木马感染后很可能出现以下症状。

①文件或文件夹无故消失，数据被无故删改。

②提示硬盘空间不足。

③一些窗口被自动关闭,新的窗口被莫名其妙地打开。
④机器运行速度突然变慢。
⑤某个进程占用很高的CPU或者有奇怪的进程。
⑥网络流量异常。

任务总结

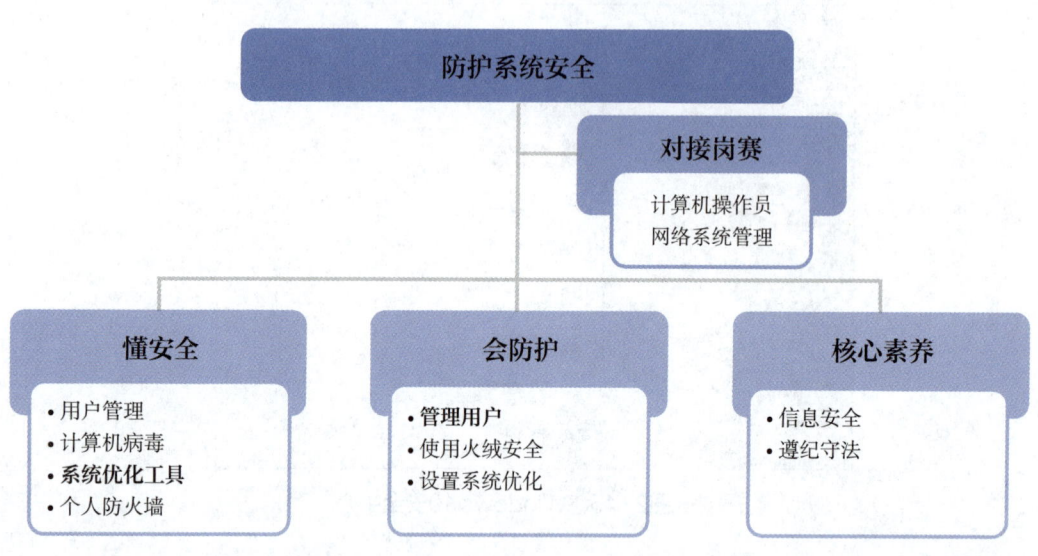

扩展阅读

安全至上,做守法公民

随着信息技术的不断发展,存在诸多信息安全隐患,如网络犯罪、隐私泄露、虚假信息、黑客攻击、感染病毒等,这些都属于信息安全问题。信息安全不仅是国家、企业关心的问题,也是我们每个人都应该重视的问题。根据ISO国际标准化组织的定义,信息安全是指为数据处理系统建立采用的技术、管理上的安全保护,目的是保护计算机硬件、软件、数据不因偶然和恶意的原因而遭到破坏、更改和泄露。

在信息技术领域,我国出台了诸多法律法规,目前我国以《中华人民共和国网络安全法》《中华人民共和国数据安全法》和《中华人民共和国个人信息保护法》为上位法,是网络空间治理和数据保护的三驾马车,再加上《关键信息基础设施安全保护条例》《网络安全审查办法》《互联网信息服务管理办法(修订草案征求意见稿)》等多部目的明确、条文细致的下位法和配套法律、法规、条例、指导意见等,共同组成了我国网络安全法律体系。信息安全是国家安全的重要组成部分,维护国家安全是每个公民应尽的义务和责任,要做到知法守法。

▶ **知识检测**

一、判断题

1. 计算机系统中自带的文件备份功能,可以查看和管理设备安全性和运行状况。（   ）
2. Windows 10默认的管理员账户是root。（   ）
3. Windows 10提供了标准用户和管理员两种不同类型的账户。（   ）
4. 设置各种密码时要充分考虑到其安全性,使用大小写字母、数字、下划线等组合的强密码。（   ）
5. 火绒安全软件主要防护功能分别是：病毒查杀、防护中心、访问控制、安全工具。（   ）

知识检测

二、选择题

1. 计算机病毒不具有（   ）特点。
   A．隐蔽性　　　　B．安全性　　　　C．潜伏性　　　　D．破坏性
2. 系统优化工具软件不包括（   ）。
   A．360安全卫士　B．腾讯电脑管家　C．绘图工具　　　D．2345安全卫士
3. Windows 10自带的Windows安全中心不具有（   ）功能。
   A．病毒和威胁防护　　　　　　　　B．账户保护
   C．防火墙和网络保护　　　　　　　D．恢复系统

三、应用实践

作为信息技术从业人员,要了解一些相关法律法规,增强信息安全意识。要正确认清网络本质,提高识别、抑制负面信息的能力,要规范自己的言行,更好地保护自己,也要遵守信息相关法律,维护信息社会秩序。

1. 判断相关行为是否具备良好的信息素养,回答下面给出的问卷调查。

相关行为	是否正确
未经允许使用别人的计算机资源	是☐ 否☐
盗用他人身份证信息进行网贷	是☐ 否☐
在网络中传播不良网络信息	是☐ 否☐
跟风对他人进行人肉搜索	是☐ 否☐
转载文章时注明出处	是☐ 否☐

续表

相关行为	是否正确
窃取商业资料	是□ 否□
未经被收集者同意，向他人提供个人信息	是□ 否□
下载国家反诈中心App，关注网络诈骗案例	是□ 否□

2. 信息安全意识测试，回答下面相关的问卷调查。

相关行为	自我判断
轻易向陌生人透露自己的身份信息	是□ 否□
为了访问需要的资源，会禁用防火墙功能	是□ 否□
随便浏览或登录陌生的网站	是□ 否□
使用手机时会扫描各种来历不明的二维码	是□ 否□
重要资料和数据没有定期备份	是□ 否□
获取软件的安装程序时在官方网站下载	是□ 否□
主动连接公共场所来历不明的免费Wi-Fi	是□ 否□
密码采用自己或家人的生日	是□ 否□
从事网络刷单业务	是□ 否□
使用真实信息与网友聊天，对未曾见面的网友深信不疑	是□ 否□
每天定时对计算机进行病毒查杀，及时更新杀毒软件	是□ 否□
及时为操作系统打上最新补丁、封堵漏洞，及时升级操作系统	是□ 否□
打开网络共享、远程桌面、远程协助的网络端口	是□ 否□
不将自己的私密文件、数据存放在系统盘中	是□ 否□

任务 4　安装应用软件

任务描述

在计算机上安装操作系统后，用户可根据个人需要安装应用软件。应用软件为使用计算机提供了必需的工具，可以拓宽计算机系统的应用领域，同时放大硬件的功能。学会下载和安装应用软件是计算机操作人员最基本的专业技能要求。

计算机操作人员在使用计算机的过程中，需要安装WPS Office、虚拟机软件、华为eNSP等应用软件，使用这些常用应用软件，能完成多项相关工作，满足学习和工作需要。

▶ 知识学习

应用软件能够满足用户不同领域、不同问题的应用需求,它是计算机技术中不可缺少的组成部分。目前有很多常用应用软件,本书介绍日常办公使用的WPS软件、模拟计算机的虚拟机软件、网络设备仿真软件eNSP 3个应用软件。

4.1 WPS Office

三款应用软件

WPS Office是由金山办公软件股份有限公司自主研发的一款办公软件套装,可以实现办公软件常用的文字、表格、演示等多种功能。WPS Office具有内存占用低、运行速度快、强大插件平台支持、免费提供海量在线存储空间及文档模板、支持阅读和输出PDF文件、全面兼容Microsoft Office格式等独特优势,覆盖Windows、Linux、Android、IOS等多个平台。在WPS官方主页中,WPS所有产品列表如图2-46所示。

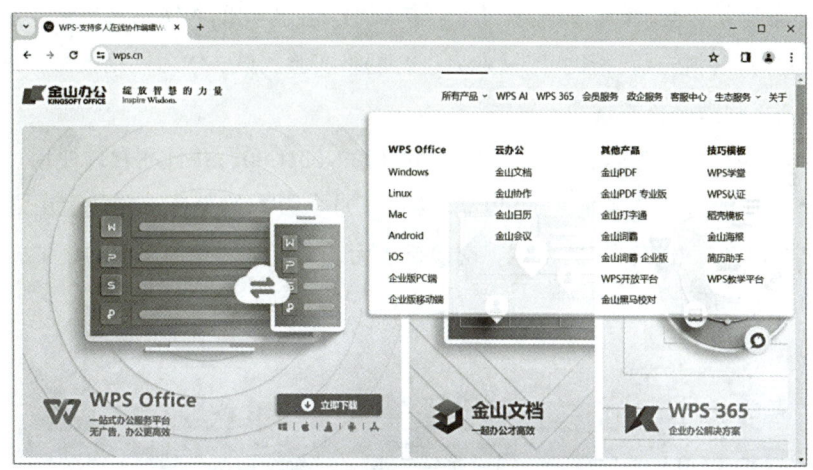

图2-46　WPS所有产品列表

4.2 虚拟机软件

虚拟机是指可以像真实机器一样运行程序的计算机,它是通过软件模拟的一个计算机系统,该系统完全与物理计算机隔离。通过虚拟机软件,用户可以在一台物理计算机中模拟多个虚拟计算机,可以同时运行这些计算机中的程序,而这些程序之间互不干扰。

目前,常用的虚拟机软件包括Virtual PC、VMware Workstation、Oracle VM Virtual Box等,不同的虚拟机软件支持安装的操作系统也有所不同,VMware Workstation中创建的虚拟机如图2-47所示。

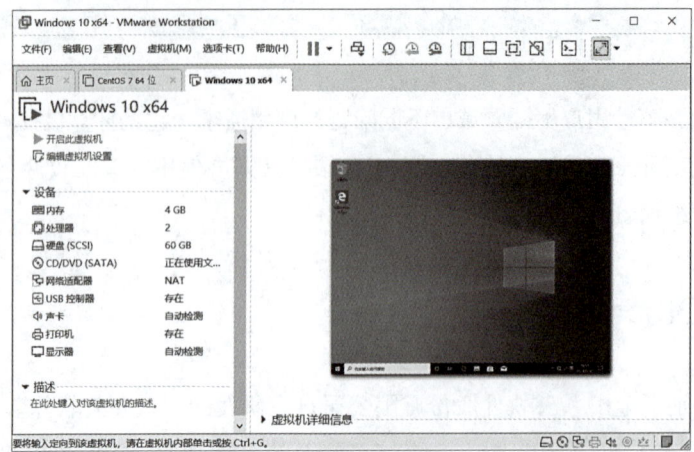

图2-47　VMware Workstation中创建的虚拟机

4.3　华为 eNSP

eNSP是华为公司推出的一款免费的、可扩展的、图形化的网络仿真平台，主要是对真实网络设备进行软件仿真，帮助ICT从业者进行网络实验测试、学习网络技术，该软件现在已经成为网络工程师必备的软件。

2012年8月24日，华为官方发布eNSP软件V100R-001C00，并且在软件使用过程中不断更新，修补完善，到目前为止，eNSP已经经历了11个版本的更替，功能也由之前的路由器、交换机的模拟，升级到了路由器、交换机、无线、安全的较为全面的模拟。eNSP中的网络拓扑如图2-48所示。

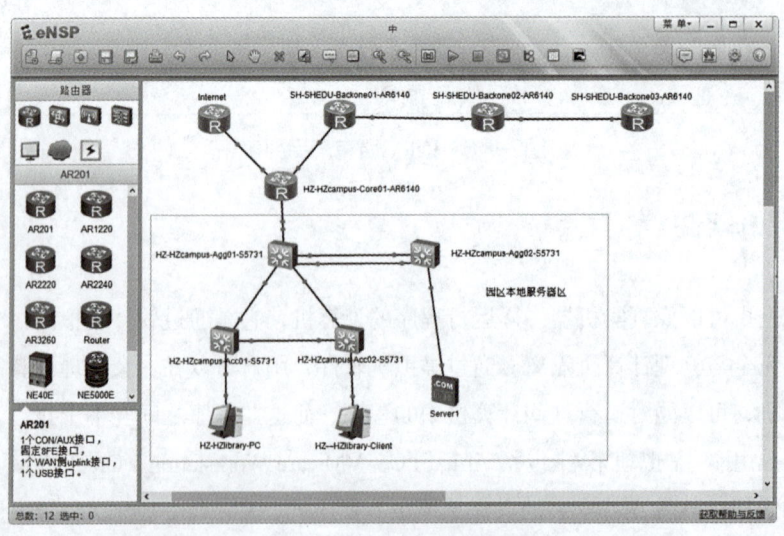

图2-48　eNSP中的网络拓扑

任务实施

技能点 4.1　安装 WPS Office 软件

（1）下载WPS Office。在WPS官方网站（http://www.wps.cn/）中下载WPS Office安装包。

（2）安装WPS Office。双击已下载的WPS安装包，开始安装。进入安装向导界面如图2-49所示。

提示：在这里可以选择安装类型，通常有快速安装和自定义安装两种选项。快速安装会将WPS Office安装在默认位置，而自定义安装则可以选择具体的安装位置、关联的文件格式、是否创建Office桌面图标等。

勾选"已阅读并同意金山办公软件许可协议和隐私策略"复选框，单击"立即安装"按钮，进入自动安装界面，安装过程可能需要一些时间，具体取决于电脑性能和安装包的大小。

图2-49　安装向导界面

图2-50　WPS Office用户界面

（3）打开WPS Office。自动安装结束后，在桌面上找到WPS Office的快捷方式，双击该图标打开WPS Office软件，会显示登录选项，如果不想登录可以直接关闭跳过登录步骤，正式进入WPS Office用户界面，如图2-50所示。

提示：为了更好地使用WPS Office的功能，建议登录。常用的登录方式分为手机号码、微信、手机WPS扫码三种方式。

（4）熟悉WPS Office用户界面。标题栏位于WPS Office用户界面的顶端。

标题栏中间是标签区域，可以快速切换或排列打开的多个文档，右侧的"新建"按钮，可以建立新的文档，如文字、表格、演示等。

标题栏右侧是工作区和登录入口。其中，工作区可以查看已经打开过的所有文档，每个新窗口都是一个新的工作区，登录功能可以将文档保存到云端，并且支持多种登录方式。

标题栏左上角的"首页"选项卡可以管理所有文档，有"文档""稻壳"和"应用"三个部分。

①"文档"部分包括新建、打开，用户可以根据办公需要选择新建不同的文档类型，

在"最近"部分，可以快速地查看最近打开过的文档，方便进行文档的快速打开。

②"稻壳"部分提供了大量的模板库和素材库，可以快速地找到海量的办公模板，还可以通过搜索功能快速找到自己需要的模板，提高工作效率。

③"应用"部分集合了一些常用的应用，包括输出转换、文档处理、便捷工具等应用类别。对文档进行编辑时，选择需要的应用项即可实现，操作方便快捷。

技能点 4.2　安装虚拟机软件

Vmware Workstation是一款功能强大的桌面虚拟计算机软件，以该软件为例介绍虚拟机软件的安装。

（1）下载VMware Workstation。在官方网站（https://www.vmware.com/cn/products/workstation-pro.html）上可获得技术文档支持，安装包可在线购买或免费试用30天，也可在国内的网站平台下载。

安装程序文件名类似于"VMware-workstation-full-××.××.××-×××××.exe"，其中，××.××.××-×××××是版本和内部版本号，安装程序大小约为600MB。

（2）安装VMware Workstation。双击VMware workstation安装包进入安装向导，接受许可协议中的条款，然后选择安装路径，默认情况下，安装路径是C盘，再进行用户体验设置，以及选择是否创建快捷方式等，绝大部分配置参数按默认设置即可。

安装完成后，启动应用程序，进入VMware Workstation界面，如图2-51所示。

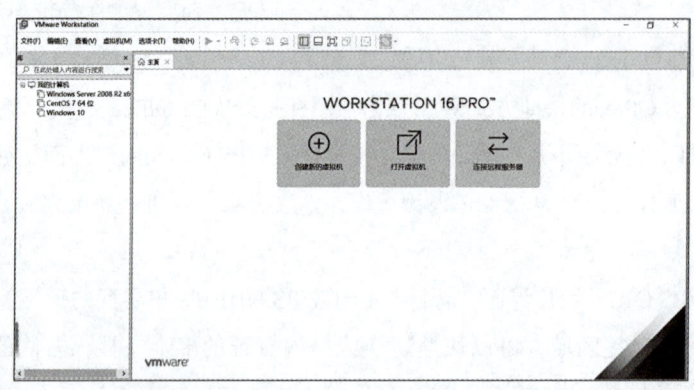

图2-51　VMware Workstation界面

> 📝 **小知识**
>
> VMware Workstation虚拟机带有一个工具软件VMware tools，将该工具软件安装到位后，虚拟机的管理与控制会变得更加方便、灵活。

（3）熟悉VMware Workstation界面。VMware Workstation界面主要由菜单栏、工具栏、库、主页等组成。

①菜单栏包括文件、编辑、查看、虚拟机、选项卡、帮助等菜单项，每个菜单项中都有相应命令对工作环境进行配置，还可以对虚拟机进行配置和应用。

②工具栏提供了常用命令的快捷方式，可以快速访问虚拟机的启动、暂停、恢复、快照等功能，还提供了各种视图的转换功能。

③库用于显示管理虚拟机资源的界面，可以进行重命名、移除、管理虚拟机等操作。

④主页⌂包括创建新的虚拟机、打开虚拟机、连接远程服务器等功能。

技能点 4.3　安装 eNSP 软件

华为eNSP模拟器集成了很多其他软件的功能，在安装eNSP之前，需要先安装VirtualBox、Wireshark、WinPcap这三个软件，才能正常安装eNSP软件。同时这些软件都要安装在英文目录下，不要带有中文字符。

提示：2019年之前eNSP软件支持官方网站下载，但eNSP已于2019年12月31日正式停止服务，eNSP软件目前仅对渠道合作伙伴开放，不面向个人用户开放下载。

华为的"eNSP_Setup.exe"软件包安装步骤如下。

（1）安装eNSP。双击"eNSP_Setup.exe"应用程序，运行安装文件，选择在安装期间需要使用的语言，默认使用语言为"中文（简体）"，进入安装向导。安装过程很简单，都选择默认选项直接下一步即可。

选择安装其他程序如图2-52所示，该步骤非常重要，安装程序自动检测这三款应用程序的安装，全部安装后，才能继续安装eNSP，否则要返回或退出安装。

提示：WinPcap和VirtualBox为eNSP正常使用的必备软件，而Wireshark为eNSP模拟实验过程中用来抓取网络设备端口数据报文的工具。安装成功后，这三项应用程序可以单独进行软件更新升级，不影响eNSP的正常使用。

（2）启动eNSP。软件安装完成后，启动eNSP应用程序，eNSP工作界面如图2-53所示。

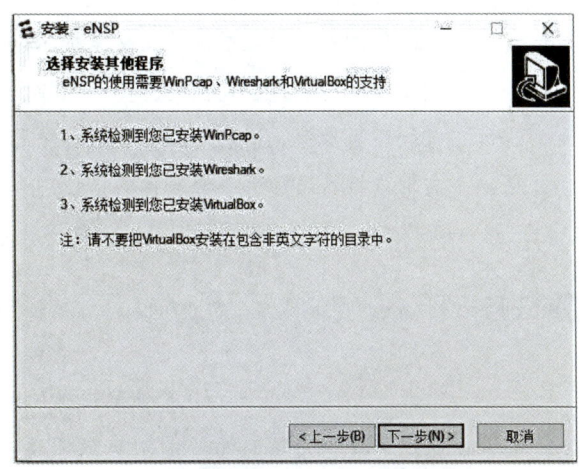

图2-52　选择安装其他程序

图2-53　eNSP启动界面

（3）熟悉eNSP工作界面。eNSP启动界面主要包括菜单、工具栏、设备区、工作区等。

①菜单位于界面的顶端，包括文件、编辑、视图、工具、帮助等菜单项，每项下对应相应的子菜单。

②工具栏提供常用的工具按钮，如保存拓扑、删除所有连线、文本、调色板等工具，以及论坛、官网、帮助等超级链接。

③设备区位于界面的左侧，提供设备和设备连线，可拖动到工作区。

④工作区位于界面的中间部分，为中心空白区域，用于新建和显示拓扑图。

> **思考总结**
>
> 　　尽量在官方网站下载软件的安装包，官方网站一般不会有垃圾广告和病毒。大部分应用软件的安装过程很简单，按照提示进行操作即可。
>
> 　　一般软件的安装过程包括运行安装向导、同意许可协议、选择安装位置，以及进行安全验证等步骤。请注意，安装过程中可能会遇到杀毒软件提示，可以选择信任这个文件或将其添加到杀毒软件的信任列表中。

任务拓展

大赛的软件列表

引入职业院校技能大赛（高职组）"网络系统管理"赛项规程中的软件列表，如表2-5所示。根据提供的软件名称，试着网上搜索下载安装，并尝试使用列表中的软件。

表 2-5　软件列表

序号	软件名称	说明	单位	数量
1	Windows Server 2019	Datacenter中文版	套	1
2	Windows 10	Enterprise中文版	套	1
3	CentOS Linux	Version 7	套	1
4	国产操作系统UOS	uniontechos-server-20	套	1
5	SDN控制器	OpenDaylight	套	1
6	虚拟化云平台	VMware Workstation Pro 16以上	套	1
7	VPNClient	OpenVPN 2.4	套	1
8	Zabbix-Agent	Zabbix-Agent-3.4	套	1
9	Office	Version 2013	套	1
10	PuTTY	Version 0.7	套	1
11	Folder2iso	Version 3.1	套	1
12	Tftpd	Version 4.6	套	1
13	无线地勘系统	无线地勘系统	套	1
14	解压缩软件	RAR4.0以上	套	1
15	PDF阅读器	Adobe Reader X1 11	套	1
16	网络调试工具	SercureCRT8.1以上	套	1
17	截图工具	FScapture6.5以上	套	1
18	FTP客户端	FlashFXP5.4	套	1
19	Firefox Browser	Firefox 85	套	1
20	RemoteViewer	RemoteViewer 0.2	套	1
21	virt-viewer	virt-viewer 9.0	套	1

任务总结

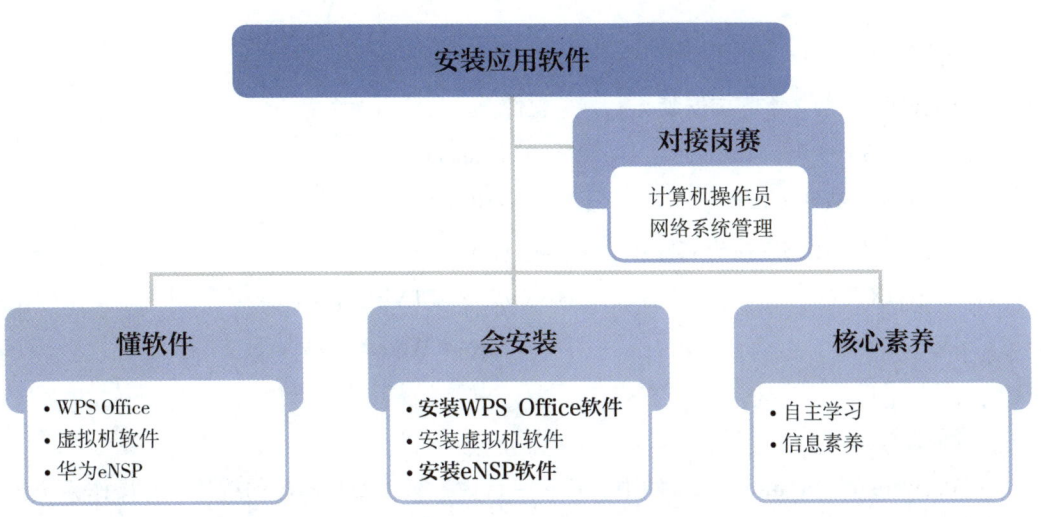

▶ 扩展阅读

情系祖国的数学大师——华罗庚

华罗庚，中国科学院院士，数学家，也是我国计算机事业的奠基人。1952年在全国大学院系调整时，华罗庚教授从清华大学电机系物色了闵乃大、夏培肃和王传英三位科研人员，在他任所长的中国科学院数学所内，建立了中国第一个电子计算机科研小组，开启了中国电子计算机的研究之旅。1956年筹建中国科学院计算技术研究所时，华罗庚教授担任筹备委员会主任。

1950年2月，华罗庚从美国登船回国，回国途中，他公开致信中国全体留美学生："朋友们，梁园虽好，非久居之乡，归去来兮！为了抉择真理，我们应当回去；为了国家民族，我们应当回去；为了为人民服务，我们也应当回去……为我们伟大祖国的建设和发展而奋斗！"这句话激励了一代又一代海外留学生报效祖国。

▶ 知识检测

一、判断题

1. 系统软件是为满足用户不同领域、不同问题的应用需求而提供的软件。（　　）
2. WPS Office软件是由金山办公软件股份有限公司自主研发的一款办公软件套装。（　　）
3. eNSP软件是华为推出的一款免费的网络仿真工具平台。（　　）
4. 通过虚拟机软件，用户可以在一台物理计算机中模拟多个虚拟计算机。（　　）

二、选择题

1. 在安装eNSP之前，不需要安装（　　）软件。
   A. VirtualBox　　　　　　　　B. Wireshark
   C. VMware Workstation　　　D. WinPcap
2. （　　）不是常用的虚拟机软件。
   A. DirectX11　　　　　　　　B. Oracle VM VirtualBox
   C. Virtual PC　　　　　　　　D. VMware Workstation

三、应用实践

在VMware Workstation Pro软件中，新建一台虚拟机，安装国产的统信UOS操作系统，具体要求如下。

（1）在实体机中，访问统信官方网站，通过"资源中心""镜像下载"进入下载版本界面，下载统信UOS镜像包。

（2）使用VMware Workstation新建虚拟机，设置处理器的内核数量为2，内存大小为3G，硬盘容量为100G，网络适配器的连接方式为"桥接模式"。

（3）在虚拟机中安装统信UOS操作系统。

项目实战

【项目要求】

新购进一台计算机，硬盘空间为500GB。计算机已经安装了Windows 10操作系统，主机名为Server。已安装完虚拟机软件，需要在一台虚拟机完成安装系统、管理磁盘、安装软件等操作。

【项目实施】

步骤一：下载Windows Server 2019镜像文件。

步骤二：使用虚拟机软件新建一台虚拟机，虚拟机中添加大小分别为100GB、80GB、160GB的3个硬盘，在100GB硬盘上安装Windows Server 2019操作系统。

步骤三：对虚拟机中的80GB和160GB的硬盘做分区和格式化操作。

步骤四：安装VMware Tools及相关的驱动程序。

步骤五：下载并安装360安全卫士，并进行全盘扫描杀毒和系统优化。

步骤六：下载并安装压缩软件和录屏工具。

【项目评价】

考核评价表

任务	专业能力和职业素质	评价指标	考核方式
1	能够对硬盘进行分区和格式化硬盘，有整体意识	对磁盘分区进行规划，做到科学、合理、有效	互评
2	能够正确安装操作系统和驱动程序，能触类旁通，有自我完善的能力	按要求完成任务，自我展示，举一反三	师评
3	能够准确安装和使用系统优化工具，要有安全意识，加强个人保护	技术方法运用能力，有良好的个人信息素养	自评
4	能够准确安装一些应用软件，会文献检索，有自主学习能力	按要求完成任务，个人展示，能灵活应用	师评

注：评价档次采用A（优秀）、B（良好）、C（合格）、D（不合格）四个水平。

项目 3 | 开放共建，描绘信息化网络架构

▶ 项目描述

计算机网络已成为人们生活中必不可少的信息处理和通信工具。社会中各领域共同组建开放的网络平台，形成互联互通的伙伴关系，推进了信息化社会的发展。

作为网络技术人员，对计算机网络的了解不应停留在它的应用层面，还要深入网络的背后，探索网络的技术原理，学习网络的基础概念和使用方法，能描绘信息化的网络架构，实现局域网结构的设计目标。

本项目主要根据网络管理员在日常工作中岗位能力需求，从辨别网络类型、分析网络结构、区分IP地址、划分IP子网等方面介绍计算机网络的基础知识和技能，培养学网、懂网的能力。

▶ 学习目标

【知识目标】

（1）了解子网的定义和优点，以及划分子网的方法。

（2）理解OSI参考模型和TCP/IP模型的结构及特点，分析各层的基本功能。

（3）掌握计算机网络的定义、功能、发展历史和分类。

（4）熟悉IP地址的定义、结构、表示形式和分类。

【能力目标】

（1）能够根据网络的实际应用，辨别网络拓扑结构，并能描述各自特点，会使用eNSP软件布置网络图形。

（2）能够使用抓包工具完成数据包的抓取并分析协议的格式。

（3）能够按照子网数量和主机数量划分子网，进而理解子网通信的优点。

（4）能够根据用户的需求，合理设计IP地址规划方案，会使用命令测试网络连通性。

【素质目标】

(1) 学习计算机网络在信息时代的作用时,了解中国从网络大国向网络强国迈进的过程,激发爱国情怀,提升数字素养。

(2) 学习标准化时,树立遵守法律或约定俗成的社会规则的意识,加强职业道德修养。

(3) 学习IP地址的分类时,树立和谐包容、尊重规则的理念,提升网络从业人员的职业规范和职业责任意识。

(4) 学习子网相关知识时,要树立生态文明观,学会提高资源利用率,厉行节约。

任务 1 运用拓扑结构实现网络互联

▶ 任务描述

在当今社会,人类的生活步入互联网时代,几乎每个人都要使用网络,网络改变了人们的工作方式,给人们的生活带来了极大的方便与快捷。作为网络管理人员,要懂得计算机网络基本概念,并能辨别和布置网络拓扑结构图。

网络管理人员需要从计算机网络定义、结构、主要功能、发展、分类等方面熟悉网络系统架构,能够采用典型的二层拓扑结构布置教学楼区域网络图形,如图3-1所示,实现网络互连。

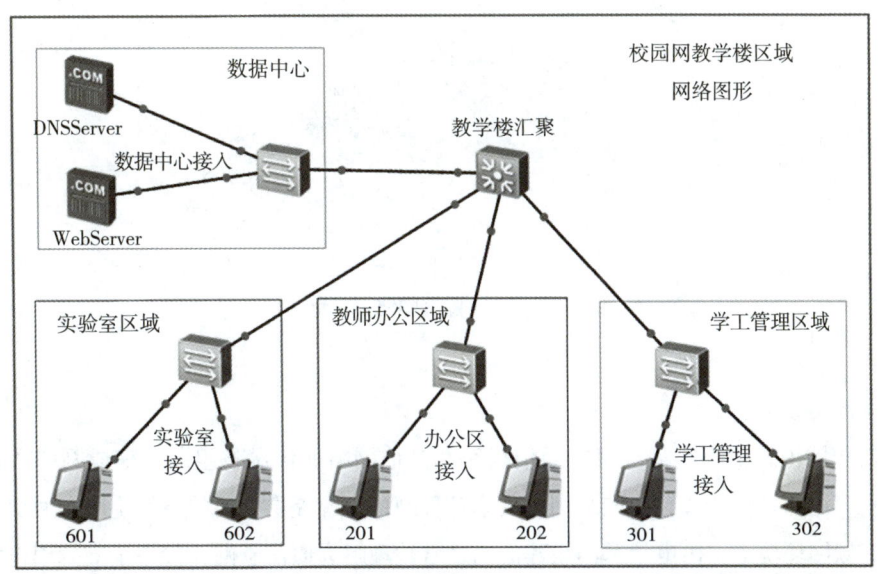

图3-1 教学楼区域网络图形

▶ 知识学习

1.1　计算机网络的定义

到现在为止，计算机网络的精确定义并未统一，目前比较认可的定义是：利用通信线路和通信设备，将地理位置不同且功能独立的计算机进行互连，并且以功能完善的网络软件实现资源共享和数据通信的计算机系统。

从定义上看出：相互连接的计算机之前不存在互为依赖的关系，计算机之间是独立自主的；计算机网络有大有小，小的可由两台计算机组成，大的可覆盖全球；计算机之间及用户间相互通信，并遵循所规定的通信规则。

1.2　计算机网络的结构

从组成网络的各种设备或系统的功能看，计算机网络可分为两部分（两个子网）——资源子网和通信子网。一般的计算机网络示意图如图3-2所示，图中虚线外部是资源子网部分，虚线内部是通信子网部分。

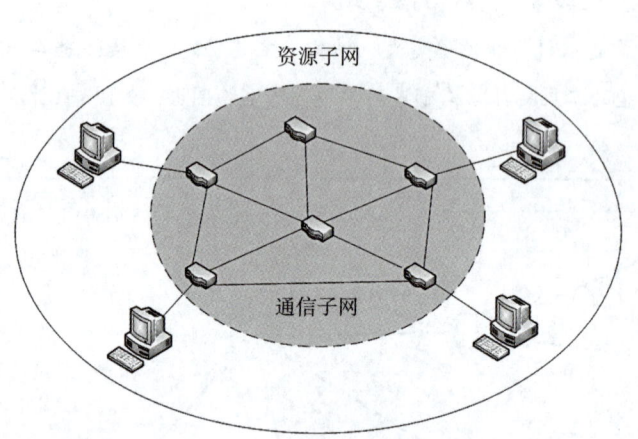

计算机网络的基本概念

图3-2　计算机网络示意图

（1）通信子网

通信子网由通信控制处理机、通信线路和其他网络通信设备组成，完成网络数据的传输、转发等通信处理任务，为网络用户共享各种网络资源提供必要的通信手段和通信服务。

在广域网环境下，由电信部门组建的网络常被理解为通信子网，仅用于支持用户之间的数据传输。

（2）资源子网

资源子网由主机系统、终端、终端控制器、联网设备以及各种软件资源组成，负责全网的数据处理业务，向网络用户提供各种网络资源与网络服务。用户部门的入网设备被认为属于资源子网的范围。

资源子网中的软件资源包括本地系统软件、应用软件以及用于实现和管理共享资源的网络软件等。

1.3 计算机网络的主要功能

（1）数据通信

数据通信是计算机网络最基本的功能，主要用于网络用户之间发送各种信息，比如网络聊天、视频会议、线上教学、电子邮件等，比传统的通信方式更节省资源、更高效。

（2）资源共享

资源共享是指在网络上的用户可以共享网络中的各种资源，使得网络资源得到充分利用。共享的资源可以是硬件资源的共享，如打印机、大容量磁盘等，也包括软件资源的共享，如程序、数据等。

（3）负载均衡和分布处理

单台计算机的处理能力是有限的，通过网络和应用程序的控制和管理，把一些大型任务分解成多个小型任务，由网络上的多台计算机协同工作、分布式处理，网络内的各台计算机之间实现负载均衡，提高了整个系统的处理能力，以及网络的灵活性和可用性。

（4）集中管理和综合信息服务

对地理位置分散的组织和部门，可通过计算机网络管理进行实时集中管理，从而提高系统的处理能力，并实现在一套系统上提供集成的综合信息服务，如订票系统、军事指挥系统、网上交易系统等。

1.4 计算机网络的发展

任何一种新技术的出现必须具备两个条件，即强烈的社会需求和成熟的先进技术，计算机网络技术的形成与发展也证实了这种规律。计算机网络是计算机技术与通信技术相结合的产物，计算机网络发展的4个阶段也验证了计算机技术与通信技术的融合过程。

计算机网络的发展

（1）第一代——面向终端的计算机网络

1946年世界上第一台电子计算机ENIAC诞生时，计算机技术与通信技术并没有直接的联系。直到20世纪50年代初，开始了计算机技术与通信技术相结合的尝试。早期的计算机网络是由一台中央主机通过通信线路连接大量的地理上分散的终端，这类系统除了一台中央主机外，其余的终端都没有自主处理能力，面向终端的计算机网络如图3-3所示。

终端分时访问中央主机的资源，中央主机将处理结果返回终端，系统对主机依赖性较大，系统的可靠性完全取决于主机的可靠性。

（2）第二代——面向通信的计算机网络

20世纪60年代，计算机网络是以多个主机通过通信线路互连起来，为用户提供服务，在该网络中主机之间不是直接用线路相连，而是由通信处理机转接后互连的，面向通信的计算机网络如图3-4所示。

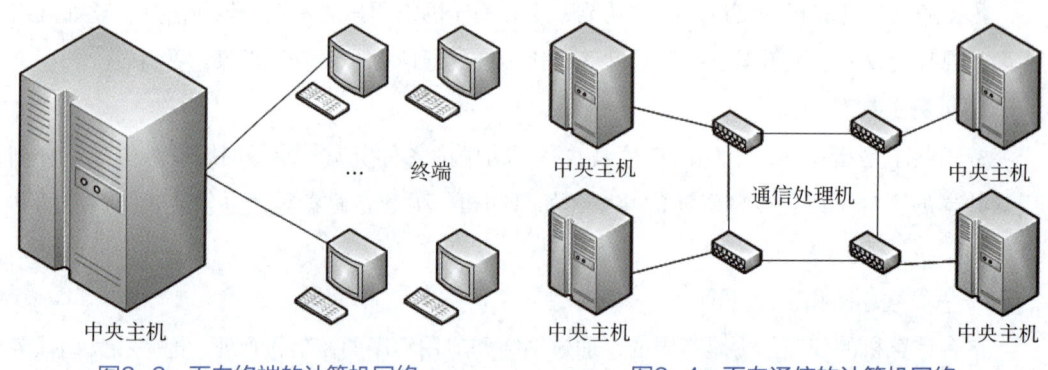

图3-3　面向终端的计算机网络　　　　图3-4　面向通信的计算机网络

每一台主机都有自主处理能力，彼此之间不存在主从关系，用户通过终端不仅可以共享本主机上的软硬件资源，还可以共享通信子网上其他主机的软硬件资源。

1969年由美国国防部高级研究计划局（Advanced Research Projects Agency，ARPA）协助开发的ARPAnet（阿帕网）是世界上第一个真正意义上的计算机网络，ARPAnet的研究成果对促进计算机网络技术的发展和理论体系的形成产生了重要作用，并为Internet的形成奠定了基础。

（3）第三代——标准化的计算机网络

20世纪70年代中期，局域网得到了迅速发展，美国Xerox、DEC和Intel三大公司推出了以CSMA/CD介质访问技术为基础的以太网产品，其他大公司也纷纷推出自己的产品。但各家网络产品在技术、结构等方面存在着很大差异，没有统一的标准，彼此之间不能互连，从而造成了不同网络之间信息传递的障碍。

为了统一标准，由国际标准化组织ISO制定了一种统一的分层方案——OSI参考模型，从此计算机网络进入了标准化时代，标准化的计算机网络如图3-5所示。

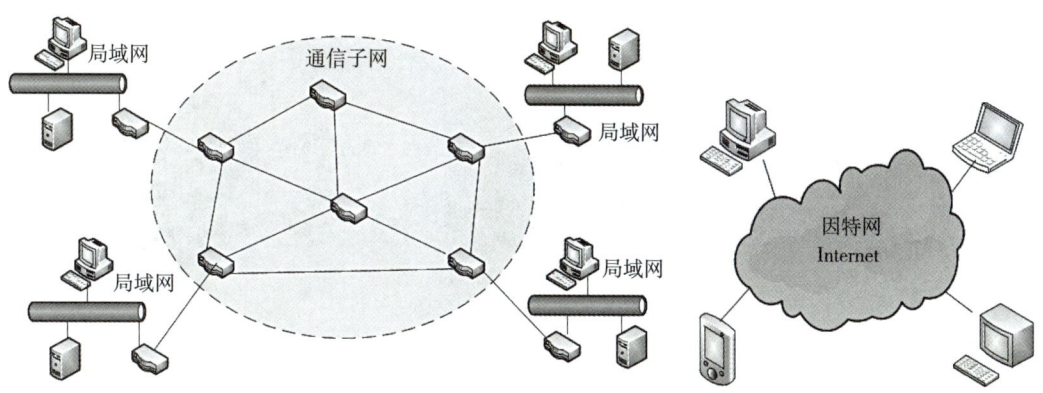

图3-5　标准化的计算机网络　　　　图3-6　全球化的计算机网络

（4）第四代——全球化的计算机网络

20世纪90年代开始至今，局域网技术已经逐步发展成熟。随着高速网络技术、多媒体技术和智能网络技术相继出现，已经有越来越多的网络使用TCP/IP的分层模式并加入了ARPAnet，使得它的规模不断扩大，最终形成了世界范围的互联网——Internet，全球化的计算机网络如图3-6所示。

Internet还为成百上千种新的网络服务提供了平台，万维网（WWW）的出现使Internet走进平民百姓的生活。

1.5　计算机网络的分类

计算机网络有多种分类方法，可以根据网络覆盖的地理范围、采用的网络拓扑结构等进行分类，这两种方法比较常见。

1.5.1　根据网络覆盖的地理范围进行分类

（1）局域网LAN（Local Area Network）

局域网是指局限在一个小范围内的计算机网络，通信距离通常小于10千米，一般属于一个单位所有，如在中小型企业、机关、学校内组建的网络通常都属于局域网，局域网示意图如图3-7所示。

按覆盖范围分类

局域网有三个明显的特点：一是覆盖的地理范围非常有限；二是有较高的带宽，信息传输速率高，误码率低；三是易于建立、维护与扩展。局域网是目前计算机发展中最活跃的分支。

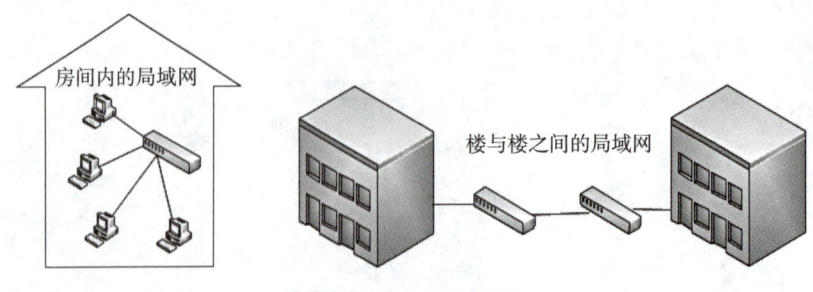

图3-7 局域网示意图

（2）城域网MAN（Metropolitan Area Network）

城域网是介于广域网与局域网之间的一种高速网络，覆盖范围通常是一个城市或地区的网络。城域网设计的目标是要满足几十千米范围内的大量企业、机关、学校的多个局域网互连的需求，城域网示意图如图3-8所示。

将一个城市中所有小区网络互连起来的有线电视网络，就是一个城域网。城域网具有公共网络性质，面向多用户，实现大量用户之间语音、数据、图像、多媒体等多种信息的传输。

（3）广域网WAN（Wide Area Network）

广域网覆盖的地理范围从几十千米到几千千米，可以覆盖一个国家、地区或横跨几个洲，形成国际性的远程网络，广域网示意图如图3-9所示。

广域网由于覆盖的范围大，传输速率较低，维护费用高，管理难度也较大。常见的广域网有公用电话网、宽带综合业务数字网和大量的专用网，其中最著名的就是Internet。使用广域网时要向互联网服务提供商（Internet Service Provider，ISP）申请并付费。

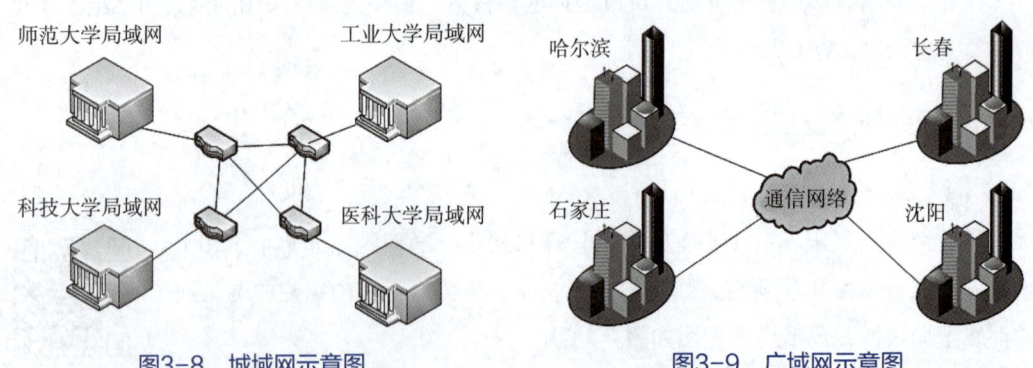

图3-8 城域网示意图　　　　　　图3-9 广域网示意图

1.5.2 根据网络拓扑结构进行分类

计算机网络拓扑结构是由点和线组成，反映网络中各个节点相互连接的几何图形，图形中的边表示传输介质，图形中的点表示工作站、服务器、通信处理机等互连设备。按照网络

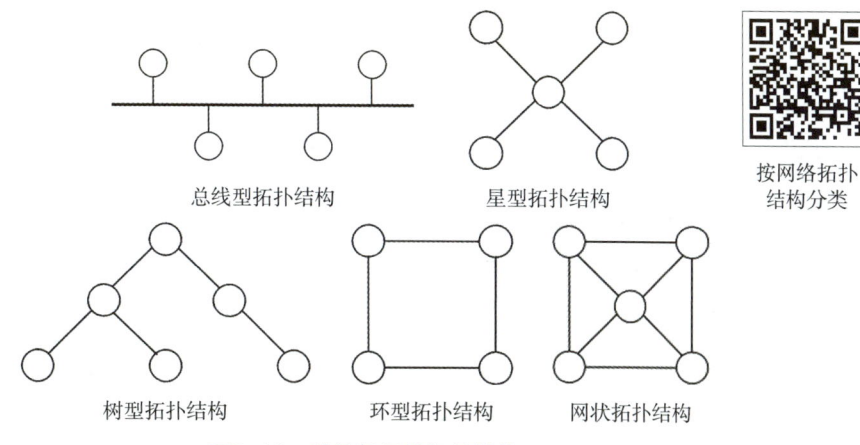

图3-10 计算机网络拓扑结构

中各节点位置和布局的不同，计算机网络拓扑结构的类型有总线型拓扑结构、星型拓扑结构、树型拓扑结构、环型拓扑结构、网状拓扑结构等。计算机网络拓扑结构如图3-10所示。

（1）总线型拓扑结构

在总线型拓扑结构中，所有节点都接入同一条传输总线。总线是共享的，容易引起冲突，造成传输失败。个别节点发生故障不影响网络中其他节点的正常工作，而总线的故障会导致网络不能正常工作。

总线型拓扑结构连接简单、使用方便，易于安装和维护，因此在早期的以太网组建中得到广泛应用。总线型拓扑结构适用于信息管理系统和广播教学等，如电视接收系统。

（2）星型拓扑结构

在星型拓扑结构中，每个节点都与中心节点连接。节点之间的通信必须经过中心节点，中心节点负担较重，中心节点出现故障会导致全网瘫痪。

星型拓扑结构连接简单，便于维护和管理，通常以集线器或交换机作为中心节点，增加或移动网络节点容易。星型拓扑结构是在现实生活中应用最广的网络拓扑结构，一般学校实验室或办公室的工作组网络就是采用星型拓扑结构来组建的。

（3）树型拓扑结构

在树型拓扑结构中，顶端有一个根节点，它带有分支，每个分支还可以有子分支，其几何形状像一棵倒置的树。树型结构的网络对根节点的依赖性大，一旦根节点出现故障，将导致全网不能正常工作。

树型拓扑结构采用天然的分级结构，各节点按一定的层次连接，易于扩展和进行故障隔离，可靠性高，园区网和公司内网等局域网一般都采用树型结构。

（4）环型拓扑结构

在环型拓扑结构中，各节点通过链路连接，在网络中形成一个首尾相接的闭合环路，只要有一个节点或一处链路发生故障,则会造成整个网络不能正常工作。

传输的信息在环中做单向流动,共享通信线路。单环传输可靠性低,增减节点复杂,不易于扩充,早期的令牌环网就是这种结构。

(5)网状拓扑结构

在网状拓扑结构中,节点之间的连接是任意的,每个节点都有多条线路与其他节点相连,这样使得节点之间存在多条路径可选。

网状拓扑结构的可靠性好,容错能力强,节点的独立处理能力强。网络拓扑结构复杂,因此管理难度较大,投资费用也较高。网状结构是一种广域网常用的拓扑结构。

▶ 任务实施

技能点 1.1 辨别网络拓扑结构

不同类型的网络使用不同的网络拓扑结构,这些拓扑结构各有利弊。在不同的时期、不同场景下组建的计算机网络都有各自的用途。

组建计算机网络,常用的几种网络拓扑结构如图3-11所示,试着辨别每个网络拓扑结构的类型。

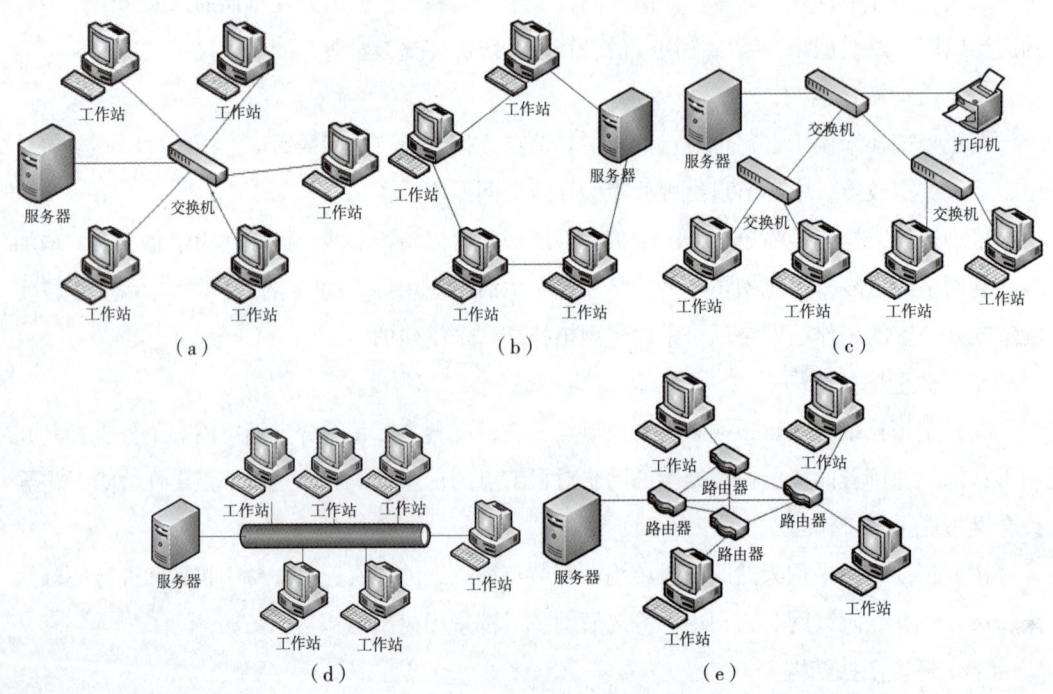

图3-11 常用的几种网络拓扑结构

技能点 1.2　使用 eNSP 布图

使用eNSP布图

使用华为eNSP软件布置图3-1所示的网络图形，操作过程如下。

（1）新建网络拓扑。启动eNSP后，进入主界面，单击引导区的"新建拓扑"按钮，快速创建新的网络拓扑，进入工作区界面。

（2）放置网络设备。在网络设备区，先选择一台S3700交换机，将该设备拖至工作区。使用相同的方法，把其他设备放至工作区，放置网络设备如图3-12所示。

提示：网络设备区有许多不同种类的网络设备，包括路由器、交换机、无线网络设备、防火墙、终端和其他设备及线缆。

（3）连接网络设备。单击网络设备区的"设备连线"，选择第2种线缆类型，拖动该线缆连接相邻设备。

连接完成后，通过拖动的方式调整各个设备的位置，要体现出设备之间的关系，连接网络设备如图3-13所示。

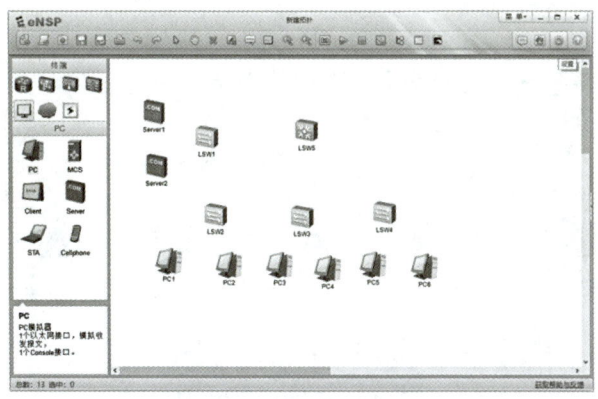

图3-12　放置网络设备

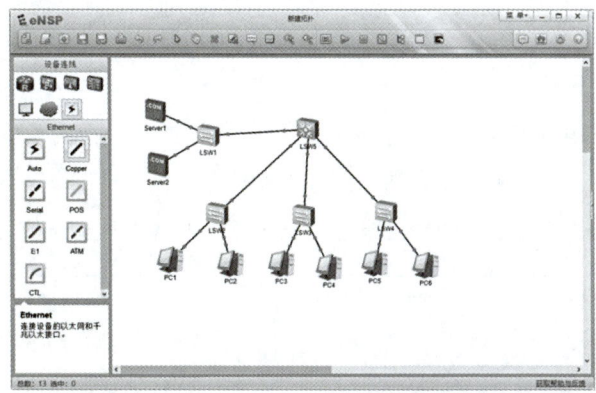

图3-13　连接网络设备

提示： 连线区域中，依次为自动选择类型、以太网网线、串口线、POS线、E1线、ATM线、控制线等。

（4）添加网络标示。使用工具栏中"调色板"工具，可在工作区绘制直线、矩形、椭圆等图形。单击设备标签可更改设备的标签名，使用工具栏中"文本"工具，在工作区直接输入注释文字，添加图标注释后，即可完成网络图形的布置，网络图形的效果如图3-14所示。

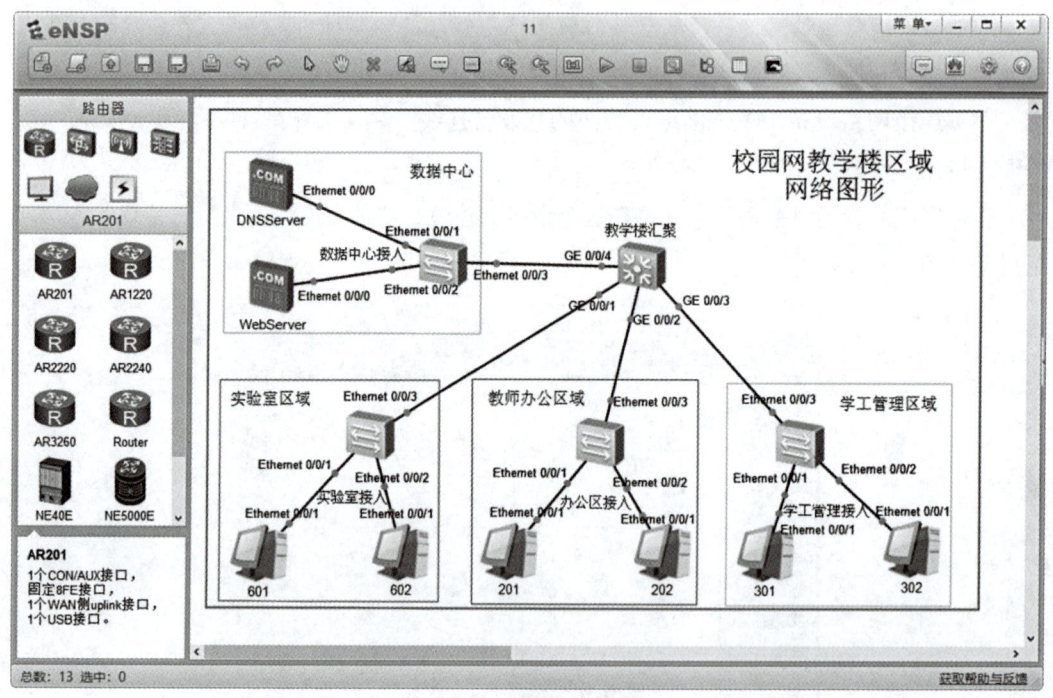

图3-14 网络图形的效果

思考总结

对于给出的网络拓扑图，要说清楚网络结构的类型，指出通信子网和资源子网。布置网络图形时，要将设备图形摆放整齐，符合操作规范。学会辨别和布置网络拓扑结构图是网络管理员的必备技能，也是迈入网络管理工作的第一步。

任务拓展

华为"1+X"《网络系统建设与运维(初级)》认证实验模拟试题

引入华为"1+X"《网络系统建设与运维(初级)》认证实验模拟试题,试题内容如下所示。

本实验模拟某高校园区网络的初级规划与建设,实验网络拓扑图如图3-15所示。现在该网络的工程师需要对网络进行初始化部署与配置。要求如下。

① 设备连线

校园网设备初上架,网络工程师需要按照网络规划对设备进行连线。

② 设备命名

为了方便后期维护和故障定位,以及网络的规范性,需要对网络设备进行规范化命名。请根据实验考试拓扑对设备进行命名。

命名规则为:城市-设备的设置地点-设备的功能属性和序号-设备型号。

例如:处于杭州校园办公网的核心层路由器,命名为:HZ-HZOffice-Core01-AR6140。

注意:请注意设备名称的大小写,务必与实验考试拓扑保持一致。

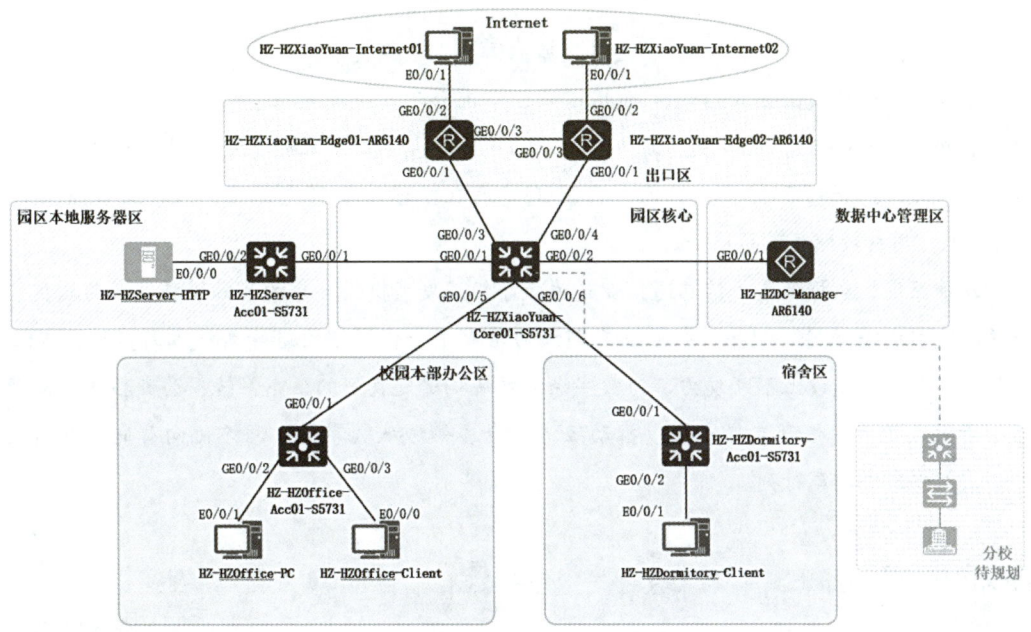

图3-15 实验网络拓扑图

▶ 任务总结

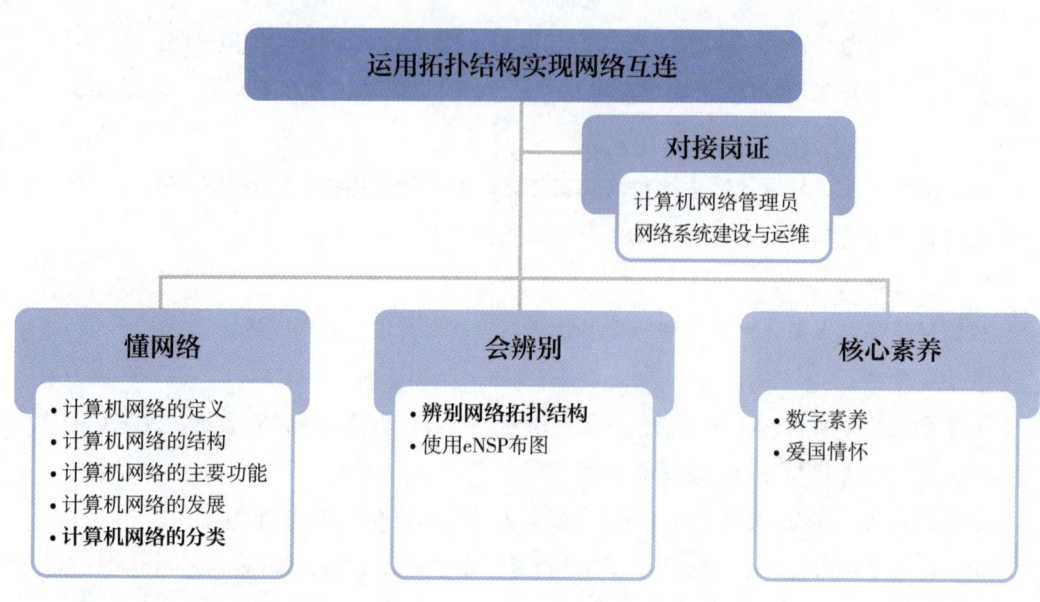

▶ 扩展阅读

开启全民畅享通信网络新时代

自2019年11月我国正式启动5G商用以来，中国移动、中国电信、中国联通等基础电信企业积极建设5G网络。从普及度看，截至2023年10月底，每万人拥有5G基站数达22.78个，5G移动电话用户达7.54亿户。目前，我国5G发展在全球处于领先地位，5G基站数占全球60%以上，用户数稳居世界第一。

万物互连、数据互通，信息通信业是为数字经济发展提供支撑的基础设施，成为国民经济的战略性、基础性、先导性行业。我国大力培育下一代通信网络等新技术新应用，在5G等新型基础设施建设上不断发力，为数字经济发展构建起良好的生态系统，为新技术、新业态、新模式的涌现培育丰厚土壤，推动经济社会各领域从数字化、网络化向智能化加速跃升，进入创新型国家行列。

▶ 知识检测

一、判断题

1. 计算机网络技术是计算机技术与通信技术相结合的产物。　　　　（　　）
2. 网络的两个主要功能是资源共享和视频聊天。　　　　　　　　　（　　）

知识检测

3. 按计算机网络覆盖范围的大小，可以分为局域网、城域网和广域网。　　　　（　　）

二、选择题

1. 一般而言，校园网属于（　　）。
   A. 广域网　　　　B. 局域网　　　　C. 城域网　　　　D. 专用网
2. 我们称一个网络为星型网络是按（　　）分类的。
   A. 拓扑结构　　　B. 形状　　　　　C. 介质　　　　　D. 范围
3. 计算机网络中实现互连的计算机之间是（　　）的。
   A. 相互独立　　　B. 并行　　　　　C. 相互制约　　　D. 串行
4. 下列不属于网状拓扑结构特点的是（　　）。
   A. 价格低廉　　　　　　　　　　　B. 可靠性高
   C. 实现复杂　　　　　　　　　　　D. 线路利用率低

三、应用实践

1. 参观计算机网络实验室及综合布线实训室，分析网络规模，画出相应的网络拓扑结构图，并识别属于何种类型的网络拓扑结构。
2. 在招聘网站上搜索网络管理员相关工作的岗位需求，利用互联网完成一些有针对性的工作调查，弄清楚有哪些类型的网络方面工作、需要哪些技能和认证等。

任务 2　构建体系结构实现网络分层

▶ **任务描述**

在计算机网络产生初期，许多网络都是基于不同的硬件和软件实现的，这使得它们之间互不兼容，很难实现通信，因此网络的标准化很重要。为解决这个问题，国际标准化组织 ISO 提出了 OSI 参考模型，使得计算机网络成为具有统一的网络体系结构并遵守国际标准的开放式和标准化网络。作为网络专业人员，要意识到计算机网络标准化的重要性，并理解网络体系结构中的层次结构功能。

以数据从一台主机传输到网络上的另一台主机的过程为例，对 OSI 参考模型、TCP/IP 协议簇等知识进行梳理，分析网络协议的结构，进而理解网络通信过程，两台主机通信的网络模型如图 3-16 所示。

图3-16 两台主机通信的网络模型

> 知识学习

2.1 网络协议

在网络世界中,为了实现各种各样的需求,需要在网络节点间进行通信,双方使用各种协议作为通信"规则"。

网络协议(Protocol)是为进行计算机网络中的数据通信而建立的规则、标准或约定的集合。简单来说,协议就是网络节点之间通过网络实现通信时事先达成的一种"约定"。这种"约定"规定网络节点必须能够支持相同的协议,才能实现相互通信。

网络协议有以下三个要素。

①语义。语义是用于解释比特流的每个部分的意义,规定通信双方彼此要"讲什么",即确定协议元素的类型。

②语法。语法是数据与控制信息的结构或格式,以及数据出现的顺序,规定通信双方"如何讲",即确定协议元素的格式。

③时序。时序又称"同步",规定了事件实现顺序的详细说明,即确定通信过程中通信状态的变化。

例如:IP协议的报文结构如图3-17所示。

0bit	4	8	16	19	bit31
版本(4)	头长度(4)	服务类型(8)	总长度(16)		
标识(16)			标志(3)	片偏移(13)	
生存周期(8)		协议(8)	检验和(16)		
源 IP 地址(32)					
目的 IP 地址(32)					
选项(0 or 32)					
数据					

图3-17 IP协议的报文结构

2.2 计算机网络体系结构

相互通信的两个计算机系统必须高度协调才能工作,而这种"协调"是相当复杂的。通常针对一个复杂问题,我们会将其拆分成一个个小问题来解决,这种方法在网络中称之为

"分层"，分层可将庞大而复杂的问题转化为若干较小的局部问题，这些较小的局部问题比较易于研究和处理。

把网络通信的复杂过程抽象成一种层次结构模型，将网络层次结构模型与各层协议的集合定义为计算机网络体系结构。计算机网络采用层次化结构的优点如下。

①各层之间相互独立。高层不需要知道低层是如何实现的，仅需知道该层通过层间的接口所提供的服务即可。

②有利于标准化。各层的功能及所提供的服务都已经有了精确的说明，所以标准化变得较为容易。

③灵活性好。某层改变时，只要层间接口不变，则不影响上下层。各层都可采用最合适的技术来实现，各层实现技术的改变也不影响其他层。

④复杂性低。易于排错，具有更好的互操作性。

2.3 OSI 参考模型的层次结构

2.3.1 OSI 参考模型

1984年国际标准化组织（International Standard Organization，ISO）提出了开放式系统互连参考模型（Open System Interconnect /Reference Model），简称为OSI参考模型。OSI参考模型是一个描述网络层次结构的模型，定义了网络互连的七层框架，对通信系统进行了标准化。OSI参考模型的七层从低到高依次为物理层、数据链路层、网络层、传输层、会话层、表示层和应用层，OSI参考模型如图3-18所示。

提示：OSI参考模型是设计和描述网络通信的基本框架，是一种严格的理论模型，并不是一种特定的硬件设备或一套软件方案，而是不同制造商在设计硬件和软件时必须遵循的一套通信准则。

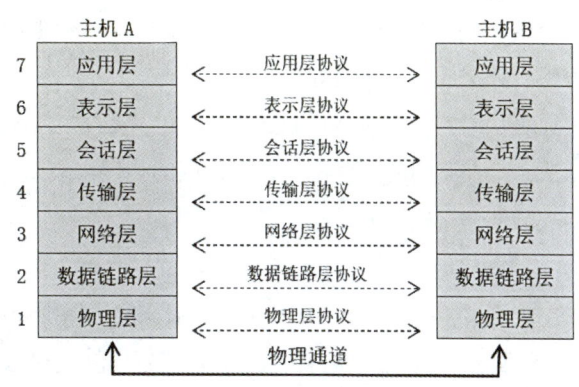

图3-18 OSI 参考模型

2.3.2 各层的功能

（1）物理层

物理层（Physical Layer）是OSI参考模型的最底层，其主要功能是在节点间传输原始的比特流（Bits）。

OSI参考模型的层次结构

物理层并不是指物理设备或物理介质，而是定义了物理连接的建立和拆除的机械、电气、功能和规程特性，包括电压、接口、线缆标准和传输距离等。

（2）数据链路层

数据链路层（Data Link Layer）位于OSI参考模型的第二层，提供相邻节点之间的物理链路上可靠的数据传输。数据链路层负责建立、维持和释放数据链路的连接。

（3）网络层

网络层（Network Layer）位于OSI参考模型的第三层，也是最重要的一层，负责选择一条路径将数据传送到目的端，使数据包能够正确地从发送端传递到接收端，主要功能是完成数据包的寻址和路由选择，网络层可以实现异种网络的互连。

（4）传输层

传输层（Transport Layer）负责节点间端到端的可靠传输，它的功能主要包括流量控制、多路复用、差错校验和数据重传等。

（5）会话层

会话层（Session Layer）主要负责建立、管理和终止两个节点应用程序之间的会话。会话层也提供差错恢复以及通信重建等功能。

会话层不参与具体的数据传输，主要协调端到端通信时的服务请求和应答。例如，两节点在正式通信前，需先协商好双方所使用的通信协议、通信方式（全双工或半双工），以及如何结束通信等内容，并提供了同步服务。

（6）表示层

表示层（Presentation Layer）负责所传输数据的表现方式，包括格式转换、数据加密与解密、数据压缩与恢复等功能。

表示层的一个典型功能是用选定的标准方法对数据进行编码。计算机采用不同的数据表示法，如在不同的计算机上常用不同的代码来表示字符串、整数等，在网络中数据传输时需要进行数据格式转换。

（7）应用层

应用层（Application Layer）处于最高层，提供计算机网络与最终用户的界面，以及完成特定网络服务功能所需的各种应用程序协议。需要强调的是，应用层并不等同于一个应用程序。

提示：OSI参考模型为网络的兼容与互联互通提供了统一标准，具有概念清晰的优点，主要适用于教学研究，但该模型过于复杂，难以完全实现，到现在也没有一个完全遵循OSI参考模型的协议簇流行开来。

2.3.3 协议数据单元

OSI参考模型中，对等层协议之间交换的信息单元统称为协议数据单元（Protocol Data

Unit，PDU）。通常在该层的PDU前面增加一个单字母的前缀，表示为哪一层数据。

应用层数据称为应用层协议数据单元（Application PDU，APDU），表示层数据称为表示层协议数据单元（Presentation PDU，PPDU），会话层数据称为会话层协议数据单元（Session PDU，SPDU），传输层的数据单位称为"段"（Segment），网络层的数据单位为"分组"或"包"（Packet），数据链路层的数据单位称为"帧"（Frame），物理层的数据单位称为"比特"（Bit）。

各层通过传送协议数据单元与对等的各层进行通信，各层的协议数据单元如图3-19所示。

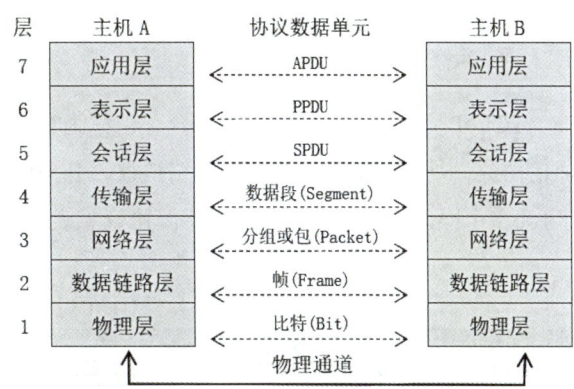

图3-19 各层的协议数据单元

TCP/IP模型

2.4 TCP/IP 模型

面向网络分层的另一个著名模型是TCP/IP模型，TCP/IP是传输控制协议/网络互连协议（Transmission Control Protocol/Internet Protocol）的简称。

早期的TCP/IP模型是四层结构，从下往上依次是网络接口层、网络层、传输层和应用层。有时TCP/IP模

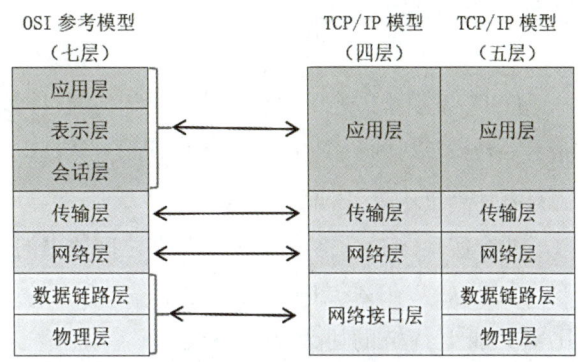

图3-20 TCP/IP模型

型也将网络接口层划分为物理层和数据链路层，进而形成了五层结构，与OSI参考模型的七层结构对应，TCP/IP模型如图3-20所示。

TCP/IP模型起源于ARPAnet研究项目，美国国防部将TCP/IP作为所有计算机网络的标准，一直沿用至今。Internet网络体系结构以TCP/IP为核心，该模型已成为Internet的事实标准。

2.5 TCP/IP 中主流协议

TCP/IP模型是一系列协议的集合，也称为TCP/IP协议簇。TCP/IP协议是一种网络互连的通信协议，是目前被广泛使用的网络协议，几乎所有的厂商和操作系统都支持它，目前包含了100多个协议，TCP/IP协议簇的主要协议见表3-1。

表 3-1　TCP/IP 协议簇的主要协议

各层名称	主要协议
应用层	超文本传输协议（HTTP）、简单邮件传输协议（SMTP）、文件传输协议（FTP）、域名系统（DNS）
传输层	传输控制协议（TCP）、用户数据报协议（UDP）
网络层	网际控制报文协议（ICMP）、网际组管理协议（IGMP）、地址解析协议（ARP）、反向地址解析协议（RARP）
网络接口层	点到点协议（PPP）、串行线路网际协议（SLIP）

2.6 数据的传输过程

OSI参考模型描述了信息或数据是如何通过网络从一台计算机的一个应用程序到达网络中另一台计算机的一个应用程序的过程。当信息在OSI参考模型内逐层传送的时候，最后变为只有计算机才能识别的数字0或1。

两个实现OSI七层功能的网络设备之间数据的传输过程如图3-21所示，数据从发送方的应用层开始，在数据的头部（和尾部）加上特定的协议头（协议尾），这个过程称为封装或打包，逐层封装数据，直至数据包达到物理层，然后通过网络传输线路到接收方。

接收方的物理层获取数据，将这些比特流传送到数据链路层进行去除数据头部（和尾部），这个过程称为解封或拆包。后续的每一层都会执行一个类似的解封装过程，直到到达接收方的应用层。

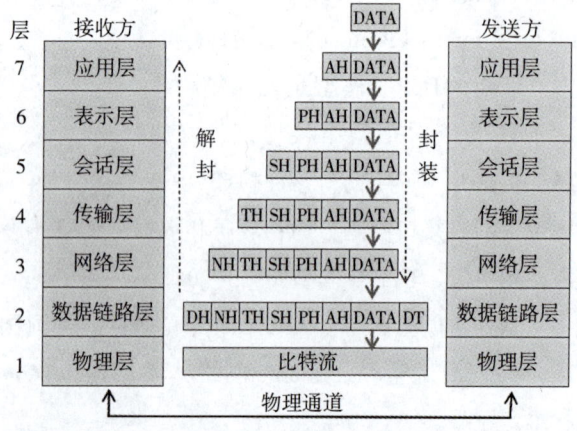

图3-21　数据的传输过程

2.7 抓包工具

人们是无法用眼直接看到网络世界的，这个时候就需要借助网络工具——Wireshark，抓包工具可以从网络的视角（报文交互层面）看到网络世界的真实情况。

Wireshark是一种协议分析软件，即"数据包嗅探器"应用程序，适用于网络故障排除和协议分析等。通过网卡或网口抓包，可以获取经过这个网卡或网口的所有报文，真实地记录下网络中发生的一切事情，并对这些数据按照网络协议进行解码和分析。

eNSP软件集成了Wireshark软件用于网络协议分析，可以很方便地进行数据抓包。

> **小知识**
>
> 当一些网络出现异常问题，从基本的信息无法进行问题定位时，就需要用到网络数据抓包。通过抓包，可以看到网络报文是否正常发送出去，传递回来的网络报文是否收到，报文格式是否正确。

▶ **任务实施**

在一台安装了Wireshark软件且能接入Internet的计算机上，启动Wireshark，进行网络抓包实验，分析协议包的结构。

技能点 2.1　安装 Wireshark

Wireshark可从官方网站（www.wireshark.org）下载，可以根据计算机架构和操作系统选择所需的软件版本。如果使用的是Windows64位的计算机，则选择"Windows x64 Installer"。下载的文件命名为Wireshark-x.x.x-x64.exe，其中x.x.x的x代表版本号。

双击该文件开始安装，Wireshark的安装过程非常简单，执行默认操作即可。

技能点 2.2　使用 Wireshark 抓包

在"开始"菜单中，找到"Wireshark"，单击启动该软件。

（1）选择网络接口。Wireshark启动后，在Wireshark启动界面中，单击"Capture"项目下的"Interfaces List"命令，选择要捕获数据包的网络接口

使用抓包工具

如图3-22所示，在相应的网络接口上单击"Start"按钮，开始抓取该网络接口的数据包。

（2）捕获数据包。由于能连接到Internet，开始抓取数据包后，会捕获大量的网络数据包，捕获数据包界面如图3-23所示。

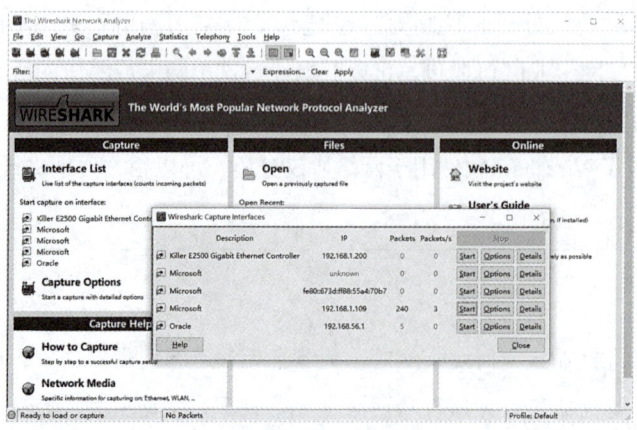

图3-22　选择要捕获数据包的网络接口

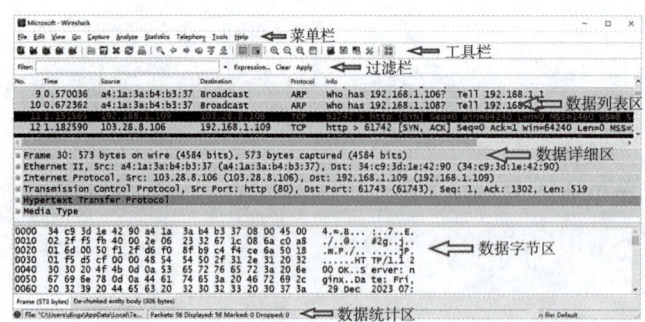

图3-23　捕获数据包界面

> **小知识**
>
> 　　Wireshark的工作界面主要包括菜单栏、工具栏、过滤栏、数据列表区、数据详细区、数据字节区、数据统计区等部分。Wireshark数据主要分3个部分显示。
>
> 　　①数据列表区显示捕获的PDU帧列表，包括序号、捕获时间、源地址和目的地址、协议类型、协议说明信息等。
>
> 　　②数据详细区列出数据列表区中所选帧的PDU信息，并根据协议层分隔捕获的PDU帧。
>
> 　　③数据字节区显示每层的原始数据，以十六进制形式显示。

（3）分析数据包的结构。在双击捕获到的"No."值为"12"的数据帧，在窗口中间区域显示该帧头部封装明细，单击该帧明细中"Internet Protocol"项目前面的田按钮，展开该协议，会显示该帧所在IP数据包的头部信息和数据区，IP协议报文结构如图3-24所示。

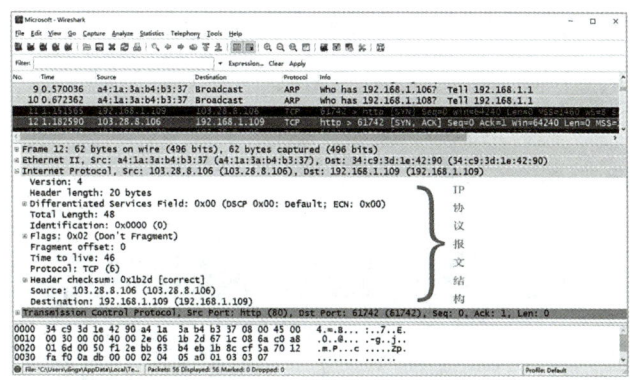

图3-24　IP协议报文结构

提示："源（Source）"列中包含发送方计算机的IP地址，而"目的地（Destination）"列包含接收方计算机的IP地址。

对IP协议报文各字段进行分析，该报文的版本号是4、总长度是48、协议是TCP（6）、源地址是103.28.8.106、目的地址是192.168.1.109。

思考总结

学习网络知识，主要就是学习网络协议。网络协议中的报文交互过程，是实际发生却无法直接看到的，但是通过抓包，就能看到真实的网络交互数据。从数据报文能查看网络节点的整个网络情况，定位出问题原因所在，排查网络故障。

任务拓展

网络故障的排除

现有的网络模型基本都是分层设计的。当网络模型的所有底层结构正常工作时，它的高层结构才能正常工作。层次化的网络故障分析法有利于快速、准确地进行故障定位。

①物理层主要故障包括线路方面的故障、网卡故障、端口设置方面的故障、设备方面的故障、电源故障等。

②数据链路层主要故障包括数据链路层地址的设置问题、数据帧的问题、链路协议的建立问题、流量控制问题等。

③网络层主要故障包括地址错误、子网掩码错误、网络地址重复、路由协议配置错误等。

④传输层主要故障主要是传输的数据包差错检查。

⑤应用层主要故障包括操作系统中系统资源的运行错误、应用程序对系统资源的占用和调度、管理方面的问题等。

任务总结

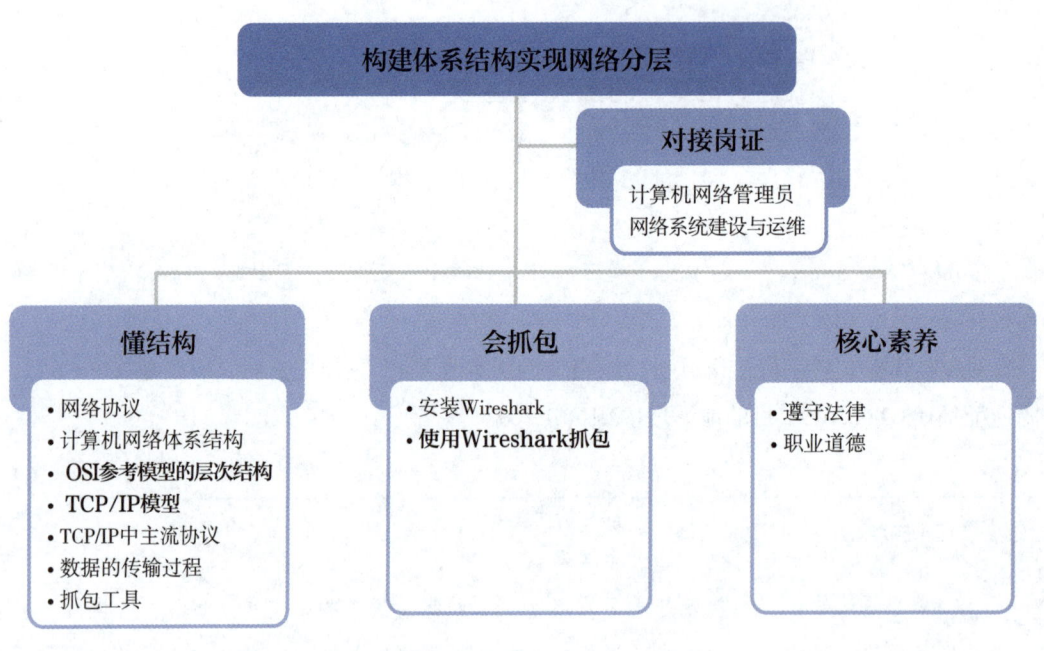

扩展阅读

我国推动人工智能健康发展

人工智能是引领新一轮科技革命和产业变革的战略性技术，将对人们的生产生活产生深远影响。比如，人工智能在研发新材料、预测蛋白质结构等方面具有优势，有望进一步重塑科学研究范式；智能驾驶的普及，将改变城市规划和交通管理方式……各行各业对人工智能的需求日趋增大的同时，经济社会的方方面面正受到人工智能的多重影响。

我国始终是人工智能治理的积极倡导者和实践者。2021年9月，国家新一代人工智能治理专业委员会发布了《新一代人工智能伦理规范》，强调将伦理道德融入人工智能全生命周期。2023年10月，我国在第三届"一带一路"国际合作高峰论坛期间发布《全球人工智能治理倡议》，围绕人工智能发展、安全、治理三方面系统阐述了人工智能治理中国方案，充分体现了我国在处理人工智能治理问题上的大国担当。

▶ 知识检测

一、判断题

1. 体系结构是通信双方为了正确完成通信所规定双方必须遵守的规约。（　）
2. 协议主要由语义、语法、时序三个要素组成。（　）
3. 国际标准化组织ISO提出的七层网络模型被称为开放系统互连参考模型。（　）

二、选择题

1. OSI参考模型按从高到低的顺序是（　）。
   A. 应用层、传输层、网络层、物理层
   B. 应用层、表示层、会话层、网络层、传输层、数据链路层、物理层
   C. 应用层、表示层、会话层、传输层、网络层、数据链路层、物理层
   D. 应用层、会话层、传输层、物理层

知识检测

2. 在OSI参考模型中，物理层负责（　）功能。
   A. 格式化报文　　　　　　B. 为数据选择通过网络的路由
   C. 定义连接到介质的特性　D. 提供远程访问介质
3. OSI参考模型的7层结构中，网络层的功能有（　）。
   A. 确保数据的传送正确无误　B. 确定数据包如何转发与路由
   C. 在信道上传送比特流　　　D. 纠错与流控
4. 在OSI参考模型中，数据从上到下封装的格式为（　）。
   A. 比特 包 帧 段 数据　　B. 数据 段 包 帧 比特
   C. 比特 帧 包 段 数据　　D. 数据 包 段 帧 比特
5. TCP/IP网络体系结构中属于传输层协议的是（　）。
   A. TCP和UDP　　　　　B. TCP和ICMP
   C. ICMP和UDP　　　　D. IP和FTP

三、应用实践

1. 画出OSI参考模型与TCP/IP模型的对应关系。
2. 使用抓包工具Wireshark抓取HTTP协议，截取网络层与数据链路层的报文，试分析各层协议数据单元的格式。

任务 3　依据 IP 地址实现网络通信

▶ 任务描述

在任何一个物理网络中，每个节点的设备必须都有一个唯一的可以识别的地址，这个地址就是IP地址。基于网络管理员日常工作岗位能力的需求，要会配置IP地址，具有测试网络连通性的基本能力。

在校园网中，教师办公区网络拓扑图如图3-25所示，目前新添加了两台计算机，硬件设备全部安装到位，通信线路连接完成，需要配置这2台计算机的IP地址，实现网络通信。

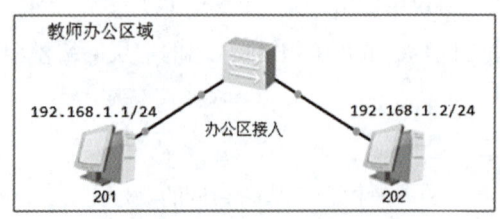

图3-25　教师办公区网络拓扑图

▶ 知识学习

3.1　IP 地址的概述

IP协议就是为计算机网络相互连接进行通信而设计的协议，规定了计算机在互联网上进行通信时应当遵守的规则。任何厂家生产的计算机系统，只要遵守IP协议就可以与Internet互联互通，正是因为有了IP协议，Internet才得以迅速发展成为世界上最大的、开放的计算机通信网络。

IP地址

为了实现计算机网络中各主机间的通信，网络中的每台主机都必须有一个标识符，用来区分网络系统中的主机，这个标识符就是IP地址（Internet Protocol Address）。IP地址也称为网际协议地址，是一种在Internet上给主机编址的方式。Internet上每台主机都有一个唯一的IP地址，主机的IP地址如图3-26所示。

常见的IP地址分为IPv4和IPv6两大类，本教材只介绍IPv4地址。

图3-26　主机的IP地址

3.2　IP 地址的表示方法

IP地址（IPv4地址）采用32位二进制数来表示，为了方便使用，一般被分成4组，每8位二进制数为一组。每组的8位二进制数转换成1位十进制数，中间用圆点隔开，这种形式称为

"点分十进制"，IP地址表示形式如图3-27所示，即IP地址表示成（a.b.c.d）的形式，其中，a、b、c、d都是0～255的十进制整数。

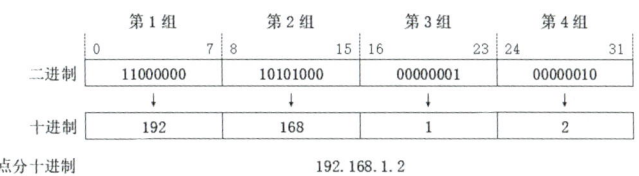

图3-27　IP地址表示形式

3.3　IP地址的结构

每个IP地址包含网络地址（网络位）和主机地址（主机位）两部分：前半部分称为网络地址，用来标识不同的网络，它的长度将决定Internet中能包含多少个网络；后半部分称为主机地址，用来标识这个网络中的一台主机，所以主机位的长度将决定每个网络中能连接多少台主机。例如，主机192.168.0.1所在网络的网络号为192.168.0，主机号为1，IP地址的结构如图3-28所示。

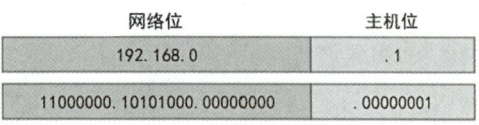

图3-28　IP地址的结构

在Internet中，每个网络的网络号是不同的，而同一个网络内的主机必须有相同的网络号，但主机号不能重复。在相互连接的整个网络中保证每台主机的IP地址都不会相互重叠，即IP地址具有唯一性，IP地址的网络号如图3-29所示。

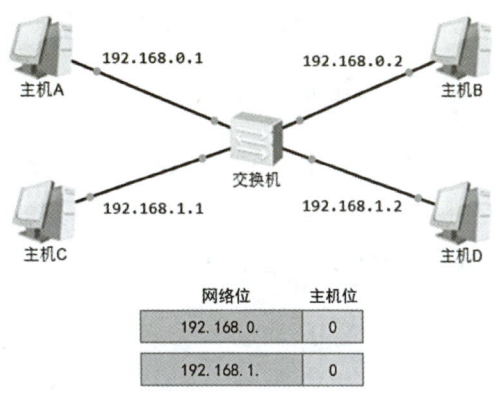

图3-29　IP地址的网络号

3.4　IP地址的分类

IP地址的网络部分由Internet地址分配机构（Internet Assigned Numbers Authority，IANA）统一分配，以保证IP地址的唯一性。为了便于分配和管理，IANA定义了五种类型的IP地址，包括A类、B类和C类3个基本类型，以及多播类型的D类地址和实验类型的E类地址，IP地址的分类如图3-30所示。

| 0 | 7 | 8 | 15 | 16 | 23 | 24 | 31 |

A类	0 网络位（8bit） 主机位（24bit）
B类	10 网络位（16bit） 主机位（16bit）
C类	110 网络位（24bit） 主机位（8bit）
D类	1110 组播
E类	1111 保留

图3-30 IP地址的分类

IP地址的分类

3.4.1 A 类 IP 地址

A类IP地址中最高位是"0"开头，高8位代表网络地址，后3个8位代表主机地址。十进制的第1组数值所表示的网络地址范围为0（00000000）～127（01111111），由于0和127有特殊用途，因此，A类IP地址有效的地址范围是1～126。主机地址的长度是24位，因此每个A类网络可拥有$2^{24}-2$（16777214）台主机，A类网络属于大型网络。

提示：主机地址部分不能全为0或全为1，因为主机地址部分为0时，代表了该主机所在网络的网络地址，主机地址部分全部是1时，代表本网络的广播地址。这两个值都不能代表单个主机地址，因此要在总主机个数上减去2。

3.4.2 B 类 IP 地址

B类IP地址中前2位为"10"开头，前2个8位代表网络地址，后2个8位代表主机地址。十进制的第1组数值所表示的网络地址范围为128（10000000）～191（10111111）。主机地址的长度是16位，因此每个B类网络可拥有$2^{16}-2$（65534）台主机，B类网络属于中型网络。

3.4.3 C 类 IP 地址

C类IP地址中前3位为"110"开头，前3个8位代表网络地址，低8位代表主机地址。十进制的第1组数值所表示的网络地址范围为192（11000000）～223（11011111）。主机地址的长度是8位，因此每个C类网络可拥有$2^{8}-2$（254）台主机，C类网络属于小型网络。

3.4.4 D 类地址和 E 类地址

D类地址中前4位为"1110"开头，十进制的第1组数值范围为224（11100000）～239（11101111），用于组播通信的地址。E类地址中前4位为"1111"开头，保留作科学研究和将来使用。

D类地址和E类地址为特殊地址，都不能在互联网上作为节点地址使用。

3.5 特殊的IP地址

在IP地址中，有一些地址被赋予特殊的作用。

3.5.1 环回地址

以127开始的A类网络地址是一个保留地址，称为环回地址或者回送地址（Loopback Address），主要用于网络软件测试以及本地主机之间通信，在实际中经常使用的环回地址是127.0.0.1，它还有一个别名称作localhost，环回地址测试网站如图3-31所示。

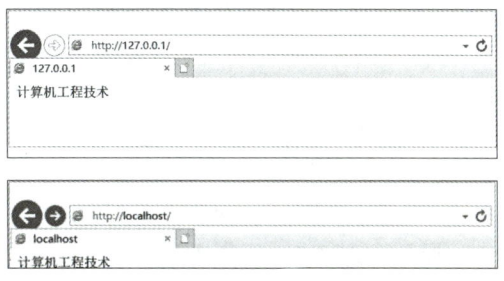

图3-31 环回地址测试网站

提示：一旦使用回送地址发送数据，协议软件立即返回，不进行任何网络传输。

3.5.2 广播地址

当一个设备同时向网上所有主机发送报文时，就产生了广播。TCP/IP规定，主机地址部分全为"1"的IP地址用于广播，称为广播地址，即将IP地址中的主机号部分全部设置为1，如212.1.10.255/24是一个C类网络的广播地址，广播的分组传送给此网络段所涉及的所有计算机。

有限广播地址指32位全为"1"的IP地址，即255.255.255.255，用于本网广播，即被限制在本网络之中。

3.5.3 全0地址

全0地址是由32个"0"比特组成的地址，被保留用于这样的情况：当某个主机需要通信时，但它不知道自己的IP地址（即短暂的启动期间），此时主机为获得一个IP地址，将发送一个数据包给有限广播地址，并用全0地址来标志自己。接收方知道发送数据包的主机还没有IP地址就会用一种特殊方式来发送回答，全0地址如图3-32所示。

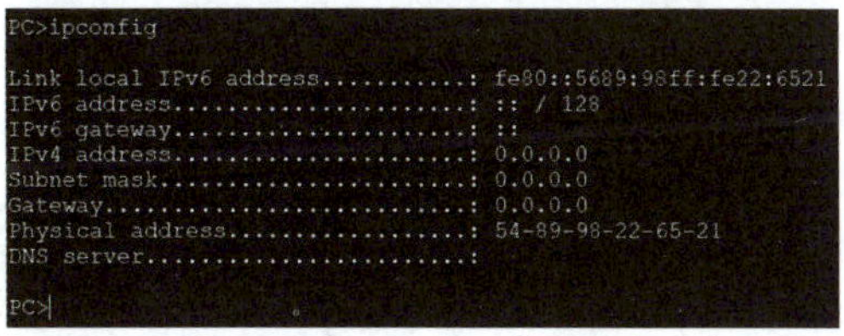

图3-32 全0地址

3.5.4 私有地址

在可供分配的IP地址资源中，还可以分为公网IP地址和私有IP地址。公网IP地址是连接公用网络的主机使用的IP地址，因此需要统一管理和分配，通常是从Internet服务提供商

（ISP）或地址注册处获得。而私有IP地址是一段保留的IP地址，专门为组织机构内部使用，只在局域网中使用，无法在Internet上使用。在A类、B类和C类中都包含一部分私有地址，如表3-2所示。

表 3-2 私有地址

类型	范围
A类私有地址	10.0.0.0 ~ 10.255.255.255
B类私有地址	172.16.0.0 ~ 172.31.255.255
C类私有地址	192.168.0.0 ~ 192.168.255.255

提示：公网IP地址在整个互联网内保持唯一性，但私有地址不需要，只要在同一个私网中保证唯一即可，不同的私网里可以出现相同的私有地址。

3.6 子网掩码

与IP地址关系最紧密的就是子网掩码（subnet mask），又称网络掩码、地址掩码，它用来判断任意两个IP地址是否属于同一个子网。子网掩码不能单独存在，必须和IP地址一起使用，当为网络中的节点分配IP地址时，也要一并给出每个节点使用的子网掩码。

子网掩码的格式与IP地址一样，也由32位的二进制数组成，不同的是它由连续的"1"和连续"0"组成。子网掩码将一个IP地址划分成网络地址和主机地址两部分，对应IP地址的网络部分用1表示，对应IP地址的主机部分用0表示。

A类、B类、C类地址的子网掩码如表3-3所示。为了方便使用，也用点分十进制的方式表示。为了书写简便，也经常使用网络前缀形式来表示，网络前缀形式是在IP地址后加"/"，"/"后面是子网掩码中与网络地址对应的位数。例如：IP地址192.168.1.100，掩码255.255.255.0，可以表示成192.168.1.100/24。

表 3-3 子网掩码

网络类型	子网掩码（二进制）	子网掩码（十进制）	网络前缀
A类	11111111.00000000.00000000.00000000	255.0.0.0	/8
B类	11111111.11111111.00000000.00000000	255.255.0.0	/16
C类	11111111.11111111.11111111.00000000	255.255.255.0	/24

任务实施

IP地址用于在网络中标识一个节点,以便让其他节点通过IP地址访问它,IP地址最终配置在节点设备上。使用华为eNSP配置2台互连主机的IP地址,以及测试网络连通性。

技能点 3.1 布置网络拓扑图

测试IP地址

使用华为eNSP布置如图3-25所示的教师办公区网络拓扑图。

技能点 3.2 配置主机 IP 地址

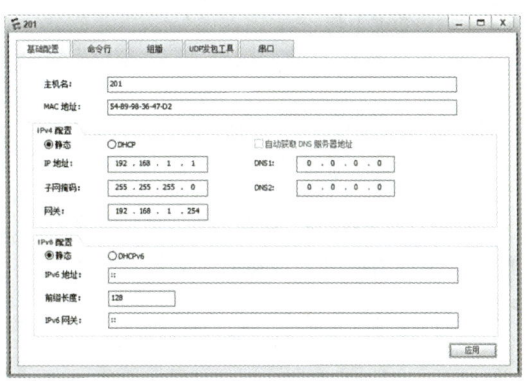

图3-33 手动配置静态IPv4

(1)双击PC201主机,打开主机的设置窗口,在"基础配置"选项卡中,设置主机名为"201",手动配置静态IPv4,如图3-33所示。

提示:IP地址的分配可以采用静态和动态两种方式,一般情况下,网络中的服务器都使用静态IP地址,如Web服务器、域名服务器等。

(2)在相应的位置上设置IP地址、子网掩码、网关等网络信息,手动配置完成后,单击"应用"按钮确认。

提示:静态IP地址是指手动分配的IP地址,子网掩码用来判断当前IP地址所属的网段,默认网关通常为本网段路由器的IP地址。行业规范一般都是该网段的最后一个数即254或最前一个数即1。

(3)使用同样的方法,设置PC202主机的IP地址。

技能点 3.3 查看 IP 地址信息

图3-34 查看IP地址信息

在"命令行"选项卡中,在提示符"PC>"下输入"ipconfig"命令,查看计算机的IP地址的设置情况,查看IP地址信息如图3-34所示。

> **小知识**
>
> cmd是command的缩写，称为命令提示符。ipconfig命令用来查看和修改网络中的TCP/IP协议状态。ipconfig命令的格式为"ipconfig [/all]"，/all参数可以显示与TCP/IP协议有关的所有细节。

技能点 3.4　测试网络连通性

在PC201主机上使用ping命令测试网络连通性，根据测试结果验证IP地址的结构。

（1）测试环回地址127.0.0.1。检测TCP/IP协议簇是否正常，如果测试成功，表明网卡和TCP/IP的安装设置正常。如果命令失败，说明本机的TCP/IP安装或运行可能出现问题，测试环回地址如图3-35所示。

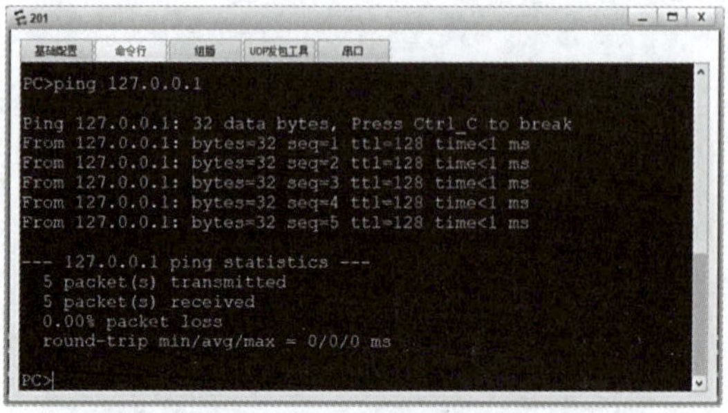

图3-35　测试环回地址

> **小知识**
>
> ping命令的格式为"ping 目的地址 [/t] [/n count] [/I size]"
> 其中，目的地址是指被测计算机的IP地址或域名。
> /t参数指不停地向目标主机发送数据，直到按【Ctrl】+【C】组合键终止；
> /n count参数指定要ping多少次，具体次数由count来指定；
> /I size参数指定发送到目标主机的数据包的大小。

（2）测试本机IP地址。检查本地主机网卡工作是否正常，如果测试不成功，则表明本地配置或安装存在问题，或者本机的网卡出现问题，应当对网络设备和通信介质进行测试、检查并排除，测试本机IP地址如图3-36所示。

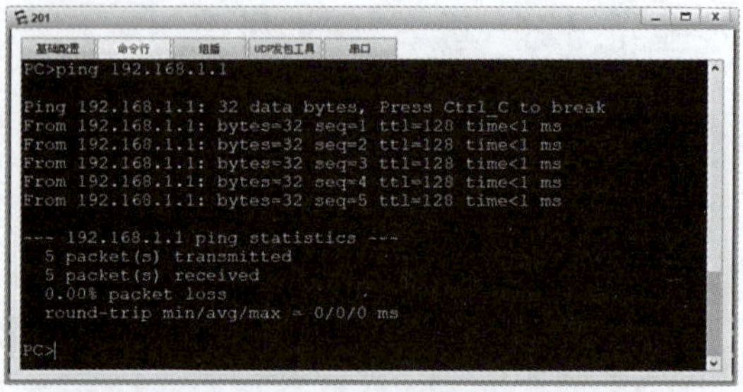

图3-36　测试本机IP地址

（3）测试与PC202主机的连通性。如果测试成功，表明本地网络中的网卡和载体运行正确。如果没有收到回送应答，表示子网掩码不正确，或者网卡配置错误，或者电缆系统有问题，测试对方IP地址如图3-37所示。

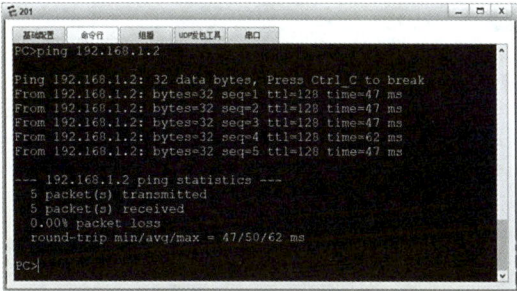

图3-37　测试对方IP地址

思考总结

网络中不同主机之间通信的情况可以分为两种：一种是同一个网段中两台主机之间相互通信；另一种是不同网段中两台主机之间相互通信。在同一个局域网内，具有相同网络地址的IP地址称为同一个网段的IP地址，即所有主机的网络地址相同，但主机地址不能相同。

任务拓展

Windows 允许 Ping 请求

在不关闭防火墙的情况下，防火墙提供的安全性能会屏蔽测试命令。若直接关闭防火墙可能对计算机的安全产生一定的风险。可以调整防火墙的策略，允许ping通过方式。

打开控制面板界面，进入"Windows Defender防火墙"设置，单击左侧的"高级设置"，在打开的界面中，单击左上角处的"入站规则"，在对应右侧的列表中，找到"文件和打印机共享（ICMPv4）"，分别单击"启用规则"即可允许ping命令通过，设置Windows Defender防火墙如图3-38所示。

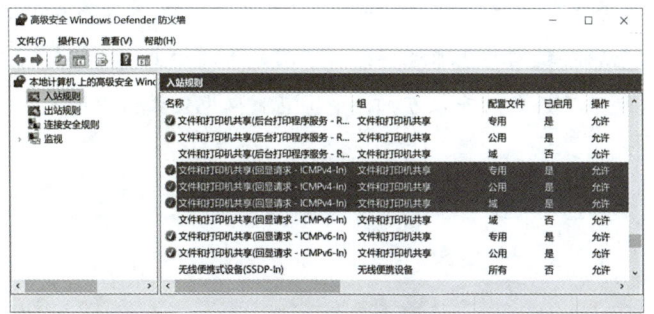

图3-38　设置Windows Defender防火墙

▶ **任务总结**

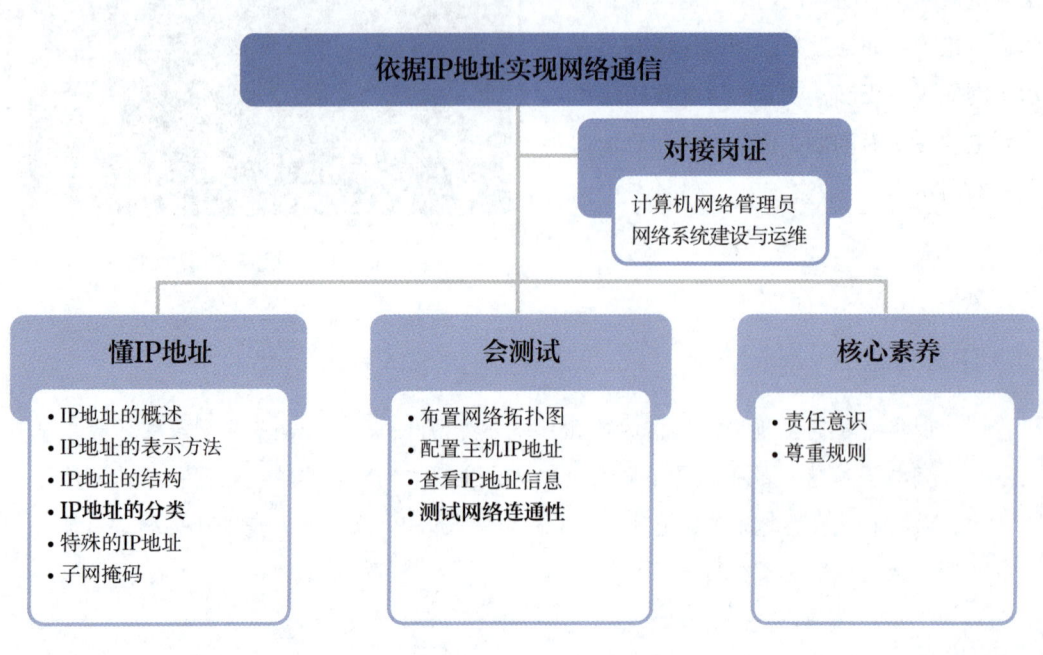

▶ **扩展阅读**

中国互联网之父——钱天白

　　钱天白，中科院计算机网络中心客座研究员、CNNIC工作委员会副主任委员、国务院信息办安全专家组成员，被誉为"中国互联网之父"。1987年9月20日，钱天白等人发出我国第一封电子邮件《越过长城，通向世界》，揭开了中国人使用Internet的序幕。1990年11月28日，钱天白教授代表中国正式在国际互联网络信息中心（InterNIC）的前身DDN-NIC注册登记了我国的顶级域名CN。

　　1994年5月21日，在钱天白教授协助下中国科学院计算机网络信息中心完成了中国国家顶级域名（CN）服务器的设置，改变了中国的CN顶级域名服务器一直放在国外的历史。同年中国实现了与全球互联网的全球连接，让中国成为国际上认可的拥有互联网的国家。再往后的两年中，互联网开始走入千家万户，中国互联网也正式为中国人民服务。

▶ **知识检测**

一、判断题

1. 因特网中的每台主机至少有一个IP地址，而且这个IP地址在全网中可以相同。（　　）

2. 一个IP地址由二个部分组成，它们是网络地址和主机地址。　　　　（　　）
3. IPv4地址由一组32位二进制数组成。　　　　　　　　　　　　　（　　）
4. 我们最常用的回送地址是127.0.0.1。　　　　　　　　　　　　　（　　）
5. 在IPv4协议中，211.181.0.1属于B类地址。　　　　　　　　　　（　　）

二、选择题

1. 在一个没有经过子网划分的C类网络中允许安装（　　）台主机。
   A. 1024　　　　　　　　　　　　B. 65025
   C. 254　　　　　　　　　　　　　D. 16
2. 下列的IPv4地址中属于B类地址是（　　）。
   A. 10.10.10.1　　　　　　　　　B. 191.168.0.1
   C. 192.168.0.1　　　　　　　　　D. 202.113.0.1
3. 在以下所列出的子网掩码中，（　　）是无效的子网掩码。
   A. 255.0.0.0　　　　　　　　　　B. 255.255.0.0
   C. 255.255.255.0　　　　　　　　D. 255.254.255.0
4. 下列情况中，（　　）应该使用ping命令。
   A. 要查看主机的TCP/IP网络配置　　B. 查看MAC地址
   C. 要测试到其他主机的连通性　　　D. 机器无法正常启动时
5. 在企业内部网络规划时，下列（　　）地址属于企业可以内部随意分配的私有地址。
   A. 172.15.8.1　　　　　　　　　B. 192.16.168.1
   C. 200.8.3.1　　　　　　　　　　D. 192.168.50.254

三、应用实践

1. 有两台计算机，一台计算机的IP地址设置为193.10.0.118，子网掩码设置为255.255.255.0；另一台计算机的IP地址设置为193.10.0.120，子网掩码设置为255.255.255.0。判断两台计算机是否在同一网络中。
2. 已知某一网络中一台主机的IP地址为212.88.111.99，子网掩码为255.255.255.0，默认网关为212.88.111.254。现有一台装有Windows 10操作系统的新计算机要连入该网络。请完成以下工作。
   ①确定IP地址为212.88.111.99的主机所在的网络的类型、网络号和主机号。
   ②确定新计算机的IP地址、子网掩码、默认网关。
   ③阐述如何在新计算机上配置相关参数将其连入网络。

任务 4　利用子网划分实现网络隔离

▶任务描述

出于对管理、性能和安全方面的考虑，许多单位把单一网络划分为多个子网，每个子网内可以互相通信，但子网间不能通信。作为网络管理员，要学会划分子网，并能判断不同的IP地址是否在同一子网。

学校信息工程学院新建了4个实验室，每个实验室主机数量都是49台。现分配一个C类网络地址192.168.10.0/24，要求将其进行子网划分，实现网络隔离，并给这4个实验室分配相应子网段，4个实验室网络拓扑图如图3-39所示。

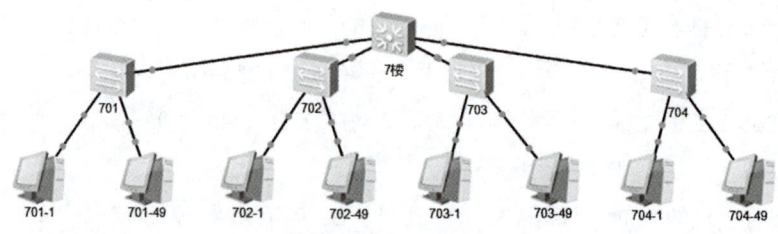

图3-39　4个实验室网络拓扑图

▶知识学习

每个A类网络有16777214台主机，B类网络中有65534台主机，而实际网络架构中，一般不会有这么多的主机连接在同一个网络中。随着互联网覆盖范围逐渐增大，网络地址数量越来越不能满足需求，直接使用A类、B类、C类地址就更加显得浪费资源。为此人们思考是否能把一个大的网络分割成若干个子网，更加有效利用IP地址。

4.1　子网的定义

IP地址具有层次结构，标准的IP地址分为网络位和主机位两层，这种结构在实际网络应用中存在着以下不足。

①IP地址空间的利用率有时很低。

②给每一个物理网络分配一个网络标识会使路由表变得太大，影响网络性能。

③两级的IP地址不够灵活，很难针对不同的网络需求进行规划和管理。

解决这些不足的办法是创建子网。子网划分（Subnetting）的过程就是将IP网络进一步划分成许多小的部分，这些部分称为子网，不同子网相互独立。通过IP子网划分，网络管理员可以在已经得到的整块IP地址空间中创建多个子网络，以满足不同部门自行管理使用的需求。

1个24位掩码的网络，划分4个子网如图3-40所示。

1个24位掩码的网络，划分8个子网如图3-41所示。

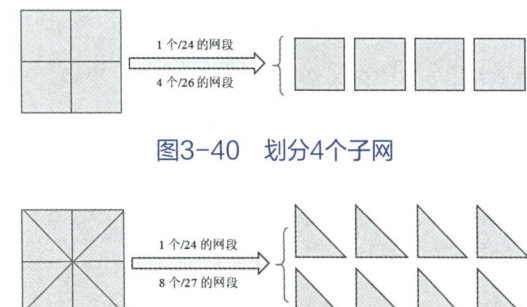

图3-40　划分4个子网

图3-41　划分8个子网

4.2　划分子网的优点

子网划分主要有以下3方面的优点。

①可以节约日益短缺的IP资源，更加充分合理地利用每一个IP地址，提高IP地址的使用效率。

②较小的子网更能方便网络管理和故障诊断，同时避免了不同子网之间的直接访问，增强了网络安全性。

③通信过程中能够有效减少广播域的大小，提高网络使用的效率，也避免了广播风暴的产生。子网隔离广播域如图3-42所示。

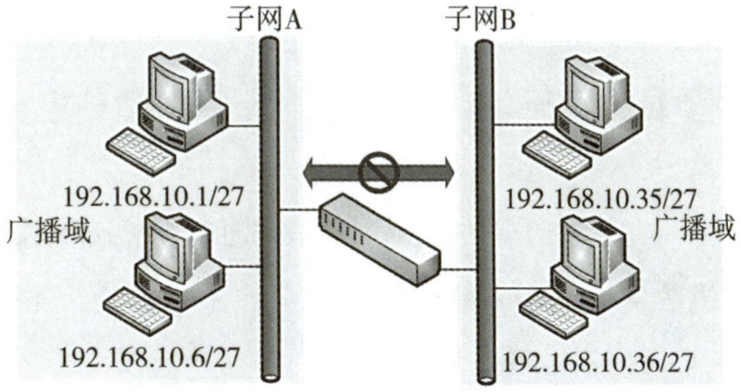

4.3　划分子网的方法

图3-42　子网隔离广播域

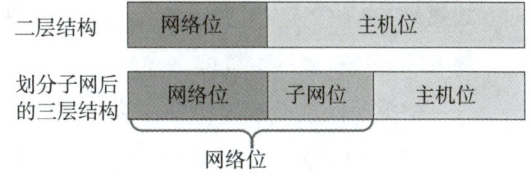

图3-43　划分子网的方法

划分子网的方法是需要从原有IP地址的主机位中从最高位开始借出连续的若干位作为子网位，一般把这种方式称为借位，即从主机最高位开始借位变为新的子网位，剩余部分仍为主机位。

划分子网后，IP地址从原来的"网络位+主机位"两层结构变成了"网络位+子网位+主机位"三层结构。划分子网的方法如图3-43所示。经过划分后向主机地址借出若干高位给子网位，那么主机位少了，每个子网中的主机数量也就减少了。

划分子网的方法

原则上，根据全"0"和全"1"IP地址保留的规定，子网划分时至少要从主机位的高位中选择两位作为子网位，而至少保证留两位作为主机位。A、B、C类网络最多可借出的子网位数是不同的，A类可达22位，B类为14位，C类则为6位。

显然，当借出的子网位数不同时，相应地可以分别计算出子网位数、子网掩码和每个子网的可用主机数。C类子网位数如表3-4所示。

表3-4　C类子网位数

借位数	掩码长度	子网掩码	子网位数	主机数量	可用主机数量
1	/25	255.255.255.128	2	128	126
2	/26	255.255.255.192	4	64	62
3	/27	255.255.255.224	8	32	30
4	/28	255.255.255.240	16	16	14
5	/29	255.255.255.248	32	8	6
6	/30	255.255.255.252	64	4	2

▶ 任务实施

在划分子网的过程中，首先明确划分后所要得到的子网数量和每个子网中所要拥有的主机数量，然后才能确定需要从原主机位借出的子网位数。

技能点4.1　按照子网数量划分

如果划分的子网数量是确定的，那么先来确定子网部分所需要的位数，剩下的位数就表示主机位。

（1）根据子网数量确定借几位表示子网位。根据要求划分4个独立的子网，确定子网的数量为4，则应用公式$2^n \geqslant m$（m代表网络数量，n代表子网位数），即$2^n \geqslant 4$推出$n=2$，确定子网位数为2位。

按照子网数量划分

则需要从主机位中借出最高的2位作为子网位，主机位仅剩下6位，借位如图3-44所示，所以每个子网中可容纳的主机数为$2^6-2=62$，-2是指减掉主机位全0和全1的两种情况，

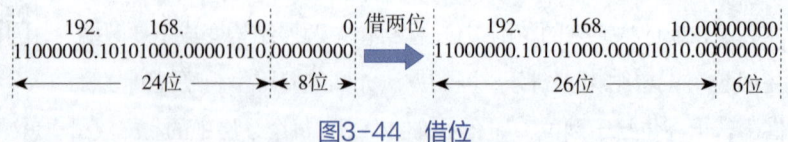

图3-44　借位

62>49，满足每个实验室主机数量为49的要求。

（2）根据子网数量确定子网掩码。由C类地址可知，默认的子网掩码为255.255.255.0，其二进制表示为11111111.11111111.11111111.00000000，其中1的部分表示网络位，0的部分表示主机位。

现在向主机位借2位，将默认子网掩码中主机位的前2位置1，其余位置0。子网掩码变为11111111.11111111.11111111.11000000，即255.255.255.192，也可以表示为192.168.10.0/26，子网数量及子网掩码如图3-45所示。

（3）确定各子网号和可用IP地址范围。把192.168.10.0转化为二进制数求得所有的子网地址，子网位为00的情况如图3-46所示。

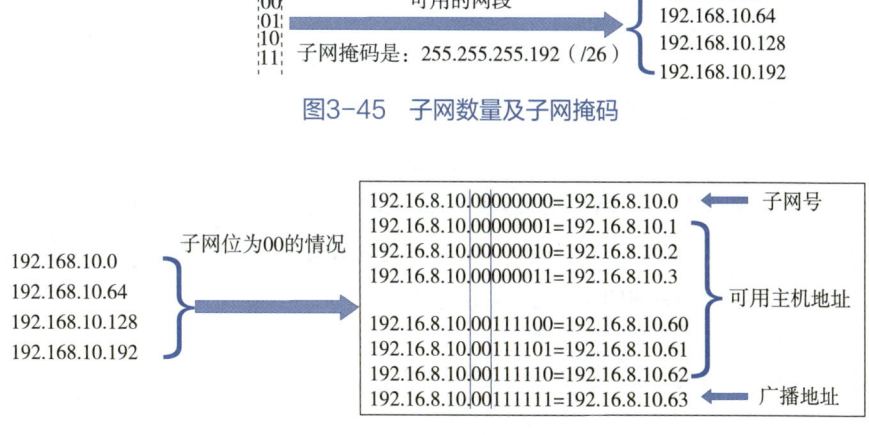

图3-45　子网数量及子网掩码

图3-46　子网位为00的情况

> **小知识**
>
> 在RFC文档中，规定了子网划分的规范，其中对网络地址中的子网号做了如下规定。
>
> （1）由于网络位全为"0"代表的是本地网络，所以网络位中的子网位也不能全为"0"，全为"0"时，表示的是本子网号。
>
> （2）由于网络位全为"1"表示的是广播地址，所以网络位中的子网位也不能全为"1"，全为"1"的地址用于向子网广播。

（4）确定各子网网段的可用主机数量。192.168.10.0/26每个网段的可用子网主机数量如表3-5所示。

表 3-5　可用子网主机数量

子网地址	子网中可用 IP 可用主机数量	子网广播地址
192.168.10.0	192.168.10.1 ~ 192.168.10.62	192.168.10.63
192.168.10.64	192.168.10.65 ~ 192.168.10.126	192.168.10.127
192.168.10.128	192.168.10.129 ~ 192.168.10.190	192.168.10.191
192.168.10.192	192.168.10.193 ~ 192.168.10.254	192.168.10.255

从上面划分的4个子网地址分配给4个实验室，每个子网中选取IP地址分给每台主机，每个实验室最多容纳的主机数量为62个。

提示：注意子网地址和广播地址不可分给主机使用。

技能点 4.2　按照主机数量划分

如果每个子网的主机数量能够确定，那就先确定主机数量所需要的位数，剩下的位数就表示子网数。

根据实验室主机数量要求，确定主机的数量为49，则应用公式$2^n \geq m$（m代表主机数量，n代表主机所占位数），即$2^n \geq 49$ 推出$n=6$，确定主机位数为6位，子网位数为2（8-6）位。其子网分配方式与第一种方法相类似，在此不赘述。

> **思考总结**
>
> 　　在动手划分子网之前，一定要考虑网络目前的实际情况和将来发展的需求计划，尽量在子网数量和主机数量上有余额。IP地址的子网部分用来区别各个子网，即区分不同的IP地址是否在同一个网络中。在资源有限的情况下，会使用各种方式来提高资源利用率，也要认识合久必分、分久必合的历史规律。

任务拓展

"网络系统管理"赛项的部分赛题

引入职业院校技能大赛（高职组）"网络系统管理"赛项中赛题模块B——Windows部署的部分内容。

你作为一名网络技术工程师，被指派去构建ChinaSkills.cn的网络。你必须在规定的时间内完成指定的任务，并进行充分的测试，确保设备和应用正常运行。

（1）Windows部署的网络拓扑图如图3-47所示。

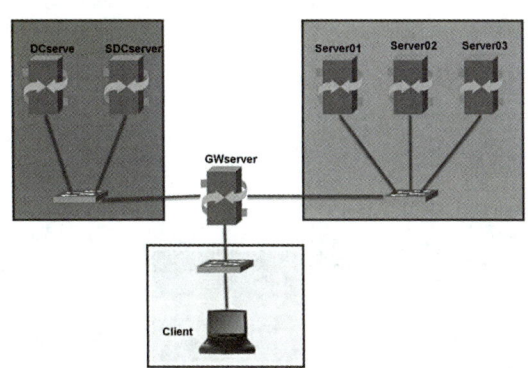

图3-47　Windows部署的网络拓扑图

（2）服务器和客户端基本配置如表3-6所示。

表3-6　服务器和客户端基本配置

设备	主机名	系统	完全限定域名	IP 地址
DCserver	DCserver	Windows server	DCserver.ChinaSkills.cn	172.16.100.201
SDCserver	SDCserver	Windows server	SDCserver.ChinaSkills.cn	172.16.100.202
Server01	Server01	Windows server	Server01.ChinaSkills.cn	192.168.10.251
Server02	Server02	Windows server	Server02.ChinaSkills.cn	192.168.10.252
Server03	Server03	Windows server	Server03.ChinaSkills.cn	192.168.10.253
GWserver	GWserver	Windows server	—	172.16.100.254 192.168.10.254 10.10.100.254
Client	Client	Windowsdesktop	Client.ChinaSkills.cn	10.10.100.x

（3）办公区、服务区、应用区3个区域的网络如表3-7所示。

表3-7　Windows 部署的网络

网络	无类别域间路由
办公区域	10.10.100.0/24
服务区域	172.16.100.128/25
应用区域	192.168.10.240/28

具体要求：

试着根据提供的基础信息，使用eNSP软件，配置服务器和客户端的主机名、IP地址、域名等。

任务总结

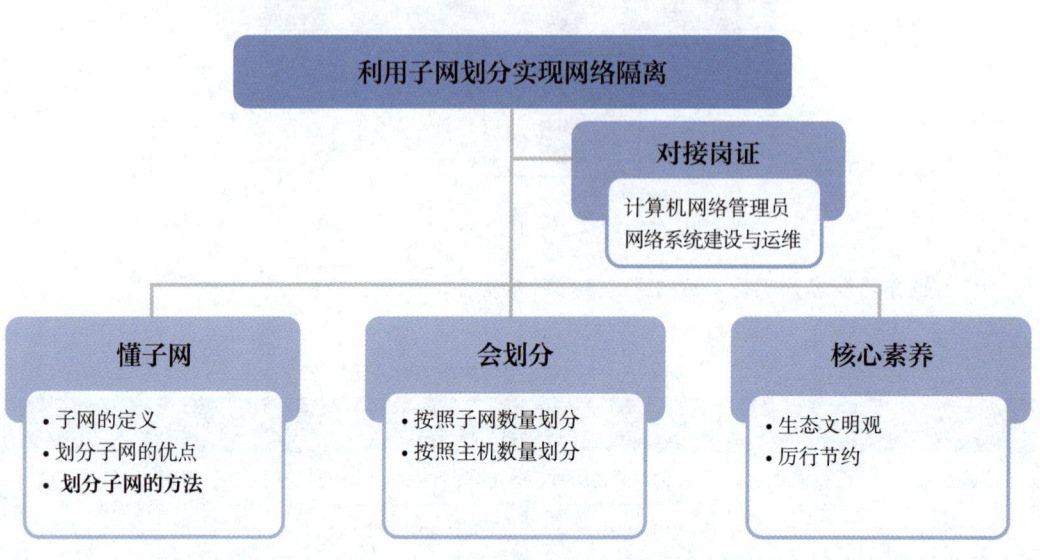

扩展阅读

计算机网络从业者的职业守则

计算机网络从业人员应遵纪守法，尊重知识产权。由于计算机网络最主要的功能是实现资源共享，因此很多人认为计算机网络是种完全开放型的状态，只要愿意，可以在网上发表任何言论，或从网上下载文章、图片及各种作品。但实际上计算机网络只是信息资源的一种载体，其本质与报纸、电视等传统媒体没有任何区别，其上的文章、图片及各种作品同样拥有著作权，不能随意转载、摘抄。

计算机网络从业人员应爱岗敬业，严守保密制度，保守相应的国家机密和商业机密。由于目前很多商业信息及其他信息都会在计算机系统上保存并通过计算机网络传输，所以计算机网络从业者必须采取相关措施，防止泄密的发生。

计算机网络从业人员应做好设备的规范化和文档化管理，及时写好维护记录，做好交接工作，负责所有设备的管辖和运行状况的掌控，确保设备经常处于良好的技术状态和工作状态。

知识检测

知识检测

一、判断题

1. 如果一个C类地址的子网掩码是255.255.255.252，则网络中可用主机是6台。（　　）
2. 划分子网的IP地址由三个部分组成，它们是网络位、子网位和主机位。（　　）

二、选择题

1. 一个C类IP地址，要分配给5个部门，最大的部门有28台计算机，则子网掩码应设为（　　）。
   A．255.255.255.0　　　　　　　　B．255.255.255.128
   C．255.255.255.192　　　　　　　D．255.255.255.224
2. 网络202.11.34.0划分子网后，子网掩码是255.255.255.192，则各子网中的可用主机数量是（　　）。
   A．254　　　　　　　　　　　　　B．64
   C．252　　　　　　　　　　　　　D．62
3. 不带子网的B类地址171.16.0.0的默认子网掩码为255.255.0.0，但如果将主机号的高8位作为子网号，则子网掩码是（　　）。
   A．255.0.0.0　　　　　　　　　　B．255.255.0.0
   C．255.255.255.0　　　　　　　　D．255.255.255.255
4. 一个C类地址段192.168.1.0/24进行子网划分，每个子网至少容纳39台主机，最多可以划分（　　）个有效子网。
   A．4　　　　　　　　　　　　　　B．8
   C．16　　　　　　　　　　　　　 D．2

三、应用实践

信息工程学院有10个教师办公室，每个办公室有1～6台不等的计算机，办公局域网使用这个C类网络地址192.168.100.0/24，现要求每个办公室是一个独立的子网。具体要求如下。

（1）使用eNSP模拟器画出网络拓扑图。
（2）根据子网划分的方法，合理写出详细的分配方案。
（3）配置每台主机的IP地址和子网掩码。
（4）通过ping命令测试子网内和子网间的连通性，验证是否在同一个网络。

项目实战

【项目要求】

某学校的教学楼中有实验室、教师办公区、行政区,数据中心4个区域,组建教学楼区域的网络,分配的IP地址段是192.168.1.0/24网段,试着使用eNSP软件实现网络通信。

【项目实施】

步骤一:绘制教学楼区域的网络拓扑图。

步骤二:配置IP地址使全网互通,并通过命令检测连通性。

步骤三:试着抓取一个接口的IP报文,分析其结构。

步骤四:划分子网,使实验室、教师办公区、行政区,数据中心4个区域互相隔离。

【项目评价】

考核评价表

任务	专业能力和职业素质	评价指标	考核方式
1	能够正确绘制网络拓扑图,并做出相应标注,做到规范,有创新意识	初步形成良好的合作观念,完成的作品有亮点、有创新点	自评 互评
2	能够正确抓取数据包,分析协议的结构,要遵守法律,有职业道德	技术方法运用的能力,严谨细心的工作态度,并能积极、主动地学习	师评
3-4	能够合理设计IP规划方案,并进行网络配置,要尊重规则,有责任意识	要有全局意识、合作探究精神,按要求完成任务,进行自我展示,思维反应迅速,逻辑能力强	互评 师评

注:评价档次采用A(优秀)、B(良好)、C(合格)、D(不合格)四个水平。

项目4 和谐共享，组建数字化校园网络

📖 项目描述

在当今社会，校园网数字化建设成为衡量一个学校教育信息化的重要标志。通过校园数字化，促进学校教育和谐健康发展，达到资源共享、信息传递和数据通信的目的。组建校园局域网络是实现数字化校园网络的第一步。

作为校园网络中心管理人员，工作职责是负责校园网的日常管理和维护，熟悉校园内部网的结构、组成及相关设备，不但要有识网和绘网的专业能力，还要有组建网络和管理网络的职业能力，能根据实际需求，完成网络基础设施建设，保证网络的正常运行。

本项目主要从局域网的组成、制作网线、共享资源、远程访问等方面介绍组建局域网的专业知识和技能，提升组网、管网的能力。

📖 学习目标

【知识目标】

（1）了解远程控制的定义及方式，区分远程桌面连接和字符界面远程访问的方式。
（2）理解网卡的MAC地址，局域网的类型、分类、标准和组成等相关基础知识。
（3）掌握局域网的工作模式，以及资源共享中的相关专业术语。
（4）熟悉传输介质的分类、各种传输介质的特性，以及双绞线的线序。

【能力目标】

（1）能根据网络拓扑结构和局域网的相关知识，识别常见网络组件并解释其用途。
（2）会制作TIA/EIA568A或TIA/EIA568B标准线序的网线。
（3）能在对等网中设置文件夹共享和打印机共享，并能通过网络访问共享资源。
（4）具有使用远程桌面连接和Telnet进行远程访问的能力。

【素质目标】

（1）通过介绍以太网的发展，培养优胜劣汰的忧患意识，勇于创新的科学精神。
（2）通过制作网线，培养规范操作的习惯，意识到精准度、校验以及注意细节的重要性。
（3）通过介绍共享资源，树立共享发展理念，提升良好的团队意识，合作精神和创新能力。
（4）在远程访问操作中，要有团队合作意识，树立正确的网络安全观，提高网络安全意识。

任务 1　组建双机互连的局域网

▶ 任务描述

局域网是目前最常见和应用最广泛的一种网络，几乎每个单位都有自己的局域网。在当今的主流技术中，局域网技术已经占据了十分重要的地位。作为网络管理人员需要掌握局域网的组成，会使用合适的网络设备以及传输介质来组建局域网。

组建数字化校园网络要选定网络中的主机、网络通信设备、通信介质以及网络软件等。根据校园网拓扑图，学会分析网络结构，能组建双机互连的网络。

▶ 知识学习

1.1　局域网概述

1.1.1　局域网的主要特征

局域网（Local Area Network，LAN）是在一个局部的地理范围内（通常网络连接的范围以几千米为限），将计算机及各种网络设备互相连接起来组成的计算机网络。局域网在计算机数量配置上没有太多的限制，少的可以只有两台，多的可达几百台。比如，计算机机房如图4-1所示，就是一个局域网。

局域网支持同轴电缆、双绞线、光纤和无线等多种传输介质。传输速率一般为100～1000Mbit/s，新型LAN可以达到10Gbit/s甚至更高

图4-1　计算机机房

的速率。由于LAN通信距离短，信道干扰小，数据传输质量高，因此误码率低，一般局域网的误码率在万分之一以下。

1.1.2 局域网的类型

从不同角度观察，局域网有多种划分方法。

①按网络使用的传输介质分类：有线局域网、无线局域网。

②按网络拓扑结构分类：总线型、星型、环型、树型等。

③按传输介质所使用的访问控制方法分类：以太网、令牌环网、无线局域网等，常见局域网类型如图4-2所示。

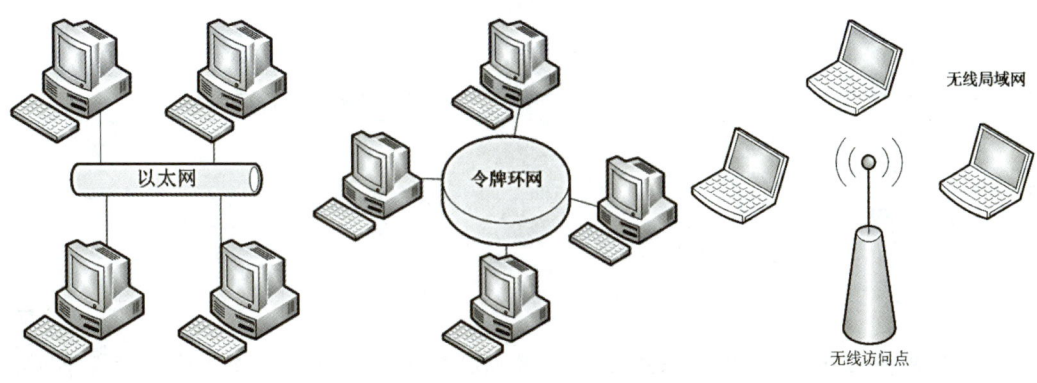

图4-2 常见局域网类型

1.1.3 局域网体系结构

1980年2月，美国电气与电子工程师协会（Institute of Electrical and Electronic Engineers，IEEE）成立了局域网标准化委员会（IEEE 802委员会），规定了局域网的低三层标准。

这三层分别是物理层、介质访问控制子层MAC和逻辑链路控制子层LLC，它相当于OSI模型的最低两层，即物理层和数据链路层，IEEE 802体系结构如图4-3所示。LLC子层用于封装和标识上层协议，隔离多样的下层协议和介质，实现数据链路层与硬件无关的功能，MAC子层用于提供LLC和物理层之间的接口，负责介质访问控制机制的实现。

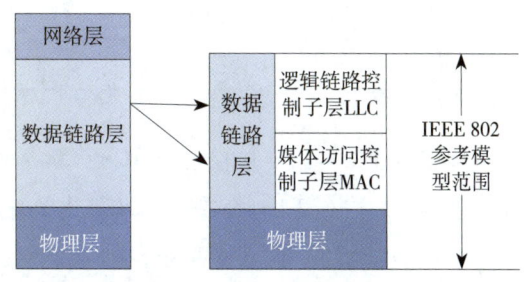

图4-3 IEEE 802体系结构

1.1.4 局域网标准

IEEE 802系列标准是IEEE 802标准委员会制定的局域网、城域网技术标准,常用的标准如表4-1所示。其中最广泛使用的有以太网、无线局域网等。

表 4-1 常用的 IEEE802 标准

标准	描述
IEEE 802.1	局域网体系结构、寻址、网络互连和网络
IEEE 802.2	逻辑链路控制子层（LLC）的定义
IEEE 802.3	以太网介质访问控制协议（CSMA/CD）及物理层技术规范
IEEE 802.4	令牌总线网（Token-Bus）的介质访问控制协议及物理层技术规范
IEEE 802.5	令牌环网（Token-Ring）的介质访问控制协议及物理层技术规范
IEEE 802.11	无线局域网的介质访问控制协议及物理层技术规范

1.2 以太网

1.2.1 以太网技术

以太网（Ethernet）是由Xerox公司于1975年研制开发,是目前应用最为广泛的局域网。早期以太网采用的是CSMA/CD介质访问控制技术和曼彻斯特编码,定义了四种不同介质的标准以太网规范,标准以太网规范如表4-2所示。

以太网

表 4-2 标准以太网规范

以太网技术	IEEE 标准	所使用的传输介质	缆线最大长度
10Base-5	IEEE802.3	粗同轴电缆	500m
10Base-2	IEEE802.3a	细同轴电缆	185m
10Base-T	IEEE802.3i	双绞线	100m
10Base-F	IEEE802.3j	光纤	1000～2000m

提示：在这些以太网技术标准中,第一个数字10表示传输速度,单位是Mbit/s,Base表示基带。最后一个是数字,则表示单段线缆长度,最后一个是字母,则表示传输介质,字母T表示为双绞线,字母F表示光纤。

1.2.2 以太网的发展

随着以太网技术的不断发展,以太网已经成为局域网技术的主流,目前使用较多的为快速以太网(100Mbit/s)、千兆以太网(1Gbit/s)和万兆以太网(10Gbit/s),以太网发展历程如图4-4所示。

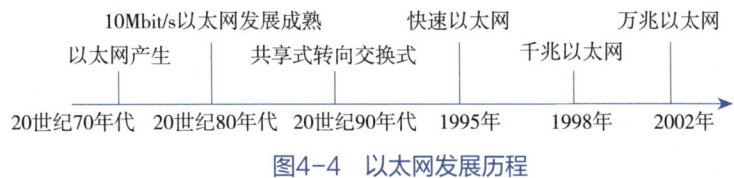

图4-4 以太网发展历程

1.3 局域网的组成

局域网一般由计算机、网络适配器、传输介质、网络互连设备和网络软件五部分组成。

1.3.1 计算机

局域网中的计算机统称为主机,根据它们在网络系统中所起的作用,可划分为服务器和客户机。网络服务器是高性能、速度快、存储大的计算机,在网络系统中处于核心地位,负责网络资源管理和给客户机提供服务。

1.3.2 传输介质

将网络中的节点互连在一起,就必须使用传输介质,局域网中常用的传输介质有双绞线、同轴电缆、光纤及无线电波等。

1.3.3 网络适配器

网络适配器(Network Interface Card,NIC)又称网络接口卡,简称为网卡,它用于实现联网计算机和传输介质之间的物理连接,负责将计算机中的数字信号转换成电或光信号,完成数据发送与接收。网卡是每个需要连接网络的计算机必备设备。

(1)网卡分类

按照工作速度不同可分为10M网卡、100M网卡、10/100M自适应网卡、1000M网卡等,分别支持不同类型的以太网组网技术。

按接口类型,可以分为RJ-45双绞线接口网卡、光纤接口网卡、无线网卡、USB网卡等类型,各接口网卡如图4-5所示。

网络适配器

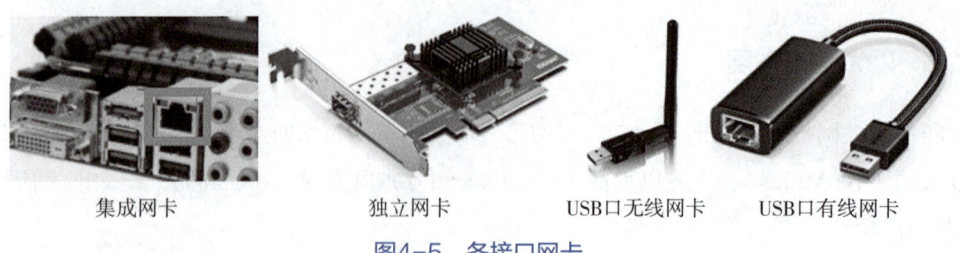

| 集成网卡 | 独立网卡 | USB口无线网卡 | USB口有线网卡 |

图4-5　各接口网卡

提示：一般来讲，每块网卡都具有1个以上的LED指示灯，用来表示网卡的不同工作状态，以方便用户查看网卡是否工作正常。典型的LED指示灯有Link/Act、Full、Power等Link/Act表示连接活动状态，Full表示是否全双工，Power表示电源指示。

（2）MAC地址

网络上的每一台设备都有一个物理地址（Physical Address），也称为硬件地址，这些地址通过位于数据链路层中的介质访问控制（Media Access Control，MAC）子层后，也被称为MAC地址。MAC地址是由网络设备制造商生产时写在网卡中的一组代码，并且被烧入ROM中，因此，理论上讲一个网卡的MAC地址在世界上是唯一的。

IEEE802.3标准规定MAC地址的长度为48位二进制数，通常分为6字节，采用12个十六进制数表示，如34-C9-3D-1E-42-90，其中前三个字节是由IEEE分配给不同厂商的厂商代码（34-C9-3D），后三个字节为厂商自己分配的网络适配器接口编号（1E-42-90），MAC地址结构如图4-6所示，局域网中根据MAC地址进行通信。

1.3.4　网络互连设备

网络互连设备主要负责网间协议和功能转换，不同的网络互连设备工作在不同的协议层中。常用的网络互连设备有交换机、路由器、网关、网桥等。为了网络安全的考虑，在局域网中还会增加防火墙和入侵检测系统等设备。

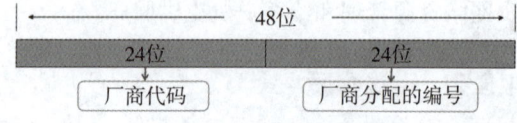

图4-6　MAC地址结构

（1）交换机

交换机（Switch）是局域网的重要组网设备，在局域网中连接网络中的所有计算机。交换机工作在数据链路层，它的主要功能包括物理编址、错误校验、帧序列以及流量控制。交换机构建的网络称为交换式网络，交换机的每个端口都能独享带宽，所有端口都能够同时进行并发通信。华为交换机如图4-7所示。

（2）路由器

路由器（Router）是连接互联网中各局域网、广域网的设备，它会根据信道的情况自动进行路由选择并转发分组。路由器属于网络层的一种互连设备，主要用于不同网络间的通信，或者是广域网的通信。华为路由器如图4-8所示。

1.3.5 网络软件

具备了上述几种网络部件，便可搭建一个基本的局域网硬件平台，有了局域网硬件环境，还需要安装能控制和管理局域网的网络软件，使网络能够正常运行。网络软件一般包括网络操作系统、网络协议、通信软件以及管理和服务软件等，它授权用户对网络资源的访问，以便提供网络通信和用户所需的各种网络服务。

图4-7　华为交换机

图4-8　华为路由器

任务实施

技能点 1.1　分析网络结构

一个校园网就属于局域网，某校简化版校园网拓扑图如图4-9所示。请利用计算机网络拓扑结构以及局域网的组成等知识探索网络，并回答以下问题。

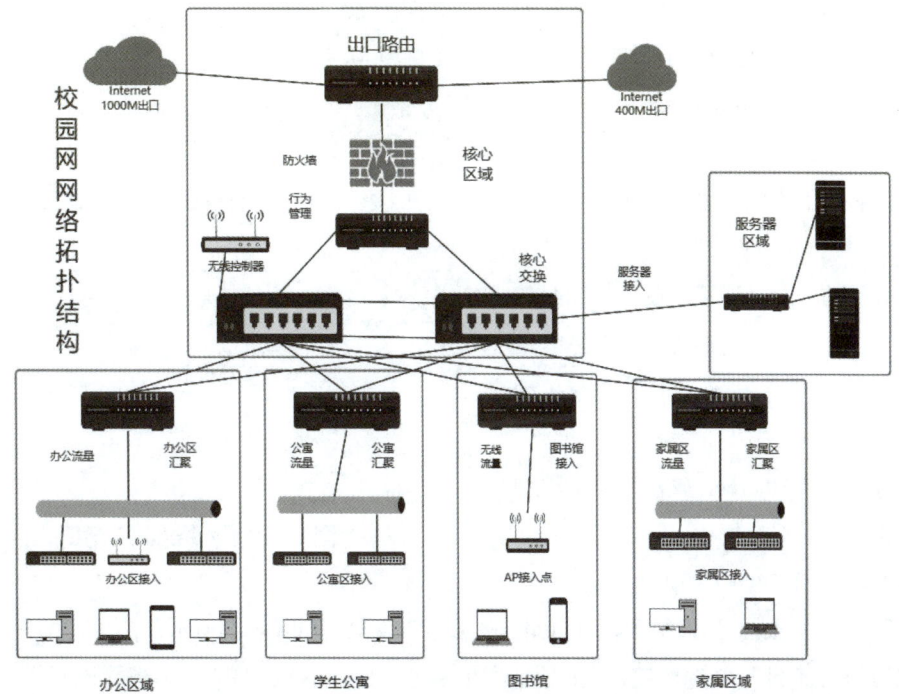

图4-9　某校简化版校园网拓扑图

（1）识别常见网络组件

①指出拓扑中哪些图标代表终端设备。

②指出拓扑中哪些图标代表中间设备。

③指出使用了哪些不同类型的传输介质。

④指出该网络结构中有多少个局域网。

⑤指出该局域网采用哪种网络拓扑结构。

（2）解释网络设备和传输介质的用途

①指出各网络设备的功能。

②列出各传输介质类型的标准。

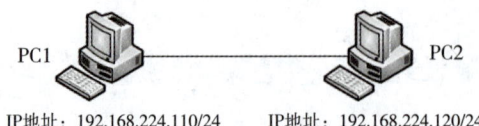

组建双机互连网络

技能点 1.2　组建双机网络

（1）规划网络结构。网线直接相连的两台计算机组成最简单的对等网络，双机互连网络拓扑结构如图4-10所示。

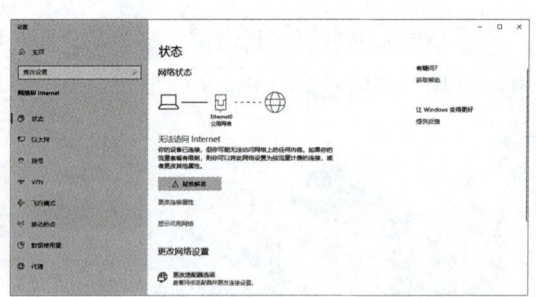

图4-10　双机互连网络拓扑结构

（2）配置IP地址。根据图示配置2台PC机的IP地址，进行如下操作。

①使用鼠标右键单击PC1任务栏右下侧的"网络"图标，在弹出的快捷菜单中选择"网络和Internet"项，打开"网络和Internet"窗口如图4-11所示，单击窗口右侧下方的"更改适配器选项"链接。

图4-11　"网络和Internet"窗口

②打开的"网络连接"窗口如图4-12所示，在窗口中，使用鼠标右键单击"Ethernet0"网卡，在弹出的快捷菜单中选择"属性"项。

③打开的"Ethernet0属性"对话框如图4-13所示，在对话框中，双击"Internet协议版本4（TCP/IPv4）"项目。

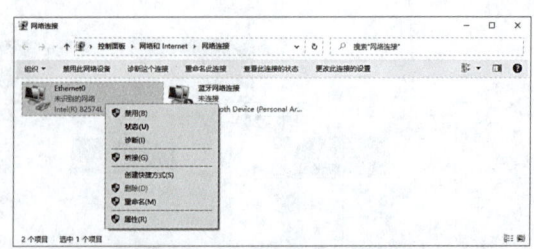

图4-12　"网络连接"窗口

④打开的"Internet协议版本4（TCP/IPv4）属性"对话框如图4-14所示，在对话框中，单击"使用下面的IP地址"单选按钮，在IP地址栏中输入"192.168.224.110"，在子网掩码栏中输入"255.255.255.0"，单击"确定"按钮即可。

⑤使用同样的方法，设置PC2的IP地址、子网掩码等网络信息。

（3）查看MAC地址。在PC1和PC2中，在命令提示符下，使用"ipconfig /all"命令查看网卡的物理地址等配置信息，PC1的网卡配置信息如图4-15所示。

（4）查看ARP地址表。在PC1中使用"arp -a"命令查看本机的ARP缓存表，空的ARP缓存表如图4-16所示，可以看到，ARP缓存表中除了组播信息外，没有其他信息。

提示：ARP缓存表是主机存储在内存中的一个IP地址和MAC地址一一对应的表。如果PC1没有访问过任何主机及Internet，则此时PC1的ARP缓存表可能为空。

在PC1上使用"ping 192.168.224.120"命令测试与PC2连通性，再使用"arp -a"命令查看ARP缓存信息，ARP缓存表如图4-17所示。

提示：在PC1的ARP缓存中显示了PC2的IP地址与MAC地址的对应关系，这是由于在ping命令发送数据之前，PC1先通过ARP请求获得了PC2的MAC地址。

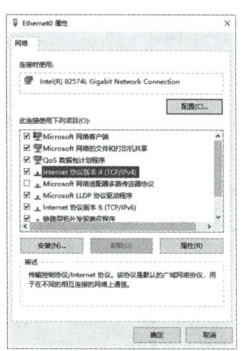
图4-13 "Ethernet0 属性"对话框

图4-14 "TCP/IPv4 属性"对话框

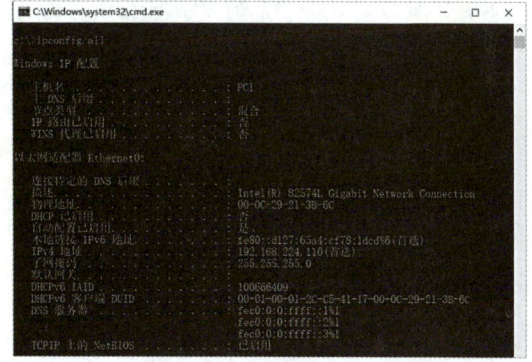
图4-15 PC1的网卡配置信息

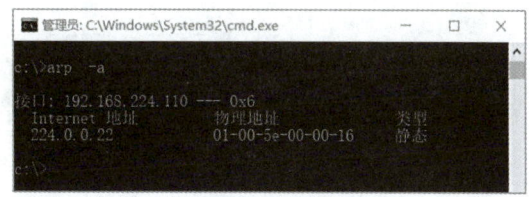
图4-16 空的ARP缓存表

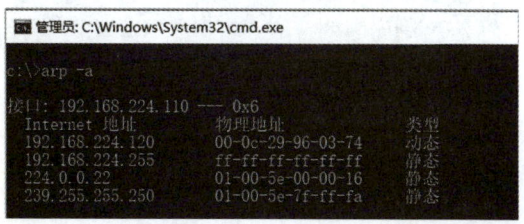
图4-17 ARP缓存表

> **思考总结**
>
> 在现行寻址机制中，网络之间是用IP地址寻址，但主机的以太网网卡只能识别MAC地址，ARP（地址解析协议）负责将某个IP地址解析成对应的MAC地址。局域网中各节点之间的通信主要是通过MAC地址完成寻址的。

▶ **任务拓展**

计算机网络的主要性能指标

（1）带宽

带宽（Bandwidth）是指信号具有的频带宽度，即信号占据的频率范围，单位是赫兹（Hz）。

数字信号系统中，带宽指在单位时间内通过网络中某一点的最高数据率，常用的单位为比特每秒（bit/s）。

（2）时延

时延（Delay）是指数据从网络的一端传送到另一端所需要的时间，包括发送时延、传播时延、处理时延和排队时延。数据经历的总时延就是这4种时延之和，即：

总时延＝发送时延＋传播时延＋处理时延＋排队时延

（3）数据传输率

数据传输率（Rate）是指每秒传送的二进制位数，又称比特率，单位为bit/s，如一般说100兆以太网，速率即是100Mbit/s。

（4）吞吐量

吞吐量（Throughput）是指一组特定的数据在特定时间段内经过特定路径所传输的信息量的实际测量值，可以用单位时间发送的比特率、字节数或帧数等来表示。

▶ **任务总结**

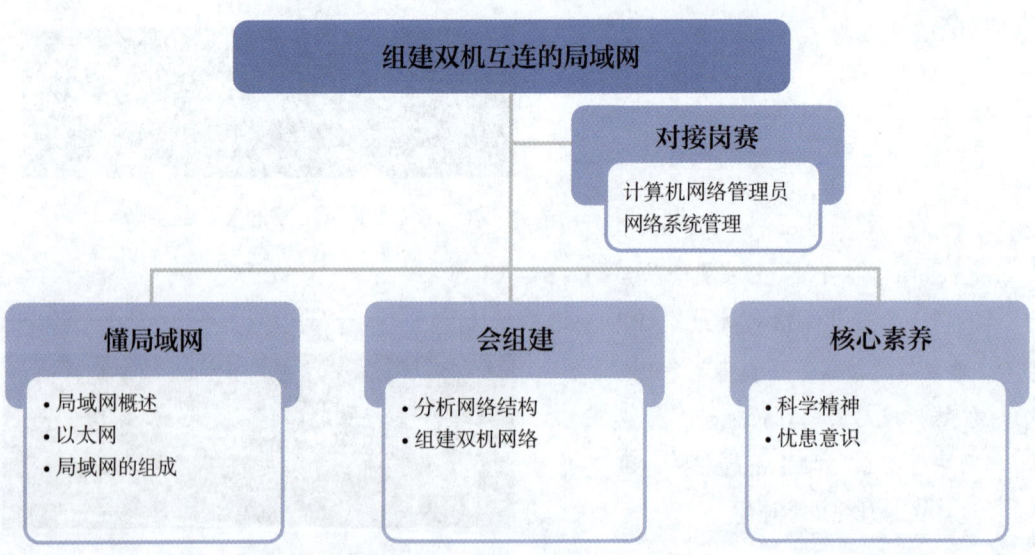

> **扩展阅读**

算力皇冠——高性能计算

高性能计算机（HPC）是一种运算速度极快、存储容量极大、通信带宽极高的计算机，又被称作超级计算机，主要用于解决普通计算机解决不了的具有挑战性的问题。高性能计算集群是将多个计算节点组织起来，通过高速网络连接在一起的大规模并行计算系统。高性能计算机采用高可靠性设计，具有超低的故障率、较好的稳定性以及持续运行能力。这也奠定了高性能计算在计算机科学领域的"皇冠地位"。

百亿亿次超算，又称E级超算，已成为国际上高端信息技术创新和竞争的制高点。中国的3个E级计算机原型系统项目，已经全面启动。仿真计算、交互终端、智能制造、医疗健康、交通出行……2023世界计算大会上，一幅"计算万物"的图景面向公众展开。谁也不能否认，"数智时代"已经来临，高性能计算因其对更高精度、更大基数的运算任务的优秀处理能力，正在被应用于越来越多的领域。

> **知识检测**

一、判断题

1. 局域网对应OSI参考模型的物理层和网络层。　　　　　　　　（　　）
2. MAC地址是由网络设备制造商生产时写在网卡中的一组代码。（　　）
3. 以太网技术10Base-T采用的传输介质是双绞线。　　　　　　（　　）

知识检测

二、选择题

1. 802协议族是（　　）制定的。
   A．OSI　　　　　B．EIA　　　　　C．IEEE　　　　　D．ANSI
2. IEEE802.3标准以太网的物理地址长度为（　　）。
   A．8bit　　　　B．32bit　　　　C．48bit　　　　D．64bit
3. 在计算机的命令行中，用（　　）命令可以查看物理地址。
   A．ping　　　　B．ipconfig　　　C．ipconfig /all　　　D．icconfig

三、简答题

1. 说出常用的网络互连设备的功能。
2. 网络检索计算机网络的相关管理制度及计算机网络管理员的工作职责。

任务 2　制作标准非屏蔽双绞线

▶ **任务描述**

网络上的各种设备都需要传输介质来进行连接，在进行局域网的组建过程中，最常用到的传输介质就是双绞线。掌握双绞线的制作方法以及网络模块的打接方法是网络管理员的一项基本必备技能。

在学会辨别各类传输介质后，需要掌握制作非屏蔽双绞线和网络模块，制作过程中要注意线序、废物处置、安全、精准度等细节，认识注意细节，认识细节在实践工作中的重要性。

▶ **知识学习**

传输介质也称传输媒体或传输媒介，是网络中传输数据、连接各网络节点的实体，是数据传输系统中发送方与接收方之间的物理通道。可以分为有线传输介质和无线传输介质两大类。

2.1　有线传输介质

有线传输介质利用金属、玻璃纤维以及塑料等导体传输信号，一般金属导体被用来传输电信号，通常由铜线制成，双绞线和大多数同轴电缆就是如此，光纤是采用玻璃纤维或塑料传输光信号。

2.1.1　双绞线

双绞线（Twist-Pair，TP）是局域网综合布线工程中最常用的一种传输介质。双绞线由具有绝缘保护层的4对8线芯铜导线组成，每两条按一定规则缠绕在一起，称为一个线对，具有成本低、易弯曲、易安装等优点。

有线传输介质

双绞线一般用于星型拓扑网络的布线连接，两端安装有RJ-45头，用于连接网卡、交换机、路由器等设备，传输距离一般不超过100m。

双绞线可分为非屏蔽双绞线（UTP）和屏蔽双绞线（STP）两种类型，非屏蔽双绞线和屏蔽双绞线如图4-18所示。屏蔽双绞线的外层由铝箔包裹着，以减少辐射，防止信息被窃听，一般用于有电磁干扰的工作环境中，如室外环境。非屏蔽双绞线具有重量轻、体积小、

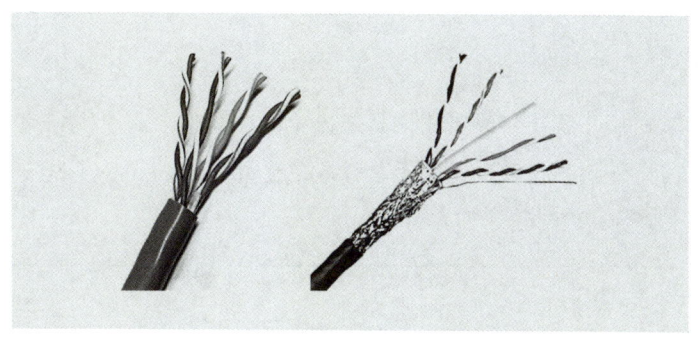

图4-18　非屏蔽双绞线和屏蔽双绞线

弹性好和价格便宜等优点，目前在网络布线工程中广泛应用。

2.1.2　光纤

光导纤维（简称光纤）是一种传输光束的细而柔韧的媒质。光导纤维电缆由一捆纤维组成，简称为光缆。光纤的结构一般是双层或多层的同心圆柱体，光纤结构如图4-19所示，纤芯位于光纤的中心部位，是由透明材料（非常细的玻璃或塑料）做成的，包层位于纤芯的周围，采用比纤芯的折射率稍低的材料做成，涂覆层位于光纤的最外层，由分层的塑料及其附属材料制成。光纤通信被广泛用于通信领域，是目前发展和应用最为迅速的信息传输介质。

按照传输模式的不同，光纤可分为单模光纤和多模光纤，单模光纤和多模光纤如图4-20所示。

①单模光纤是只有一种传输模式的光纤。单模光纤的传输频带宽、容量大、传输距离远、其抗干扰性好，因此在通信系统中，特别是大容量、长距离的通信系统中，多数使用单模光纤。单模光纤也多用在城域网、广域网的主干线路建设上。

②多模光纤是在给定的工作波长上传输多种模式的光纤。多模光纤纤芯粗，传输速率低、距离短，因此多模光纤适于小容量、短距离通信系统，在组建局域网时更有优势。

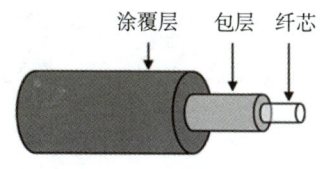

图4-19　光纤结构

图4-20　单模光纤和多模光纤

> **📝 小知识**
>
> 　　随着国家宽带升级计划的实施，光纤传输也逐渐进入到个人家庭网络中。如电信或网通的光纤入户行动，就是由单模单芯光纤入户，代替了原有的电话线网络，能够大大提升网络传输速率。

2.1.3 同轴电缆

　　同轴电缆（Coaxial Cable）是局域网中较早使用的传输介质。它以单根铜导线为内芯，外面包裹一层绝缘层保护材料，外覆密集网状导体，最外面是外层绝缘层，是起保护作用的塑料封套，同轴电缆结构如图4-21所示。

　　同轴电缆根据其直径大小可以分为75Ω的粗同轴电缆与50Ω的细同轴电缆。粗同轴电缆常用于CATV网，细同轴电缆主要用于总线型以太网的布线。

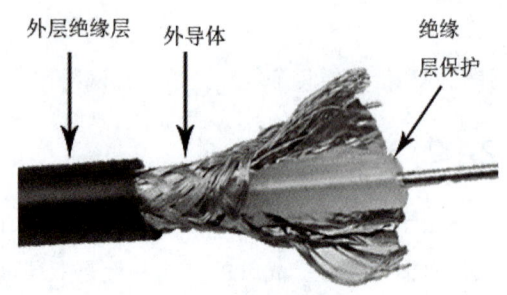

图4-21　同轴电缆结构

　　同轴电缆比双绞线价格贵，数据传输速率高，带宽较宽，屏蔽性能好，传输距离较长，但目前同轴电缆已逐步被高性能的光纤所代替。

2.2　无线传输介质

　　无线传输介质是指信号在传输过程中不需要经过导体，通过空间就可以从发射器发射到接收器，有时也被称为辐射介质。

2.2.1　无线电波

　　无线电波是指可在自由空间（空气或真空）传播的带有射频频段的电磁波。无线电波的波长越短、频率越高，相同时间内传输的信息就越多。无线电波是全方位传播的，因此无线电波的发射和接收装置不需要精确对准，传输距离较远，很容易穿过障碍物。目前大部分的无线网络都采用无线电波作为传输介质。

2.2.2　微波

　　微波是指频率为300MHz～300GHz的电磁波，是一种定向传播的电波。微波频率比一般的无线电波频率高,通常也称为"超高频电磁波"。微波的传送距离一般只有几十千米,所以如果进行远距离传输时,需要每隔几十千米就要建设一个微波中继站。微波通信传输质量比较稳定,影响传输质量的主要因素是雨雪天对微波产生的吸收损耗。

2.2.3 红外线

红外网络使用红外线通过空气传输数据,红外线有方向性且不能穿透建筑物。红外线不易被人发现和截获,保密性强,抗干扰性强。此外,红外线通信有体积小、重量轻、结构简单、价格低廉等优点,因此红外线一般用于短距离的信号传输,如电视信号和红外传感器等。

2.3 传输介质的连接

2.3.1 双绞线的连接规范

双绞线的两端都必须安装RJ-45接头(俗称水晶头),以便插在网卡、交换机或路由器的RJ-45接口上,使用它来连接设备和进行网络通信。

TIA/EIA的布线标准中规定了两种双绞线的线序:T568A与T568B,T568A与T568B的线序如表4-3所示。

传输介质的连接

表4-3 T568A与T568B的线序

线序	1	2	3	4	5	6	7	8
TIA/EIA 568A	白绿	绿	白橙	蓝	白蓝	橙	白棕	棕
TIA/EIA 568B	白橙	橙	白绿	蓝	白蓝	绿	白棕	棕

使用双绞线组建的网络中,用于设备互连的网线主要是标准网线和交叉网线。标准网线(又称直通线)就是RJ-45接头两端同时采用T568A或T568B标准制作,用于不同类型设备的连接。交叉网线则是一端采用T586A标准制作,另一端采用T568B标准制作,用于相同类型设备间的连接,直通线与交叉线如图4-22所示。

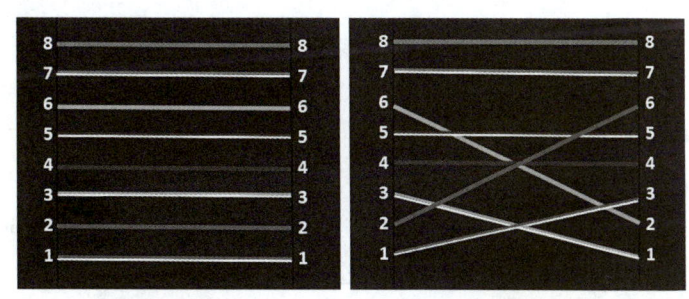

图4-22 直通线与交叉线

提示： 在标准网线制作中，根据10Base-T和100Base-TX标准，双绞线的4对（8根）线中，1和2必须是一对，用于发送数据，3和6必须是一对，用于接收数据。其余的线在连接中虽也被插入RJ-45接口，但实际上并未使用。

2.3.2 网络模块

网络模块是网络工程中经常用到的一种器材，它属于一个中间连接器，用于端接水平线缆，其作用是为计算机提供一个网络接口。网络模块有非屏蔽模块和屏蔽模块两种类型，其中非屏蔽模块还有打线模块和免打线模块之分，网络模块如图4-23所示。

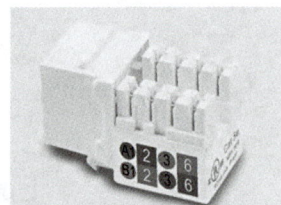
非屏蔽打线模块

非屏蔽免打线模块
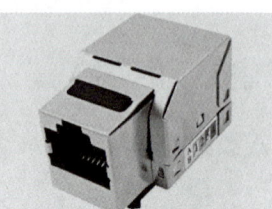
屏蔽模块

图4-23 网络模块

通常由网络模块、信息面板和底座组成信息插座，网络模块与面板常常是嵌套在一起的，通过把网线的8条芯线按规定线序卡入网络模块的对应线槽中，实现墙内铺设的网线与网络模块的连接。

提示： 通常情况下，网络模块上会同时标记有TIA568A和TIA568B两种芯线颜色线序。应当根据布线设计时的规定，与其他连接设备采用相同的线序。

▶ **任务实施**

技能点2.1 制作网线

需准备一根适当长度的UTP双绞线，水晶头若干只，一把专用的压线钳和测线仪。

（1）剥线。用压线钳的剥线刀口处于双绞线的外皮2~3cm处，剥去外绝缘护套（旋转向外抽），剥线过程如图4-24所示。

制作网线

提示： 这里可以使用压线钳的刀片进行胶皮切割，也可以使用环切器来进行，不要把里面的铜芯切断，露出铜芯部分长度要适中，太短而不利于制作RJ-45接头。

（2）理线。露出交缠的4对铜芯双绞线，在手中从左到右可排成橙、蓝、绿、棕。将8根铜芯线用手全部打开，线距尽量宽松一些。按照T568B标准线序，平行排好序，缕平整，导线间不留空隙，理线过程如图4-25所示。

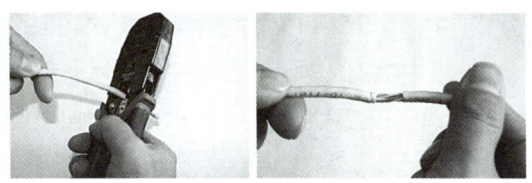

图4-24　剥线过程

（3）插线。缕平的铜芯放到压线钳的剪线刀口下，平整的剪平，预留长度建议为1.2～1.3cm，剪平后的线要保持平齐状态，将剪平后的双绞线插入水晶头（铜片向上），插线过程如图4-26所示。

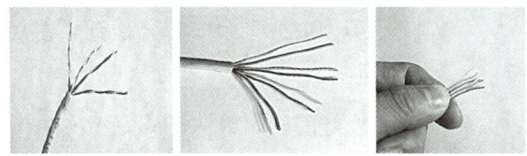

图4-25　理线过程

提示：不要乱序，要插到底，从水晶头头部应该能看到8根铜线头整齐到头。

（4）压线。将插入双绞线的水晶头放入压线钳8P槽内，用力将水晶头压实，直到听到轻微的"啪"声，表示线已牢固连接，压线过程如图4-27所示。一端的水晶头制作完成，使用同样的方法，制作这根网线的另一端的水晶头。

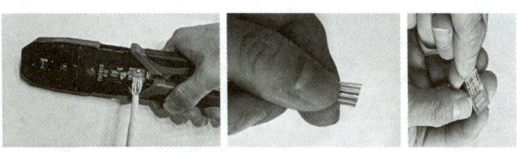

图4-26　插线过程

（5）测线。将双绞线两端的水晶头分别插入测线仪两侧的RJ-45端口，测试网线的连通性，如果指示灯从1-8逐个顺序闪亮，则制作成功。测线过程如图4-28所示。

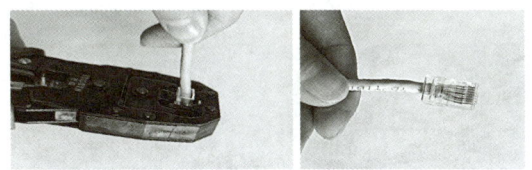

图4-27　压线过程

提示：在测试交叉线时，一侧的指示灯1-8逐个顺序闪亮，另一侧会按着3、6、1、4、5、2、7、8中顺序闪亮。

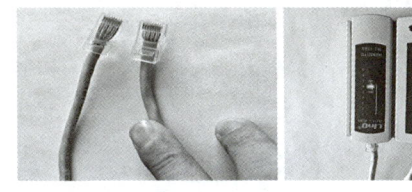

图4-28　测线过程

技能点2.2　制作网络模块

（1）准备模块和网线。先通过综合布线把网线固定在墙面线槽中，将制作模块一端的网线从底盒的穿线孔中引出。

将网线的外护套剥除，一般露出约30mm长度。将网线中各对芯线分

制作网络模块

开,并且按照T568B位置进行排列线对,准备模块和网线如图4-29所示。

(2)网线打入模块。按照网络模块上所指示的芯线线序,两手平拉将芯线拉直,稍稍用力将芯线一一置入相应的卡线槽内,对照模块的色谱用手(或借助打线刀工具)将线压入模块刀口内。

将压盖放上,缺口向内双手用力按压到底,压入时用力均匀,以确保接触良好,网线打入模块如图4-30所示。

(3)使用剪刀剪掉多余线端,检查压盖是否按压到位以及线序是否正确,剪掉模块线端如图4-31所示。

(4)将完成好的网络模块,固定于网络模块外壳上,模块与外壳接合如图4-32所示,网络模块制作完成。

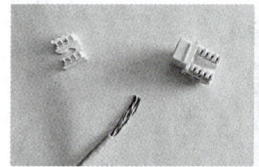
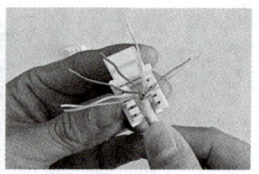
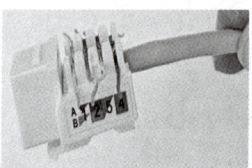
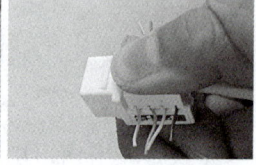

图4-29 准备模块和网线　　　　　　　　　图4-30 网线打入模块

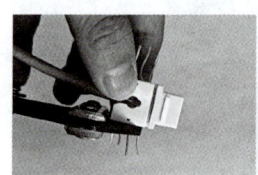
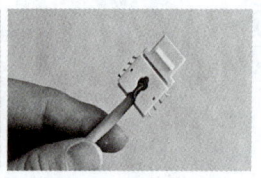

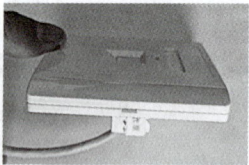

图4-31 剪掉模块线端　　　　　　　　　图4-32 模块与外壳接合

提示:在制作网线和网络模块时,一定要做到细致耐心不能一心求快,如果因为粗心大意而网线无法连通使用,则前功尽弃。因此在平时就需要培养细心细致的职业操作习惯。另外现场的管理也要遵循6S标准,提高自己的职业素养。

> 📝 思考总结
>
> 　　选择通信介质时要考虑的因素很多,主要考虑网络拓扑结构与连接方式、网络覆盖的地理范围与节点间距、支持的数据类型与通信容量、环境因素与可靠性等方面。

> 连接交换机和PC机，应选用直通线，即两端使用相同的线序（T568A或T568B）。如果在使用测线仪检测线路时，如果有某个灯不亮，表示双绞线不合格，可能是没有压紧，或是线没插到头。

任务拓展

6S管理

6S指Seiri（整理）、Seiton（整顿）、Seiso（清扫）、Standrdize（规范）、Shitsuke（素养）、Safety（安全），这六个词第一个字母都是"S"，所以统称为"6S"。6S的基本含义如表4-4所示。

表4-4 6S的基本含义

6S	改善对象	典型活动
Seiri（整理）	空间	及时将无用的物品清除现场
Seiton（整顿）	时间	在规划的时间内将有用的物品分类定置摆放
Seiso（清扫）	环境和设备	自觉地把工作区域和设备清扫干净
Standrdize（规范）	标准和制度	活动制度化
Shitsuke（素养）	行为和习惯	严守规定、养成习惯
Safety（安全）	全体	清除一切不安全因素

通过6S管理，规范现场、现物，创造一个干净、整洁、舒适、合理、安全的工作场所和空间环境，培养良好的工作习惯，以达到提高素质、提升素养的最终目的。

任务总结

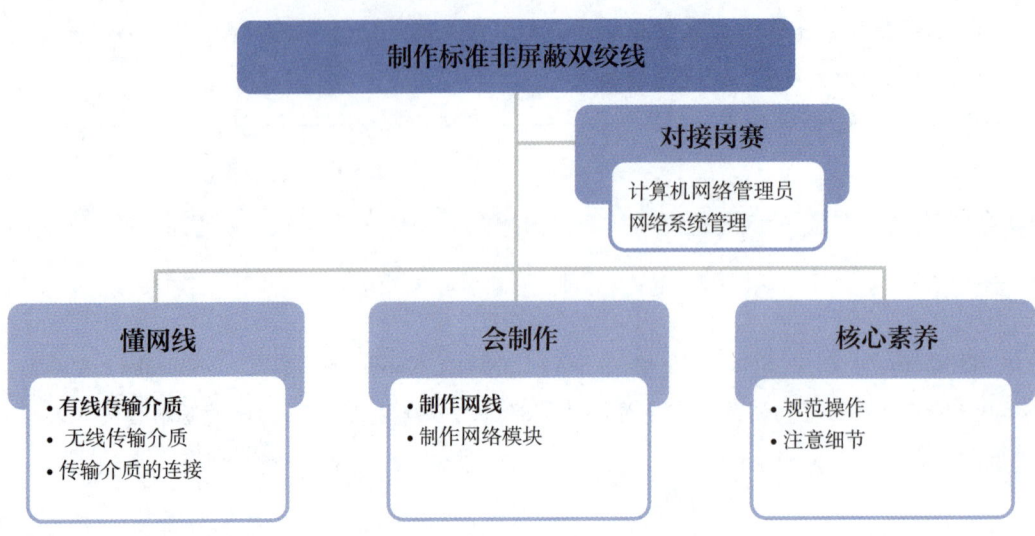

扩展阅读

中国"北斗"30年：闪耀星空，服务世界

古时候，北斗七星是人们用来辨别方向的重要参照。今天，我国自主研发的北斗系统，已成为全球导航领域的璀璨明星。自20世纪70年代起，中国科学家就开始研制自己的卫星导航系统；1994年，中国正式启动卫星导航系统建设和发展，并正式命名为北斗卫星导航系统。30年弹指一挥间，如今，中国的北斗系统正在服务全世界。

北斗系统的研发，就是一曲我国科技工作者自主创新的奋斗之歌。随着科技的不断发展，全球卫星导航系统已经成为各国科技实力竞争的重要领域之一，其在军事、民用领域的诸多关键应用，决定其核心技术必须掌握在自己手里。2023年5月17日成功发射的第56颗北斗导航卫星，是中国在北斗卫星导航系统建设过程中的又一重要里程碑。这不仅标志着中国在全球卫星导航系统领域的自主创新能力得到了进一步提升，也为中国在全球航天领域的地位提升注入了新的动力。

知识检测

一、判断题

1. 双绞线有屏蔽双绞线和非屏蔽双绞线两种。（   ）
2. 网络模块有非屏蔽模块和屏蔽模块两种类型，其中屏蔽模块还有打线模块和免打线模块之分。（   ）

知识检测

3. 传输介质分为有线传输介质和无线传输介质。　　　　　　　　　　(　　)
4. 光纤的规格有单模光纤和两模光纤二种。　　　　　　　　　　　(　　)

二、选择题

1. 制作双绞线的T568B标准的线序是(　　　)。
   A. 橙白，橙，绿白，绿，蓝白，蓝，棕白，棕
   B. 橙白，橙，绿白，蓝，蓝白，绿，棕白，棕
   C. 绿白，绿，橙白，蓝，蓝白，橙，棕白，棕
   D. 以上线序都不正确
2. 使用特制的交叉线进行双机互连时，以下(　　　)说法是正确的。
   A. 两端都使用T568A
   B. 两端都使用T568B
   C. 一端使用T568A标准，另一端使用T568B标准
   D. 以上说法都不对
3. 计算机使用双绞线连接时，常用(　　　)接头。
   A. RJ-45　　　　　　　　　　B. RJ-11
   C. BNC　　　　　　　　　　 D. RJ-40
4. 以下不属于无线介质的是(　　　)。
   A. 激光　　　　　　　　　　B. 电磁波
   C. 光纤　　　　　　　　　　D. 微波

三、简答题

1. 在网络上检索计算机网络施工工作规范及标准。
2. 比较各种有线传输介质的优缺点。

任务 3　组建小型共享式对等网

▶ 任务描述

资源共享是计算机网络的基本功能，而共享文件夹和打印机是最为基础的局域网资源共享。会组建小型共享式对等网是网络管理人员应具备的基本技能。

学校的办公室内，新添加了一台打印机，要求使用交换机和双绞线组建小型办公室网络，办公室内的计算机之间共享文件和打印机等办公资源和设备，每个人都能通过网络访问共享资源。

▶ 知识学习

3.1 局域网工作模式

局域网的工作模式是指在局域网中各个节点之间的关系，按照工作模式的划分可以大致分为对等网模式、客户机/服务器模式、浏览器/服务器模式等。

局域网工作模式

3.1.1 对等网模式

对等网模式（Peer-to-Peer）中，每一个节点之间的地位对等，没有主从之分，没有专用的服务器，对等网模式如图4-33所示，在需要的情况下，每一个节点既可以作为客户机也可以作为服务器。对等网络一般采用星型网络拓扑结构，结构相对简单，通常用几台计算机通过交换机相连，被称为工作组。

对等网模中每台计算机可以互相通信也可以相互传输数据，并且可以同时使用网络中的所有共享文件、共享打印机以及其他共享的连接设备。

对等网络不需要有专门的服务器来支持网络，各用户分散管理自己计算机的资源，因而网络维护容易，但较难实现数据的集中管理与监控，整个系统的安全性也较低。由于对等网的这些特点，使得它在家庭或者其他小型网络中应用得很广泛。

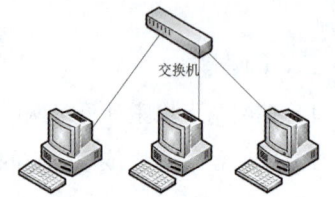

图4-33 对等网模式

3.1.2 客户机/服务器模式

客户机/服务器（Client/Server, C/S）模式，是客户机向服务器发出请求并获得服务的一种网络形式，多台客户机可以同时共享服务器提供的各种资源，C/S模式如图4-34所示。服务器需要不停检测网络中的服务请求，并且要对提出服务的客户机给出响应。这种模式的缺点是依赖于网络和服务器，一旦服务器出现故障则整个网络就会停止工作。客户机/服务器模式常用于企业应用，如电子邮件、在线协作等。

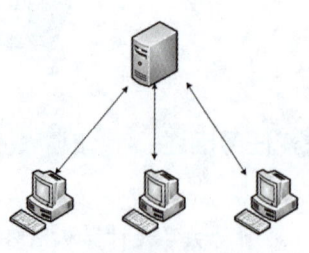

图4-34 C/S模式

3.1.3 浏览器/服务器

浏览器/服务器（Browser/Server，B/S）模式是一种特殊形式的C/S模式，浏览器是一种应用程序，用于访问和显示网页内容，而服务器则是一种计算机系统，用于存储和提供网页内容，它们共同构成了互联网的基础。

在这种模式中，客户端可以直接使用浏览器进行数据的输入和输出，而不必为客户端开发特定的软件，在通用性和易维护性上具有突出的优点，这也是目前各种网络应用提供基于Web的管理方式的原因。

3.2 资源共享

资源共享是网络的主要功能之一，为了满足网络访问的目的，必须对共享资源进行设置与管理。

资源共享

3.2.1 文件夹共享

文件共享是指主动地在网络上共享自己的计算机文件，但是文件是不能直接共享的，而是通过共享文件所在的文件夹来实现，共享文件夹如图4-35所示。

共享文件夹还可以设置共享权限，但共享权限只有当用户通过网络访问共享文件夹时起作用，若用户是本地登录计算机，则共享权限不起作用。共享文件夹权限只适用于文件夹，而不适用于单独的文件。

图4-35　共享文件夹

提示：共享权限有三种，即完全控制、更改、读取。
① 完全控制：用户拥有该文件夹的最高权限。
② 更改：用户可以在该文件夹下加入子文件夹、更改名称以及读取所拥有的文件夹。
③ 读取：用户可读取文件夹中的文件数据。

3.2.2 打印机共享

（1）打印机的相关概念

为了建立网络打印服务环境，需要理解清楚几个概念。

①打印设备：实际执行打印的物理设备。
②打印机：指操作系统与打印设备之间的软件界面。
③打印机驱动程序：指计算机输出设备打印机的硬件驱动程序。
④打印服务器：连接本地打印机，将打印设备共享至网络的计算机。
⑤打印客户端：是一台通过网络连接打印服务器要求打印工作的计算机。

（2）网络打印机

目前的网络打印机的使用方式分为两种：一种是打印机自身带网卡直接连接到网络上，主机通过安装打印机驱动的方式来找到这台网络打印机，并且连接到网络打印机即可实现打印；另一种是共享打印机，打印机在局域网内共享之后，其他用户通过一个确切的地址找到这台共享的打印机，进行打印，达到资源共享的目的。

局域网中的打印机如果要实现共享，则必须先将连接打印设备的计算机设置成打印服务器，同时安装本地打印机的驱动程序，并设置共享打印机。打印客户端只需安装网络打印机即可，网络打印服务环境如图4-36所示。通过将打印机设置为网络共享，可供网络中所有的用户使用，而不必为每台计算机都安装一台打印机。

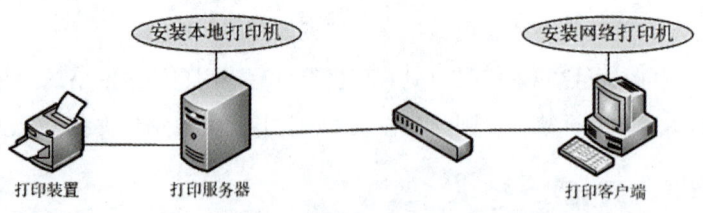

图4-36　网络打印服务环境

▶ 任务实施

办公室中PC1上安装了Windows 10家庭中文版，PC2上安装了Windows 7旗舰版，PC1的IP地址为192.168.224.110/24，PC2的IP地址为192.168.224.120/24。

技能点3.1　连接网络硬件

（1）将2条直通双绞线的两端分别插入两台PC机的网卡接口和交换机的RJ-45接口，共享式网络拓扑如图4-37所示。

（2）检查网卡和交换机的相应指示灯是否亮起，判断网络是否正常连通。

（3）打印机的数据线连接到计算机PC1相应接口上。

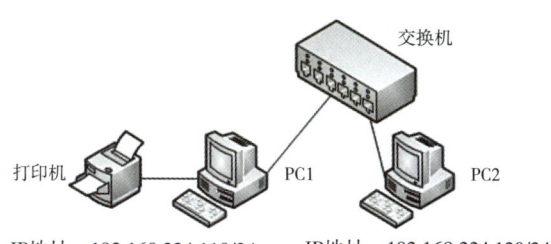

图4-37 共享式网络拓扑结构

技能点 3.2　设置网络标识

网络标识就像人名一样，把设备在网络中标识出来。通常在安装计算机的操作系统过程中会提示写入计算机的网络标识，它由"计算机名"和"工作组"两部分组成。

（1）进入高级系统设置。在PC1的桌面上，右键单击"此电脑"并选择"属性"，在出现的界面中选择"高级系统设置"项，打开的"高级系统设置"窗口如图4-38所示，在右侧窗格中，单击"计算机名、域和工作组设置"区域最右侧的"更改设置"链接。

（2）修改计算机名和工作组名。打开的"系统属性"对话框如图4-39所示，选择"计算机名"选项卡，单击"更改"按钮，打开"计算机名/域更改"对话框如图4-40所示，在"计算机名"文本框中输入"PC1"作为本机名，选择"工作组"单选按钮，并设置工作组名为"GROUP1"。

图4-38 "高级系统设置"窗口

图4-39 "系统属性"对话框

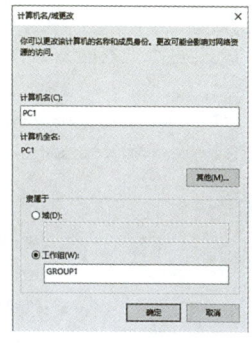

图4-40 "计算机名/域更改"对话框

提示：关于网络标识，通常设置为简单易识别的英文和数字的组合。同一个局域网中不允许有重复的网络标识出现。

（3）单击"确定"按钮后，系统会提示重启计算机，重启计算机后，修改后的计算机名和工作组名即可生效。

（4）使用相同的方法，修改PC2的计算机名为"PC2"，工作组名为"GROUP2"。

技能点 3.3　共享文件夹

（1）在PC1中，使用鼠标右键单击要设置共享的文件夹data，在弹出的快捷菜单中选择"属性"命令，打开"data属性"对话框如图4-41所示，选择"共享"选项卡中"高级共享"按钮。

共享文件夹

（2）打开"高级共享"对话框，勾选"共享此文件夹"复选框，可在"共享名"文本框中设置文件夹的共享名。

提示："共享名"预设名称为文件夹名称，共享名是网络上其他用户对此文件夹的辨识，因此可以取一个较易辨别的名称，可以与实际的文件夹名称不同。

（3）单击对话框中"权限"按钮，打开"data的权限"对话框如图4-42所示，可根据需要修改相应权限，单击"确定"的按钮，完成文件夹共享的设置。

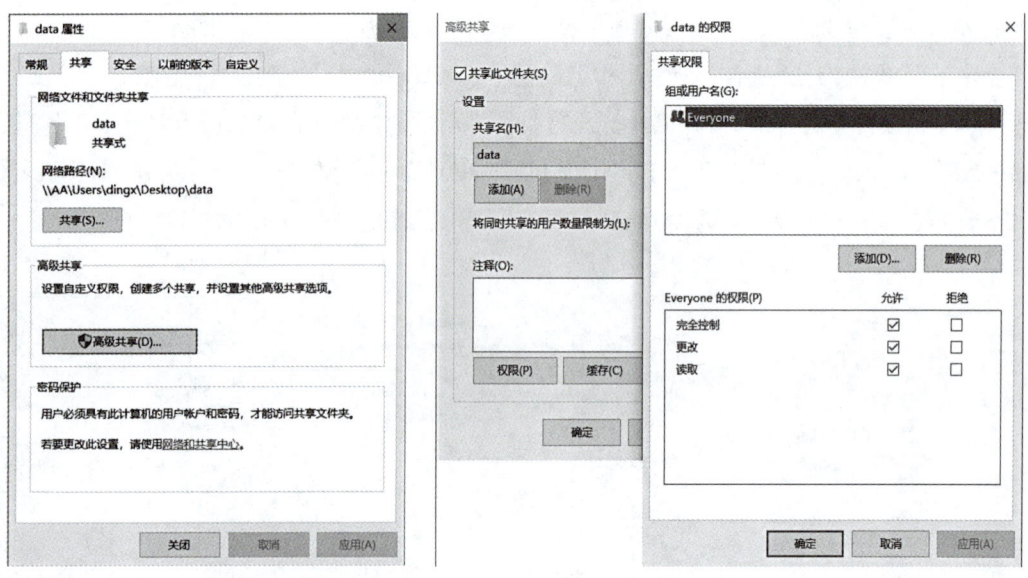

图4-41　"data属性"对话框　　　　　图4-42　"data的权限"对话框

（4）访问共享文件夹。双击PC2桌面上的"网络"图标，打开"网络"窗口，在窗口右侧显示出同一组中的所有计算机，双击PC1图标，打开"安全验证"对话框如图4-43所示。输入PC1计算机中的用户名和密码，单击"确定"按钮即可访问共享文件夹data，"访问共享文件夹"界面如图4-44所示。

提示：访问共享文件夹可在资源管理器的地址栏中输入共享文件所在的计算机名或IP地址，如输入"\\192.168.224.110"或"\\PC1"。

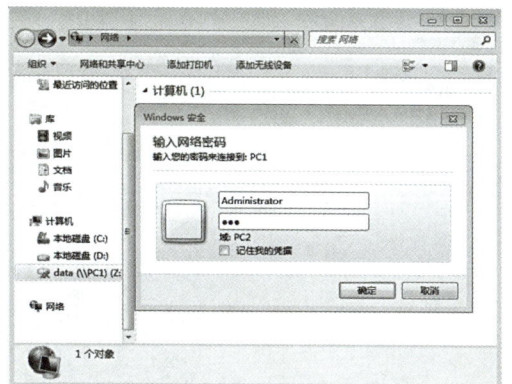
图4-43 "安全验证"对话框

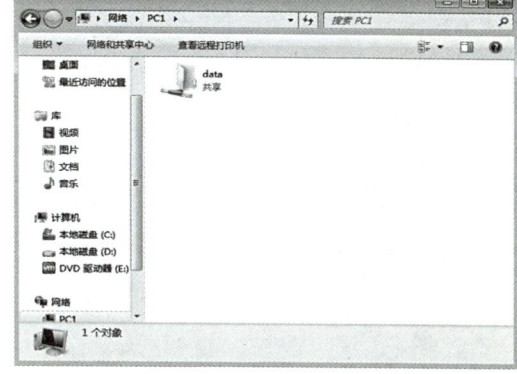
图4-44 "访问共享文件夹"界面

技能点 3.4 共享打印机

（1）添加本地打印机。在PC1中添加本地打印机的具体过程如下。

①使用鼠标右键单击"开始"按钮，在弹出的快捷菜单中选择"设置"，在"设置"窗口中，单击"设备"项，在设备列表中，选择"打印机和扫描仪"窗口如图4-45所示。单击右侧"添加打印机或扫描仪"，系统会自动搜索可用的打印机，若系统没有搜索到，则单击下方的"我需要的打印机不在列表中"链接，"添加打印机"窗口如图4-46所示。

共享打印机

图4-45 "打印机和扫描仪"窗口

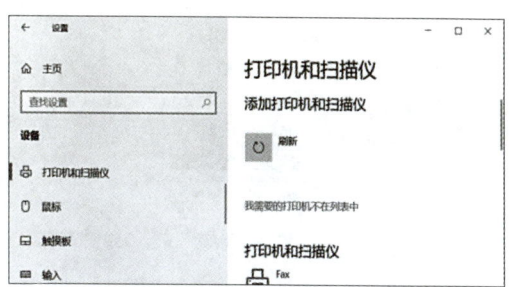
图4-46 "添加打印机"窗口

②在打开的窗口中，选择"通过手动设置添加本地打印机或网络打印机"单选按钮，"查找打印机"界面如图4-47所示，单击"下一步"按钮。

③选择"使用现有的端口"单选按钮，"添加新打印机"单选按钮，"选择打印机端口"界面如图4-48所示，单击"下一步"按钮。

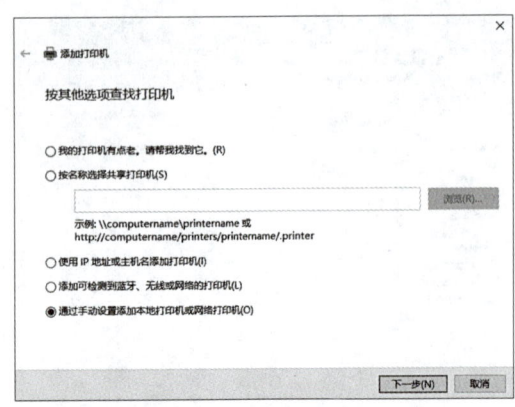
图4-47 "查找打印机"界面

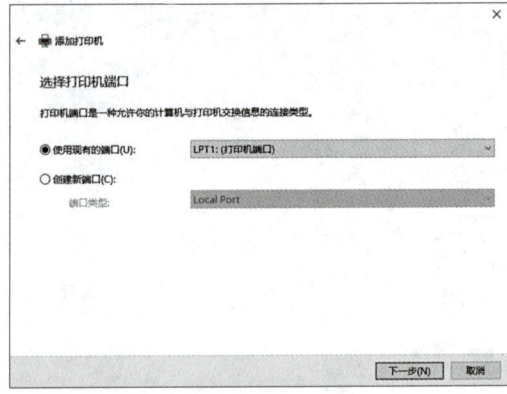
图4-48 "选择打印机端口"界面

提示：一般本地打印机通过并行口（LPT）、通用串行总线（USB）、外接口（IR）三种接口之一进行与计算机或服务器的连接。

④在打印机安装向导中，需要根据计算机具体连接的打印设备情况，选择打印设备生产厂商和打印机型号，"安装打印机驱动程序"界面如图4-49所示，单击"下一步"按钮。

⑤"输入打印机名称"界面所图4-50所示，可以根据需要修改打印机的名称，单击"下一步"按钮，进行所选的打印机驱动程序安装。

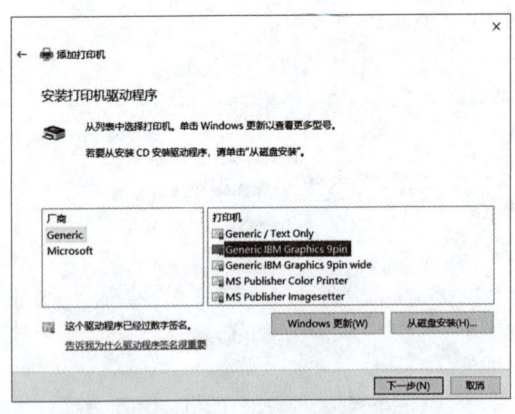
图4-49 "安装打印机驱动程序"界面

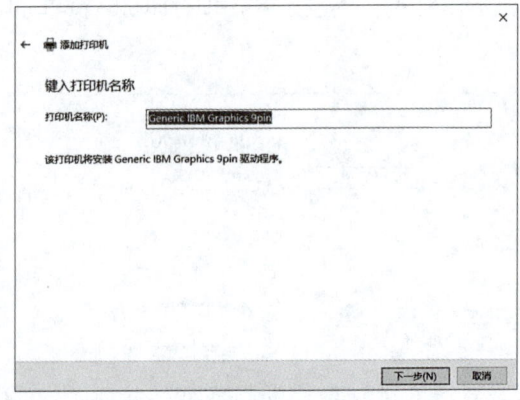
图4-50 "输入打印机名称"界面

提示：Windows10默认只安装了2个厂商的驱动程序，安装其他打印机驱动程序需要另外准备软件驱动。

（2）设置共享打印机。在"打印机名称和共享设置"对话框中，选择"共享此打印机"单选按钮，并设置共享名称，"打印机共享"界面如图4-51所示。单击"下一步"按钮，"已

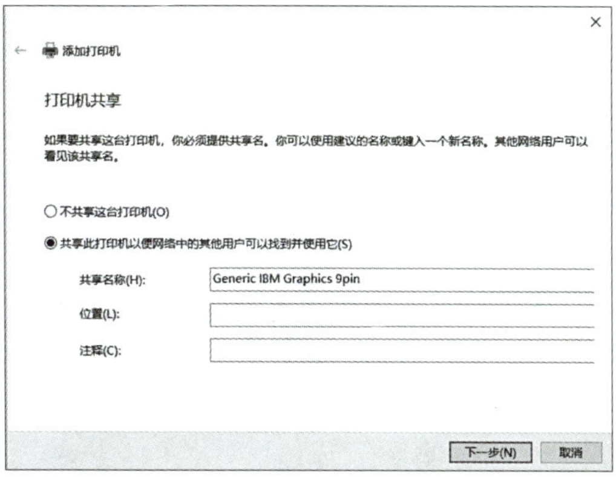

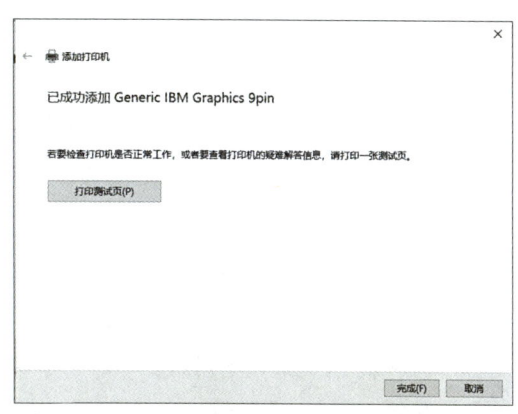

图4-51 "打印机共享"界面

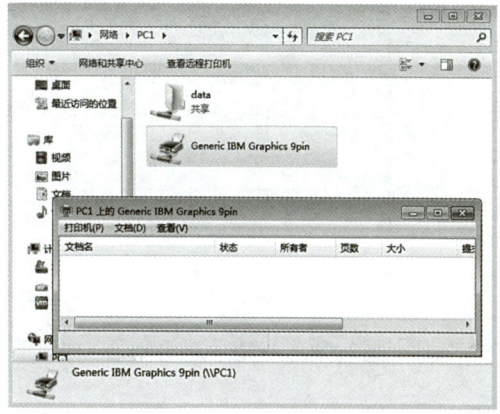

图4-52 "已成功添加打印机"界面

成功添加打印机"界面如图4-52所示，单击"完成"按钮，即完成本地打印机的安装。

提示：共享打印机前请确认，共享者的电脑和使用者的电脑在同一个局域网内，同时该局域网是畅通的。

（3）连接网络打印机。在PC2上使用UNC路径（\\192.168.224.110）列出PC1中的共享资源，双击显示的共享打印机，则该打印机的驱动程序将自动被安装到PC2上。

双击该网络打印机，会显示出打印任务列表，连接网络打印机如图4-53所示。

图4-53 连接网络打印机

📝 思考总结

在使用工作组的过程中，要确保所有的计算机都在同一个工作组内、网络连接正常、防火墙设置正确等，这样才能顺利进行资源共享。在不同计算机之间共享文件和打印机时，需要注意的是授予访问用户的权限，根据实际需要适当设置读写和完全控制权限。

▶ 任务拓展

共享文件夹映射成驱动器

若用户在网上使用共享资源，需要频繁访问网上的某个共享文件夹时，可以为该共享文件夹设置一个逻辑驱动器号，即网络驱动器。

使用鼠标右键单击共享文件夹data，在弹出的快捷菜单中选择"映射网络驱动器"命令，打开"映射网络驱动器"对话框如图4-54所示，显示驱动器名称和共享文件夹，单击"完成"按钮，即完成映射网络驱动器的操作。

网络驱动器设置好之后，在"计算机"窗口和资源管理器窗口中可以看到已被映射的"Z:"驱动器，"显示网络映射"界面如图4-55所示。

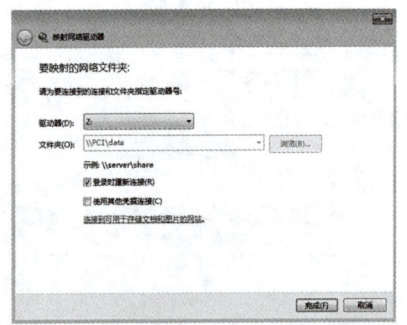 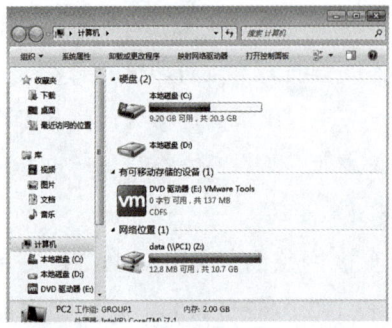

图4-54 "映射网络驱动器"对话框　　图4-55 "显示网络映射"界面

▶ 任务总结

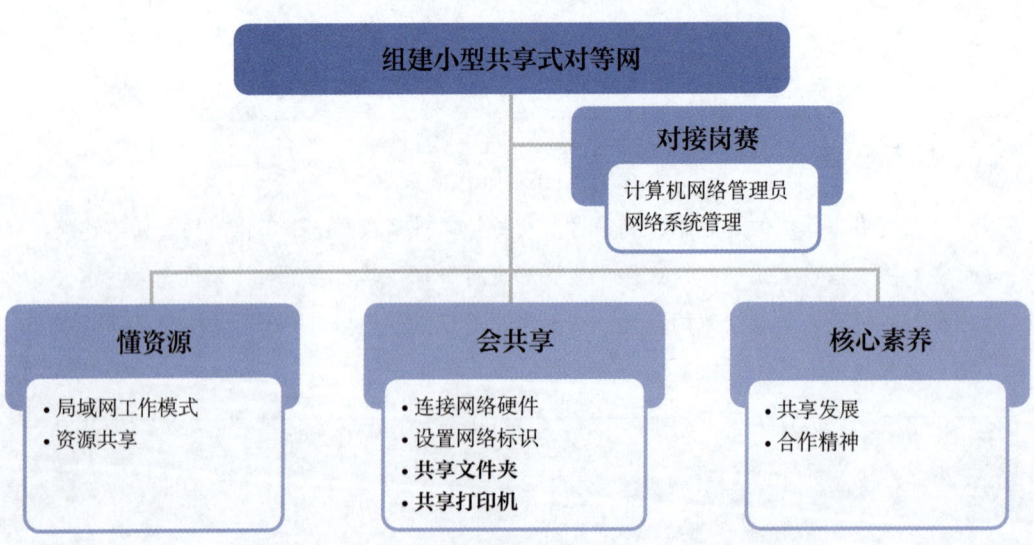

扩展阅读

中国航天的"大总师"——孙家栋

孙家栋，运载火箭与卫星技术专家，中国科学院院士，国际宇航科学院院士。孙家栋见证了中国航天事业从无到有、从小到大、从弱到强的过程。38岁出任"东方红一号"卫星技术总负责人，65岁出任北斗导航系统总设计师，75岁出任探月工程总设计师；从"东方红一号"到"嫦娥一号"，从风云气象卫星到北斗导航卫星，中国航天发展史上的许多第一都与他有关，他是我国人造卫星技术和深空探测技术的开拓者之一，"两弹一星"功勋奖章、共和国勋章获得者。

从导弹到卫星，从"北斗"到"嫦娥"，哪里需要，孙家栋院士的身影就出现在哪里。"国家需要，我就去做"是孙家栋院士经常挂在嘴边的一句话，他也用自己的实际行动完美地诠释了"干一行，爱一行，钻一行"的螺丝钉精神。

知识检测

一、判断题

1. 共享打印机属于计算机软件的共享。（　　）
2. 共享资源包括软件资源的共享和硬件资源的共享。（　　）
3. 如果一台打印机有网卡，不连接计算机，那么在网络上找到这台打印机并与它相连则必须安装打印机的驱动程序。（　　）
4. 局域网的工作模式分为对等网模式、浏览器/服务器模式二种模式。（　　）

二、选择题

1. 以下（　　）是正确通过地址栏快速访问网络共享资源。
   A. //192.168.10.10　　　　　　B. \\192.168.10.11
   C. http://192.168.10.10　　　　D. ftp://192.168.10.11
2. 网络中提供网络服务的机器是（　　）。
   A. 客户端　　B. 服务器　　C. 终端　　D. 手机

三、简答题

1. 请描述一下共享网络资源中，可以共享哪些资源。
2. 列出校园网组建和管理中保护知识产权的要点。

任务 4 远程访问网络中计算机

▶任务描述

远程访问和控制计算机是一项非常实用和方便的技术，使用户可以迅速、方便地访问和操作远程计算机的文件、数据和应用程序，实现远程办公、远程教育、远程维护、远程管理等各种业务需求。学会设置和使用远程访问是网络管理人员应具备的基本技能。

在局域网中，设置Telnet和远程桌面连接，实现远程访问计算机，要注意操作的方法和步骤，以确保远程访问计算机的操作安全。

▶知识学习

4.1 远程控制

远程控制是在网络上由一台计算机（主控端Remote/客户端）远距离去控制另一台计算机（被控端Host/服务器端）的技术，如图4-56所示。远程控制可以通过远程控制软件实现，大量应用于远程运维、远程技术支持及远程办公等场合。

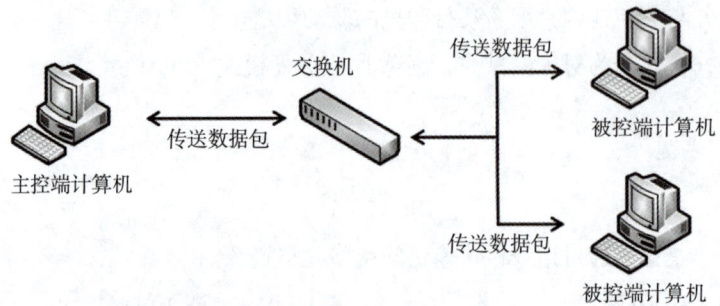

图4-56 远程控制

（1）系统附带远程控制功能

①Windows 远程桌面。Windows远程桌面是单方面地控制远程计算机。当某台计算机开启了远程桌面连接功能后，用户就可以在网络的另一端使用本机的键盘和鼠标远程控制该计算机的图形化桌面，并且可以使用远程主机对外开放的全部资源，如硬件、程序、操作系统、应用软件等。

②Windows远程协助。Windows远程协助是主流Windows操作系统自带的功能，指邀请别人控制自己的计算机。

（2）第三方远程控制软件

Windows自带的远程协助、远程桌面很难跨平台工作，不少公司开发了远程控制软件，拥有远程协助、远程桌面的所有功能，常用的远程控制软件有Xshell、MobaXterm、PuTTY、向日葵、TeamViewer等。

4.2 远程登录服务

远程登录服务是指用户通过网络远程登录程序，在远程计算机上登录并执行操作的一种服务，常见的远程登录服务有Telnet和SSH。

远程登录服务

4.2.1 Telnet 远程登录

（1）Telnet协议

Telnet协议是TCP/IP协议系列中的应用层协议之一，它可以在本地与远程计算机之间建立一个虚拟终端会话，允许用户登录进入远程计算机系统，能够把本地用户所使用的计算机变成远程主机系统的一个终端，使用户可以像在本地计算机上一样操作远程计算机。该协议只支持字符终端，也就是它不支持鼠标和其他指针设备，也不支持图形用户界面。

（2）Telnet工作方式

Telnet采用客户端/服务器的工作方式。通过TCP连接，Telnet客户机程序与Telnet服务器程序之间采用了网络虚拟终端（Network Virtual Terminal，NVT）协议来进行通信，Telnet客户端与服务器端如图4-57所示。

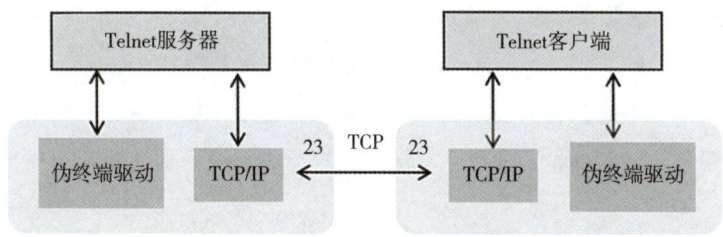

图4-57　Telnet客户端与服务器端

（3）Telnet的安全性

为了防止非授权用户或恶意用户访问或破坏远程计算机上的资源，在建立Telnet连接时会要求提供合法的登录账号和密码，只有通过身份验证的登录请求才可能被远程计算机所接受。而Telnet是一种不加密的远程登录服务，使用明文传输数据，网络上的任何人都可以截获用户的账号密码等敏感信息，存在着一些安全隐患，适用于非敏感数据的传输。

4.2.2　SSH远程登录

（1）SSH协议

SSH（Secure Shell）是一种建立于应用层的安全协议，用来实现字符界面命令行形式的远程登录、远程控制等功能。它对传输的数据进行加密，能够保证用户信息的安全性。因此在现代计算机中，更安全的远程连接方式是SSH协议，也是目前较为流行的远程登录控制方式。

（2）SSH用户认证

SSH用户认证最基本的两种方式是密码认证和密钥认证。密码认证是将自己的用户名和密码发送给服务器进行认证，这种方式比较简单，且每次登录都需要输入用户名和密码。密钥认证使用公钥私钥对身份进行验证，实现安全的免密登录，是一种广泛使用且推荐的登录方式。SSH密钥认证登录流程如图4-58所示。

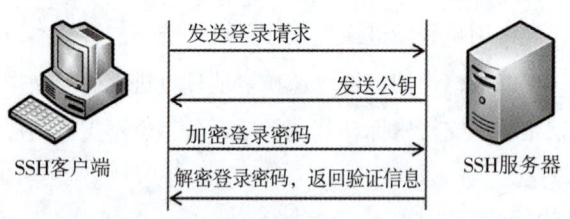

图4-58　SSH密钥认证登录流程

提示：SSH密钥认证登录流程分为4步。

①SSH客户端发送登录请求。

②SSH服务器收到客户端的登录请求，把自己的公钥发给客户端。

③客户端使用这个公钥，将登录密码加密后，并发送给服务器。

④服务器用自己的私钥，解密登录密码，然后验证解密的信息是否正确，如果正确则认证通过。

▶ 任务实施

本任务的网络拓扑采用任务3的网络结构，在PC2计算机上设置Telnet远程登录和远程桌面连接。

技能点 4.1　建立 Telnet 远程访问

(1) 在PC2中启动Telnet服务，设置合法用户

①在控制面板中选择"程序和功能"项，"程序和功能"窗口如图4-59所示，选择"打开或关闭Windows功能"。在窗口中，勾选"Telnet服务器"和"Telnet客户端"如图4-60所示，然后单击"确定"完成。

Telnet远程登录

提示：如果要访问他人电脑只需安装Telnet客户端，如果要访问自己电脑就需要安装Telnet客户端和Telnet服务端，因为自己的电脑既是服务端又是客户端。

②在PC2的桌面上，使用鼠标右键单击"计算机"图标，选择"管理"项。在"计算机管理"窗口中，单击左侧栏内"服务"，右侧打开"服务"页面，选择"Telnet"服务如图4-61所示。

双击"Telnet"或者从右键菜单选择"属性"，打开"Telnet属性"对话框，启动类型改为"自动"，再单击"启动"按钮，启动"Telnet"服务如图4-62所示，单击"确定"按钮，

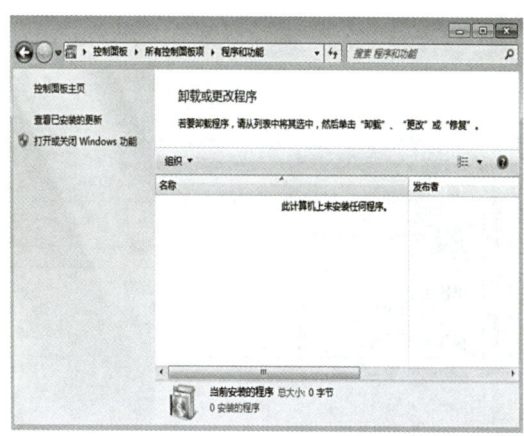

图4-59　"程序和功能"窗口

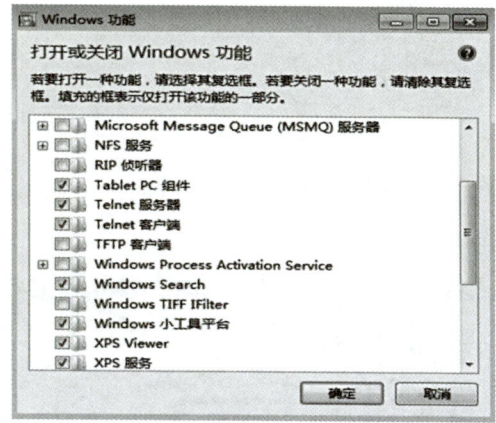

图4-60　勾选Telnet服务器和客户端

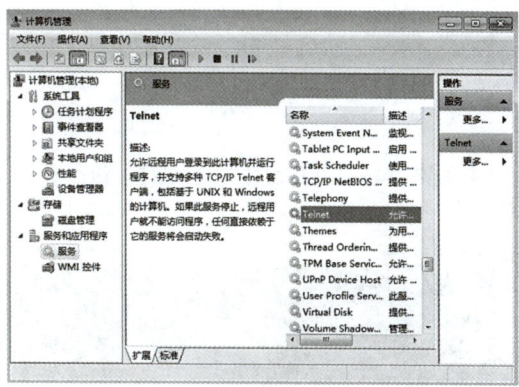

图4-61　选择"Telnet"服务

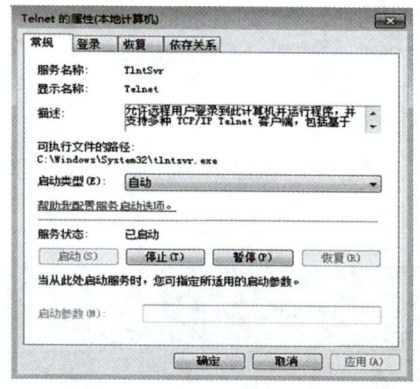

图4-62　启动"Telnet"服务

完成启动"Telnet服务"的配置。

③在"计算机管理"窗口中,单击"本地用户和组"中的"组"项,在右侧栏打开"组"页面,选择"TelnetClients"组如图4-63所示。双击该组后,打开"TelnetClients属性"对话框如图4-64所示,将用户"nkzy"添加到TelnetClients组中,单击"确定"按钮,完成将用户添加到组的操作,该用户即可进行远程登录。

（2）在PC1中测试Telnet服务

①在PC1的cmd命令行工具下测试,在命令提示符后输入"telnet 192.168.224.120"命令,"Telnet登录"界面如图4-65所示。按回车键后,在打开的界面中键入"yes"表示发送密码并登录,"安全确认"界面如图4-66所示。

提示：PC2要打开Telnet客户端功能,Telnet使用端口23登录。

②在登录界面上,"登录确认"界面如图4-67所示,按着提示输入PC2中的用户名和密码进行登录,则登录到PC2中,"远程操作"界面如图4-68所示,显示的是远程主机PC2为Telnet终端用户打开的命令行界面,此处只能使用键盘操作。

提示：PC2中允许远程登录的用户账户必须设置密码,此密码在登录时是被隐藏、不可见的。

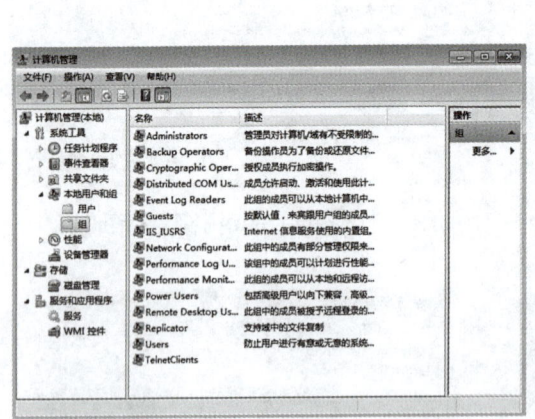

图4-63 选择"TelnetClients"组

图4-64 "TelnetClients属性"对话框

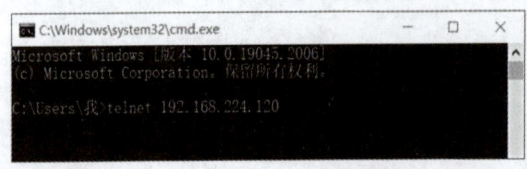

图4-65 "Telnet登录"界面

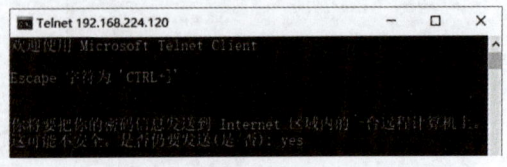

图4-66 "安全确认"界面

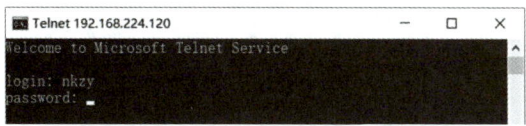
图4-67 "登录确认"界面

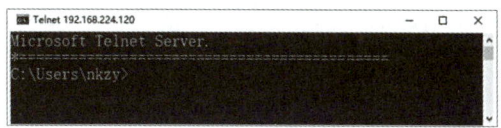
图4-68 "远程操作"界面

技能点4.2 建立远程桌面连接

(1) 在PC2中启动远程桌面

使用鼠标右键单击桌面上的"计算机"图标,选择"属性"命令,在打开的窗口中选择"远程设置",打开"系统属性"对话框,选择"远程"选项卡,单击"允许运行任意版本远程桌面计算机连接(较不安全)"单选按钮,"远程桌面"功能如图4-69所示。

远程桌面连接

单击"选择用户"按钮,添加用户"nkzy"为远程桌面用户,"远程桌面用户"对话框如图4-70所示,单击"确定"按钮返回"系统属性"对话框,再单击"确定"按钮,完成远程桌面的设置。

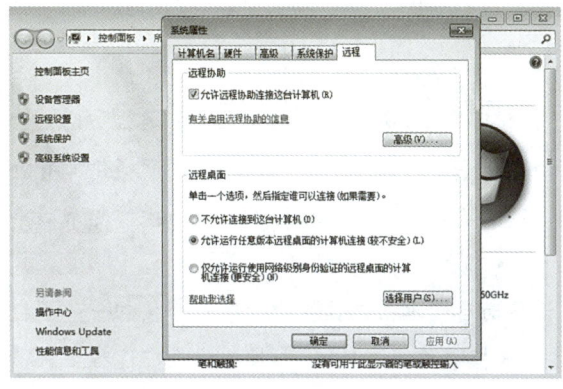
图4-69 "远程桌面"功能

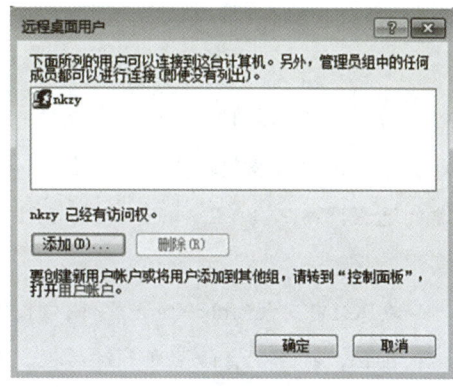
图4-70 "远程桌面用户"对话框

(2) 在PC1中测试登录

在PC1开始菜单中选择"远程桌面连接",在打开的窗口中,"计算机"框中输入PC2的IP地址,"远程桌面连接"窗口如图4-71所示,单击"连接"按钮,打开"输入登录凭据"对话框,输入正确的用户名和密码,单击"确定"按钮就可以远程登录,"输入登录凭据"界面如图4-72所示。

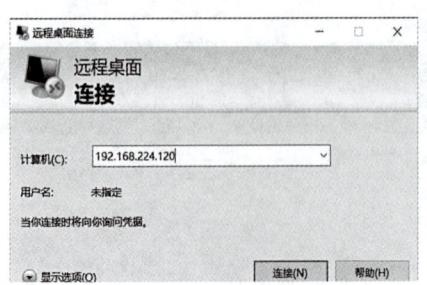

图4-71 "远程桌面连接"窗口

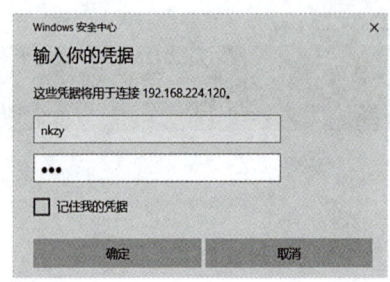

图4-72 "输入登录凭据"界面

> 📋 **思考总结**
>
> 　　如果需要使用Telnet远程控制其他的计算机，则在被控制的计算机上必须装有包含Telnet协议的程序并开启远程登录服务。使用Telnet远程访问时，必须知道远程主机的IP地址或域名、允许远程登录的用户名和密码等，在命令行工具中输入"Telnet IP地址/域名 端口号"命令来连接远程计算机。

■ 任务拓展

使用MobaXterm登录到远程计算机

　　由于Windows 10以上版本的系统已经不提供Telnet服务端，所以如果需要远程访问时，就需要使用远程控制软件。本书推荐MobaXterm软件，这款软件向Windows桌面提供所有重要的远程网络工具（Telnet、SSH、FTP等），可以实现用户的远程协作功能，操作起来简单实用。

　　在PC1中安装MobaXterm软件，打开操作界面后，单击工具栏中的第一个按钮——"会话"按钮，打开"会话设置"对话框。在该对话框中单击"Telnet"按钮，在"远程主机"框中输入远程受控制的PC2的IP地址"192.168.224.120"，单击"好的"按钮完成连接。"建立Telnet会话"界面如图4-73所示。

　　输入正确的用户名和密码，即可远程登录计算机的字符界面，"Telnet远程"会话如图4-74所示。

图4-73 "建立Telnet会话"界面

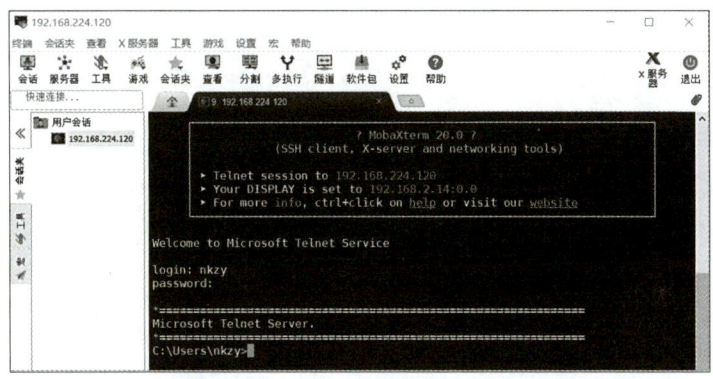

图4-74 "Telnet远程"会话

任务总结

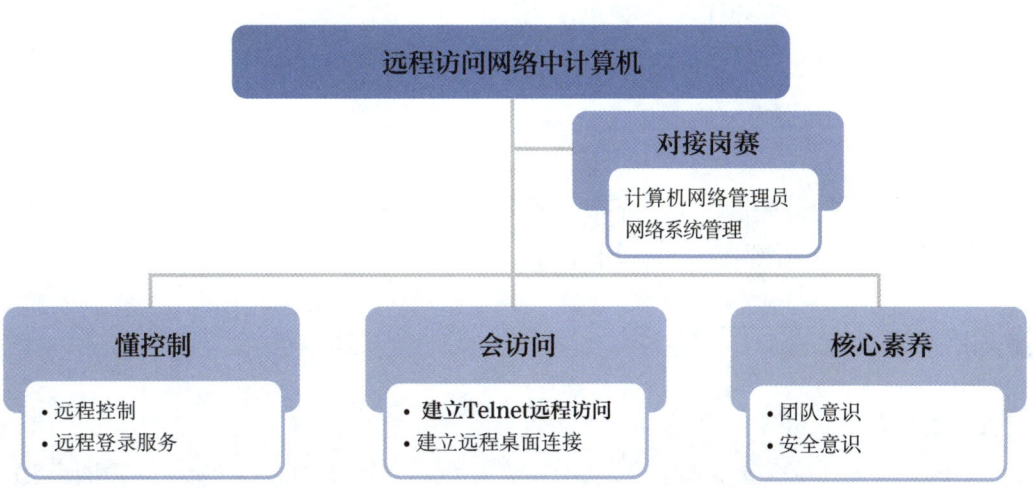

▶ **扩展阅读**

没有网络安全就没有国家安全

网络安全事关国家安全和国家发展、事关广大人民群众工作生活，深刻影响政治、经济、文化、社会、军事等各领域安全。筑牢网络安全屏障，建设良好网络生态，打造更加美丽、更加干净、更加安全的互联网家园，是人民对美好生活的新期盼。网络安全为人民，网络安全靠人民，维护网络安全是全社会的共同责任，需要压实各方面责任，共筑网络安全防线。

没有网络安全就没有国家安全，就没有经济社会稳定运行，广大人民群众利益也难以得到保障。面对网络安全的新形势和新挑战，我们要以高度的责任感、使命感、紧迫感，营造安全健康文明的网络环境，保障人民群众在网络空间的合法权益，切实维护国家网络安全。

▶ **知识检测**

一、判断题

1. SSH远程访问控制属于图形界面。（   ）
2. 通过Telnet远程访问控制电脑时，需要输入用户名和密码才能登录。（   ）
3. Windows系统中自带的SSH连接可以控制其他机器的桌面。（   ）

知识检测

二、选择题

1. 下面说法不正确的是（   ）。
   A．远程桌面是可以使用鼠标键盘的   B．Telnet远程登录需要用户名和密码
   C．字符界面登录后可以使用键盘   D．字符界面只能使用鼠标进行操作
2. （   ）不是远程控制软件。
   A．Xmind   B．MobaXterm   C．向日葵   D．TeamViewer

三、简答题

1. 做一项关于计算机网络从业人员应具备的职业道德的调研。
2. 比较SSH和Telnet两种远程登录服务的区别。

▶ **项目实战**

【项目要求】

由于办公自动化的需要，某学校为办公室购买了6台计算机和1台打印机。为了方便资源

共享和文件的传递及打印，要组建一个经济实用的小型办公室网络。

根据建网需求，设计组网方案，绘制网络拓扑结构图，如图4-75所示。

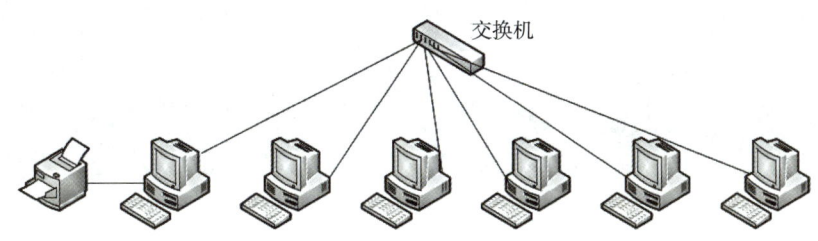

图4-75　小型公办网网络拓扑结构

【项目实施】

步骤一：本方案采用高性能、全交换、全双工的快速以太网，并以星型网络拓扑结构联网，采用100Mbit/s的直通双绞线将计算机网卡接口与8口或24接口交换机端口相连。

步骤二：为网络规划好IP地址，使网络中的计算机在同一个网段。由于是内部网络，根据IP地址的分配规则应该选择私有地址，考虑到设备数量不是很多，这里使用192.168.100.0/24网段的地址进行分配。

步骤三：在安装 Windows 10 操作系统的计算机中配置网络标识、IP地址、子网掩码等网络信息，并使用ping命令测试网络的连通性。

步骤四：设置文件夹共享和打印机共享，并在计算机之间互访共享文件夹，传输文件，以及使用网络打印机。

【项目评价】

考核评价表

任务	专业能力和职业素质	评价指标	考核方式
1	能够识别常见网络组件和解释其用途，要有勇于创新的科学精神	正确识别网络中的设备，会分析，有创新	自评 互评
2	能够正确制作网线，形成规范操作的习惯，敬业精神	精准度校验，严谨细心的工作态度，操作规范	师评
3	能够合理设置文件夹共享和打印机共享，有共享发展理念，合作精神	按要求完成任务，会表达沟通、团队合作	互评 师评
4	能够进行远程访问的能力，要有正确的网络安全观，沟通与团队协作的能力，职业道德	按要求完成任务，能独立思考问题，对新技术的自学能力	互评 师评

注：评价档次采用A（优秀）、B（良好）、C（合格）、D（不合格）四个水平。

项目 5 ｜ 夯实基础，编辑计算机工程文档

▶ 项目描述

随着信息技术的发展及计算机的普及，计算机从业人员需要掌握办公自动化技能，以轻松地编辑和管理计算机类的工程文档，满足工作需求。

计算机从业人员不但要了解计算机工程文档的内容及结构，还要能够根据学习和工作中编辑文档的需求，利用WPS Office办公软件来制作各种需要的文件。

本项目主要从文字排版、表格数据处理、演示文稿的制作、图形绘制等方面介绍办公软件的相关知识和技能，夯实基础，提升办公自动化应用水平，从而提高工作效率。

▶ 学习目标

【知识目标】

（1）了解计算机网络的层次结构，以及绘图软件的相关知识。

（2）理解WPS演示的界面、视图、母版、版式、多媒体对象、动画效果、超链接、演示文稿的放映和发布等相关知识。

（3）掌握WPS表格的界面和基本概念，以及公式、函数、排序、筛选、分类汇总、图表等相关知识。

（4）熟悉WPS文字的界面、文档格式、表格、页眉页脚、样式、目录等相关知识。

【能力目标】

（1）能够使用绘图软件绘制校园网络拓扑结构图。

（2）能够使用WPS演示创建、编辑常用工具软件和电子产品等演示文稿。

（3）能够使用WPS表格创建、计算、统计和分析笔记本销售表。

（4）能够使用WPS文字编辑、排版机房工程方案和软件系统说明书等工程文档。

【素质目标】

（1）准备WPS文字素材过程中，提升整理、处理信息的效率，促进信息素养的形成。应用过程中要学会发掘，有规范意识和勇于创新的精神。

（2）对WPS表格进行数据处理时，要严谨高效，善于分析、统计与管理，能够发掘数据的潜在价值。

（3）在收集演示文稿材料时，学会自主探究，树立品牌意识、创新意识。美化幻灯片过程中不断打磨，培养精益求精的工匠精神。

（4）在绘制网络拓扑图过程中，形成严谨、细心、全面、追求高效的职业素质，注重强化产品质量意识。

任务 1　编辑机房工程方案

▶ 任务描述

随着信息技术的不断发展，人们在日常生活、学习和工作中，几乎都会使用办公软件来制作需要的文件。文字处理软件作为办公软件的一种，提供了编辑、排版和打印输出文字等功能。学会使用WPS文字编辑文本和表格是信息处理技术人员基本能力要求。

学校要新建两个机房，并已根据具体情况拟定了机房工程方案，目前需要使用WPS文字对该方案文档进行编辑，包括字体格式、段落格式、表格的处理等，以确保内容的规范性和条理性，使得方案文档清晰易懂，便于阅读者快速把握关键信息。机房工程方案如图5-1所示。

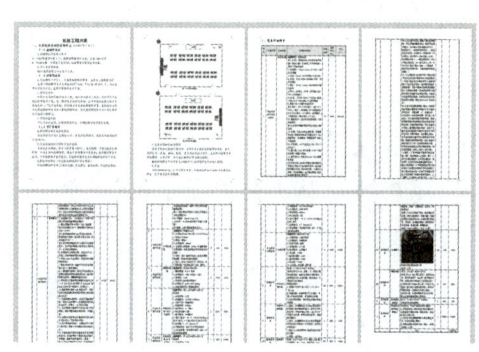

图5-1　机房工程方案

▶ 知识学习

WPS文字是金山WPS Office套装的一部分，主要用于执行与文字处理相关的任务，其不仅能够制作常用的文本、信函、总结，还专门为用户定制了许多应用模板，如各种行政公文模板、个人简历模板、工程管理模板等。

1.1 WPS 文字文件

通常情况下，WPS文字的默认文件格式是".wps"，包含了文档的所有内容和设置，".wpt"是WPS文字的模板文件格式。除此以外，WPS文字可以创建Word文件（".doc"".docx"）、文字模板（".dot"".dotx"）、网页文件（".htm"".html"）等，使文档的可访问性和兼容性得到了极大的提升。

1.2 WPS 文字工作界面

WPS文字基本概述

WPS文字的工作界面主要由标题栏、"文件"菜单、快速访问栏、选项卡、功能区、编辑区、状态栏等部分组成，WPS文字工作界面如图5-2所示。下面主要介绍这几部分的作用。

（1）标题栏

标题栏位于WPS文字工作界面的最顶端，由文件的文件名、关闭按钮等组成。

（2）"文件"菜单

"文件"菜单主要用于执行与该组件相关文档的新建、打开、保存、加密、分享等基本操作。

（3）快速访问工具栏

快速访问工具栏通常位于标题栏的下方，提供了一种便捷的方式来使用一些常用的工具按钮，比如保存、打印、撤销等。快速访问工具栏是可以自定义的，在工具栏的末尾有一个下拉菜单，可以添加其他常用命令。

（4）选项卡

WPS文字默认有开始、插入、页面、引用、审阅、视图、工具等选项卡，每个选项卡

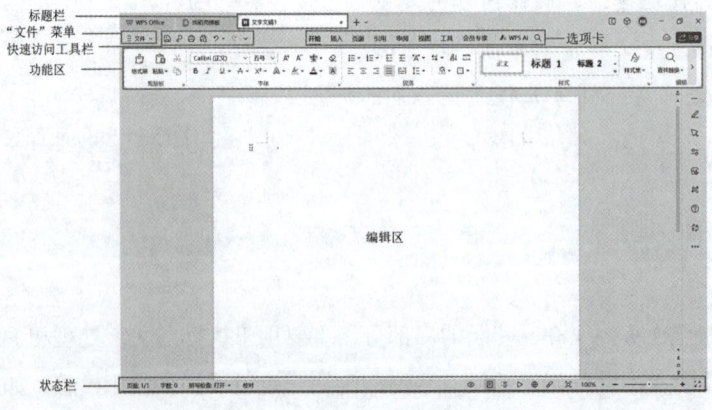

图5-2 WPS文字工作界面

中分别包含相应的功能集合。

（5）功能区

功能区位于选项卡的下方，主要集中显示对应的功能组和命令，包括常用按钮或下拉列表。

（6）编辑区

编辑区是输入与编辑文本的区域，对文本进行的各种操作和相应的结果都会在该区域中显示和体现。

（7）状态栏

状态栏位于工作界面的最底端，主要用于显示当前文档的工作状态。状态栏左侧可以显示页数和字数，状态栏右侧可以开启护眼模式，切换页面视图、大纲、阅读版式、Web版式、写作模式等各种视图。

调整文档的显示比例可通过状态栏最右侧的"最佳显示比例"和"全屏显示"，也可通过"缩放级别"100% 下拉按钮，或者拖动显示比例的调节滑块进行调整。

1.3 文本的操作

使用WPS文字创建文档后，可以在文档中输入内容，包括基本字符、特殊字符和公式等。在输入文本时，WPS文字会按照系统的设置把英文拼写错误及中文语法错误用各种颜色的下划波浪线标示出来。对输入的文本可以进行复制、移动、查找、替换等操作。

1.4 文档格式

为了使文档版面美观、增加文档的可读性、突出标题和重点等，可以使用"开始"选项卡中字体、段落、样式等功能组的相应按钮设置文档的格式。"开始"选项卡如图5-3所示。

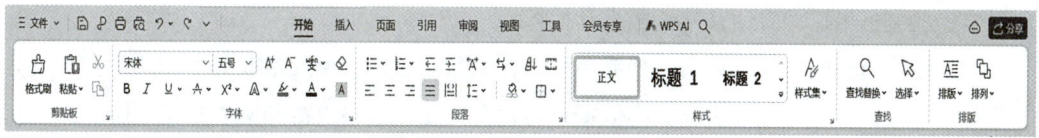

图5-3 "开始"选项卡

WPS文字还提供了许多快捷操作和技巧，例如使用快捷键来简化格式设置流程。对于更为复杂的格式需求，例如公文格式的设定，可能需要使用多个选项卡中的功能区来进行更细致的调整。

（1）字符格式

文档中的字符格式包括字体、字号、下划线和字体颜色等。可以使用"字体"功能组中的相应按钮或"字体"对话框设置字符格式。默认情况下，WPS文字格式是宋体、五号字。

（2）段落格式

段落是以回车符"↵"为结束标记的内容。段落的格式设置包括调整段落的缩进、行距、对齐方式等。可以使用"段落"功能组中的相应按钮或"段落"对话框设置段落格式。

（3）项目符号和编号

为文档的某些内容添加项目符号或编号，可以准确地表达各部分内容之间的并列或顺序关系，使文档更有条理。既可以使用系统预设的项目符号和编号，也可以自定义项目符号和编号。

（4）边框和底纹

为文档的某些文本或段落设置边框和底纹，可以突出重点、美化文档。可以使用"段落"功能组中的相应按钮或"边框和底纹"对话框设置边框和底纹。

1.5 表格

表格是日常办公中不可或缺的工具，它由水平的行和垂直的列组成，行与列交叉形成的矩形称为单元格。在文档处理中，表格扮演着极其重要的角色，用于组织和展示信息，从而让数据变得更加清晰和易于理解。一些常见的表格类型包括日程表、简历、课程表和报名表等。

1.5.1 表格的创建

可以使用"插入"选项卡中"表格网格"或"插入表格"对话框创建表格，还可以选择"绘制表格"，手动绘制出复杂的表格形状。在单元格中可以输入文本、插入图片等对象，单元格中的文本可以像普通文本一样自动换行。

对表格进行编辑，如插入行、列或单元格，删除行、列、单元格或整个表格，合并或拆分单元格等操作，也可以对表格中的数据进行运算，还可以将表格和文本互相转换。

1.5.2 表格的格式

为满足用户实际工作的需要，WPS文字提供了多种方法来美化已创建的表格，如可以设置表格的外观和样式（如边框、填充颜色、字体等）、单元格对齐方式、调整表格大小、行高和列宽等。

1.6 文档页面

编辑好文档后，为了确保打印效果的美观性，通常需要进行一些基本的页面设置。这些设置是对文档版面的综合调整，包括纸张大小、纸张方向、页边距等参数。

打印文档前最好先进行打印预览，避免因为文档设置不合适而造成打印浪费。打印预览是指用户在屏幕上预览打印后的效果。

▶ **任务实施**

技能点 1.1　编辑页面

（1）打开源文件。双击已经存在的"机房工程方案.docx"文档，即可启动WPS Office，并打开当前文件。

（2）设置页面。单击"页面"选项卡中"页面设置"功能组中的相应下拉按钮，设置页面格式。调整上下边距为"2cm"，左右边距为"2.5cm"，其他设置保持不变，页面设置如图5-4所示。

提示：默认情况下，使用的是A4幅面的纸张，纸张方向为"纵向"。

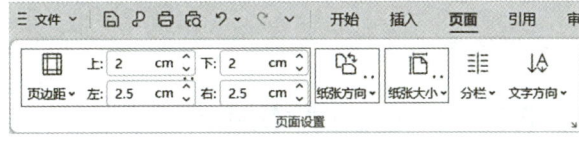

图5-4　页面设置

技能点 1.2　编辑文字

（1）插入特殊符号。把光标定位到"本所有服务及资料需在……"这段文字前。单击"插入"选项卡中"符号"下拉按钮 Ω，在展开的"符号大全"列表中，选择"★"符号，完成特殊符号的添加，插入特殊符号如图5-5所示。

编辑页面和文字

（2）设置项目符号。选择第5、6自然段，单击"开始"选项卡中"项目符号"下拉按钮，在展开的"预设样式"列表中，选择第2行第1列的样式，设置项目符号如图5-6所示。

（3）插入图片题注。使用鼠标右键单击第一张图片，在弹出的快捷菜单中选择"题注"命令，在"题注"对话框中，设置标签为"图"，题注为"图1 1610布局图"。单击"确定"按钮即可，插入图片题注如图5-7所示。使用同样的方法，给第二张图加上题注。

提示：WPS文档里的题注用来给图片、表格、图表、公式等项目添加名称和编号，用于说明项目的编号。

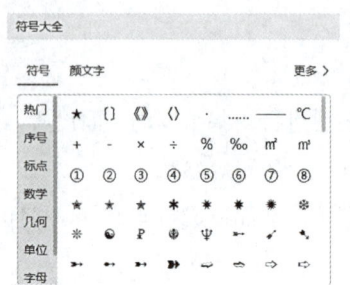

图5-5 插入特殊符号

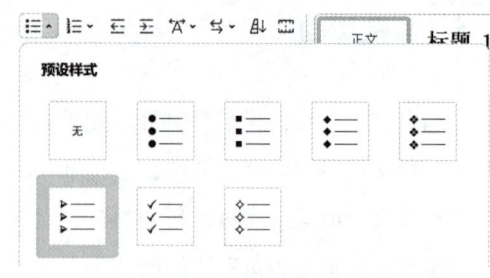

图5-6 设置项目符号

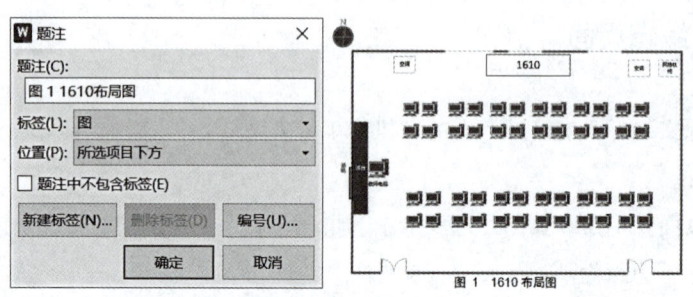

图5-7 插入图片题注

技能点1.3 编辑文本格式

（1）设置文档标题格式。选择文档标题，单击"开始"选项卡中相应按钮设置格式，设置字体为"黑体"，字号为"二号"，段落为"居中对齐"，设置文档标题格式如图5-8所示。

编辑文本格式

提示：字号有汉字和数字两种表示方法。汉字表示以"号"作为单位，如"四号""二号"等，号数越小，字符显示越大。数字表示以"磅"为单位，如"12""26"等，磅值越大，字符显示越大，下拉列表框中列出的最大磅数为"72"。

（2）设置正文格式。选中除表格外的所有正文文字，单击"开始"选项卡下方相应按钮，设置字体为"仿宋"，字号为"四号"。

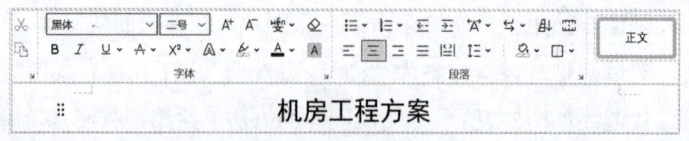

图5-8 设置文档标题格式

再单击"开始"选项卡中"段落"功能组右下角的对话框启动器按钮，在打开的"段落"对话框中，设置特殊格式为"首行缩进2字符"，行距为"固定值22磅"，设置正文格式的部分效果如图5-9所示。

（3）设置正文标题格式。使用"开始"选项卡下方相应按钮设置正文标题格式。

① 选中一级小标题（"一、…""二、…"等），设置文本格式为"三号"，"加粗"，段落缩进为"无"。

② 选中二级小标题（"（一）…""（二）…"等）设置文本格式为"小三号"，"加粗"。

设置正文标题格式后的部分效果如图5-10所示。

提示：如果较长文档中多处不连续段落要使用相同的格式，可使用"开始"选项卡中"格式刷"命令。单击"格式刷"按钮只能完成一次格式复制，双击"格式刷"按钮可以连续完成多次格式复制。

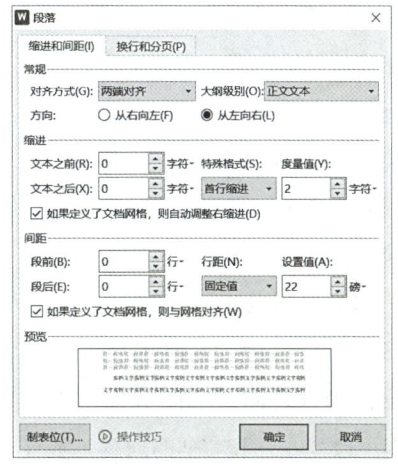

图5-9 设置正文格式的部分效果

图5-10 设置正文标题格式后的部分效果

技能点1.4 编辑表格

（1）替换指定文本格式。单击表格左上角的，选择整个表格，单击"开始"选项卡中"查找替换"下拉按钮，选择"替换"项，则打开"查找和替换"对话框。

在查找内容框内输入"品牌："，在替换为框内输入"品牌型号："，单击"格式"按钮，设置"加粗"格式后，单击"全部替换"按钮实现所有内容的替换，替换指定文本格式的部分效果如图5-11所示。

编辑表格

（2）设置单元格对齐方式。选择表格第1～3、5～7列，单击"表格工具"选项卡中"水平居中"按钮和"垂直居中"按钮，完成所选列中文字的对齐设置。

（3）合并单元格。选择最后一行需要合并的单元格，单击"表格工具"中的"合并单元格"按钮，完成单元格的合并，设置对齐方式与合并单元格如图5-12所示。

（4）设置表格列宽。将鼠标指针移到表格列的竖线上，当指针变成⊩时，按住鼠标左键，此时出现一条上下垂直的虚线，向左或向右拖动该虚线，即可改变左列和右列的列宽（垂直虚线两端的列宽度总和不变），直到宽度合适时松开鼠标左键。

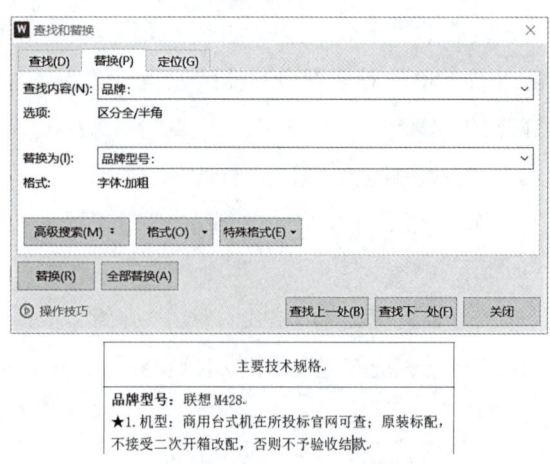

图5-11 替换指定文本格式的部分效果

提示：拖动鼠标的同时按住【Alt】键，可以平滑拖动表格列竖线，并在水平标尺上显示列宽值。如果按【Shift】键的同时拖动鼠标，则只调整左列的列宽，右列的宽度保持不变。

（5）美化表格。选择表格第1行，单击"表格样式"选项卡中"底纹"下拉按钮，在展开的下拉列表中选择一种底纹颜色，如"浅绿，着色6，浅色80%"，完成底纹的添加。

再选择整个表格，单击"表格样式"选项卡中"线型"按钮，在展开的下拉列表中选择线型为"双实线"，再单击"边框"下拉按钮，选择"外侧框线"项，完成修改外边框，表格美化后的部分效果如图5-13所示，至此机房工程方案编辑完成。

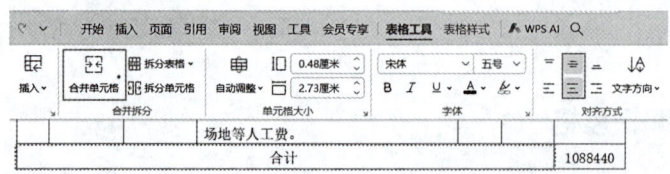

图5-12 设置对齐方式与合并单元格

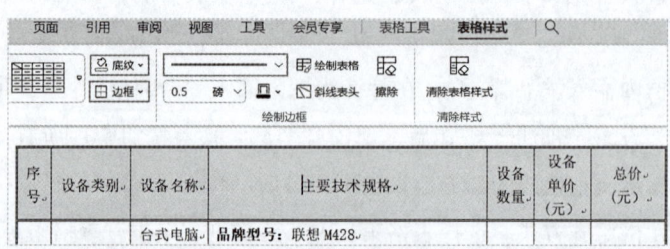

图5-13 表格美化后的部分效果

思考总结

使用WPS文字时，应多关注页面布局、文本编辑和表格处理等功能。插入特殊符号、使用项目符号、添加题注等技巧有助于优化内容组织和丰富文档细节，也增强了文档的整体美观度和可读性。通过学习WPS文字，应学会发掘和利用其新功能，从而提高创新能力，以强化文档信息处理的综合能力，为未来的工作打下坚实基础。

任务拓展

WPS表格样式

在WPS文字中，可以根据个人所好设置表格样式，还可以使用WPS提供的一系列预设的表格样式。

选择整个表格，在"表格样式"选项卡中，根据实际需要勾选"首行填充""末行填充"等相应的填充效果，选择一种样式后，该样式将被应用于整个表格。在进行样式设置过程中，还可以随时预览效果的更新情况，表格样式如图5-14所示。

图5-14 表格样式

任务总结

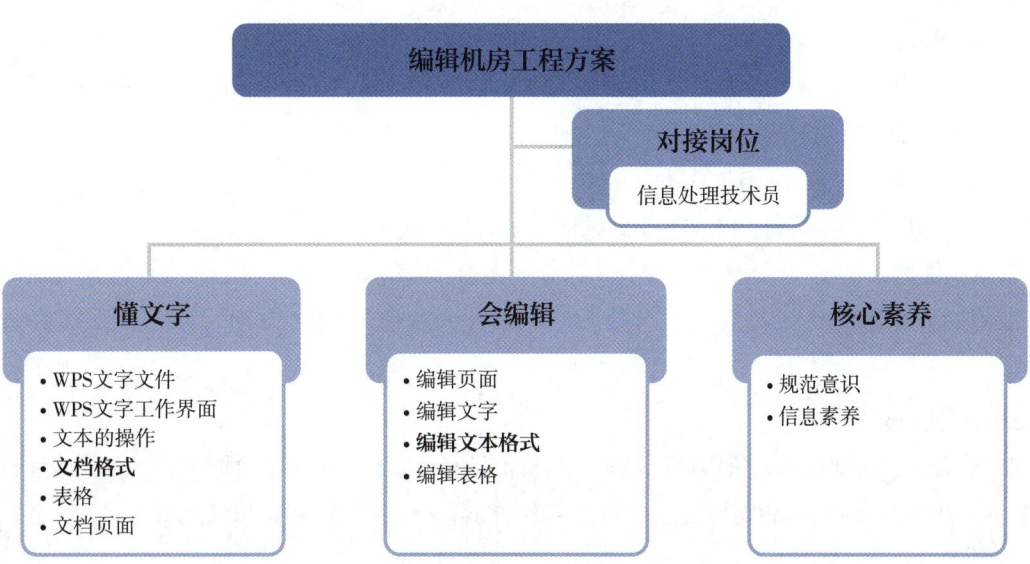

▶ 扩展阅读

机房工程施工相关标准

我国工程质量标准分为四个等级，分别是国家标准（代号：GB）、行业标准（代号如：JY、JB、SJ、YD）、地方标准（代号如：DB23）和企业标准（代号：Q/XXX）。

机房工程施工从设计、采购、施工到验收等阶段必须依据相应的标准，主要标准有：《数据中心基础设施施工及验收标准》（GB 50462—2024）、《数据中心设计规范》（GB 50174—2017）、《建筑防火通用规范》（GB 55037—2022）、《建筑物防雷设计规范》（GB 50057—2010）、《民用建筑电气设计标准》（GB 51348—2019）等，以及其他相关的国家、行业及地方法规、规范、规定等。

▶ 知识检测

一、判断题

1. WPS文字是金山WPS Office套装的一部分，主要用于执行与文字处理相关的任务。（　　）
2. 在WPS文字窗口的工作区里，闪烁的小竖条表示光标位置。（　　）
3. 在WPS文字中设置文字的字体、字形、字号、颜色、字间距、下划线等效果，可以通过设置段落对话框实现。（　　）
4. 在WPS文字中，新建文档的默认纸张大小是B5。（　　）
5. 打印预览是指用户在屏幕上预览打印后的效果。（　　）

知识检测

二、选择题

1. 把一篇WPS文档中所有的"哈尔滨"文字改为"齐齐哈尔"，可采用（　　）功能快速、批量地进行更改。

   A. 查找　　　　B. 替换　　　　C. 定位　　　　D. 复制

2. 复制一段文字粘贴到WPS文字中，粘贴文字的位置在（　　）。

   A. 文档开始处　　　　　　　　　B. 文档最后
   C. 文档中间　　　　　　　　　　D. 文档的光标闪烁处

三、应用实践

你是一家企业的人力资源部门员工，负责准备和更新员工的劳动合同文档。为了确保合同的专业性和合规性，你需要使用WPS文字软件编辑一份格式规范的"员工劳动合同"文档。

（一）操作设置要求

（1）用WPS Office新建空白文档，命名"员工劳动合同"，复制粘贴"合同.txt"素材里的内容。

（2）设置纸张大小为标准的A4；页边距：上下各3cm，左右各2.5cm。

（3）设置合同正文字体为宋体，字号为小四号；设置合同条款章节标题字体为黑体，字号为小三号，并加粗。

（4）设置合同"第四条至第七条"条款细则编号，添加与其他条款相同格式的编号。

（5）设置段落行距为1.5倍行距，设置合同条款章节标题段前段后间距0.5行。

（6）用下划线替换合同中的空"( )"，根据填写内容多少设置下划线空区长度，合理布局。

（7）对"第五、第六"条款和细则，使用"＿＿＿"突出显示。

（8）设置"甲方（盖章）：""乙方签字："的段落间距，将签字日期移到双方下面。

（9）将合同导出为PDF格式。

（二）注意事项

（1）确保合同内容准确无误，复制粘贴时保持完整性。

（2）严格按照格式要求设置字体、字号、行间距等，保持文本规范性。

（3）完成编辑后仔细检查，导出为PDF格式时选择正确选项，避免格式错误。保存文件时命名清晰，方便日后查找。

任务2　编辑软件系统说明书

▶ 任务描述

长文档一般是指篇幅较长、内容较多、结构也相对复杂的文档，如调查报告、毕业论文等，与一般文档相比，其格式多且排版复杂。学会使用WPS文字编辑复杂的长文档是信息处理技术人员的基本能力要求。

某项目开发团队开发出一款软件，并对这款软件编写了系统说明文档。为了便于浏览者迅速获取相关信息，需要使用WPS文字对其进行规范化编辑，为文档制作封面，添加页眉、页码、目录等，使文档排版整齐、美观，也方便查阅，软件系统说明书前3页效果图如图5-15所示。

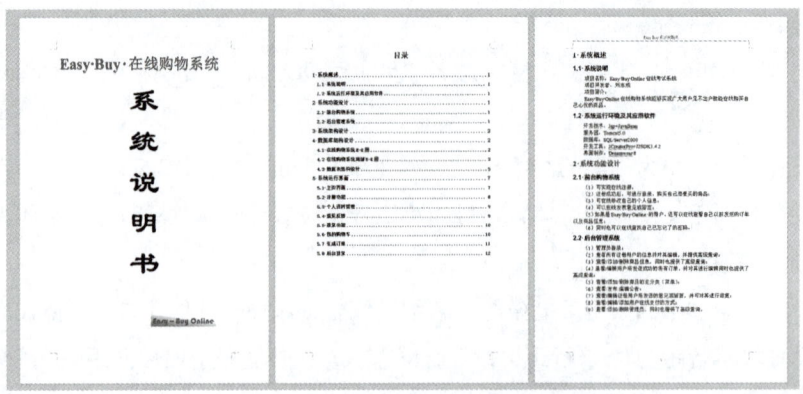

图5-15　软件系统说明书前3页效果图

▶ 知识学习

WPS Office文字软件可以插入图形类对象实现图文混排，通过页眉页脚、样式、目录等实现长文档排版的功能。

长文档排版

2.1　常用对象

在文档中除了文字以外，用户可在文档中插入图片、形状、文本框、图表和艺术字等常用对象，以丰富文档内容形式和美化版面，增强文档的表现力和说服力。

可以使用"插入"选项卡中"常用对象"功能组的相应按钮插入各种常用对象，"常用对象"功能组如图5-16所示。

插入图片时默认的文字环绕方式是"嵌入型"，这种环绕方式将图片直接嵌入到文本中，与文本处于同一行，并且图片会随着文本的移动而移动，也可以拖动图片。可以对图片设置文字环绕方式，例如四周型、紧密型、上下型等，使得文字能够自然地环绕在图片周围，还可以将图片拖动到文档中的任意位置。

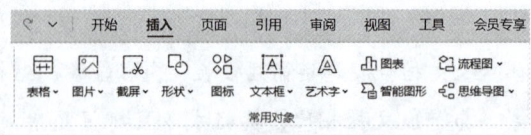

图5-16　"常用对象"功能组

2.2　分隔符

分隔符主要用于标识文字分隔的位置，包括分页符、分栏符、换行符、分节符等不同类型，其中，分页符和分节符是比较常用的。

在WPS文字中，当文档内容填满一页时，文档中会插入一个自动分页符开始新的一页。如果需要在特定位置分页，则要手动插入分页符。

节是文档格式化的最大单位，默认一个文档只有一个节，所有页面都属于这个节。通过在文档中插入分节符，可将文档分为多节。只有在不同的节中，才可以对同一文档中的不同部分进行不同的设置，如设置不同的页眉、页脚、页边距、纸张方向等。

2.3 页眉和页脚

页眉和页脚是文档内容之外的附加信息，如公司徽标、文档标题、作者姓名、页码等。页眉是文档中页面的顶部区域，页脚是文档中页面的底部区域。

用户可以统一为文档设置相同的页眉和页脚，也可分别为首页、奇数页、偶数页或不同的节等设置不同的页眉和页脚。

2.4 样式

样式是一系列字符和段落格式的集合，使用它可以快速统一或更新文档的格式。样式按照类型可分为字符样式和段落样式。

WPS提供了内置样式和新样式，内置样式为系统自带样式，不可以删除，新样式为用户新建的样式，可以根据需要创建样式并将其应用到文档中，也可将创建的自定义样式删除。如果现有样式不能满足用户的要求，可以对其进行修改，一旦修改了某个样式，则所有应用该样式的内容的格式会自动更新。

对文档应用样式主要有以下作用。

①便于统一文档的格式，避免了长文档在排版上的重复操作，提高工作效率。

②便于构筑大纲，使文档有条理，编辑和修改文档更简单。

③便于生成目录。

2.5 目录

目录的作用是列出文档中的各级标题及其所在的页码，方便读者查阅。目录是长文档的重要组成部分，不仅可以帮助读者了解文档的结构内容，还可以帮助读者从目录中了解作者思路、文章纲要，而且能够让读者快速定位到文档标题内容。

WPS提供了3种样式的智能目录和1种自动目录。两者区别在于自动目录是根据标题或大纲识别的，而智能目录是在还未应用标题样式时能智能识别目录。用户还可以根据需要自己定义目录的显示。编制目录后，当更改了文档标题内容或标题样式的应用时，需要及时更新目录以反映相应的变化。

▶ 任务实施

双击已存在的"软件系统说明书.docx"源文档,即可启动WPS Office,并打开该文件。

技能点 2.1 设置页眉和页码

软件系统说明书要求封面在第1页,目录在第2页,正文从第3页开始。从正文开始加页眉和页码,前面的封面、目录都不需要加页眉和页码,需要在正文前插入一个分节符,使正文与前面的页面处于不同节。

设置页眉和页码

(1)插入分隔符。将光标定位到"目录"文本的左侧,单击"页面"选项卡中"分隔符"下拉按钮 ,选择"分页符"项,则在光标处插入分页符。

将光标定位到"1 系统概述"文本的左侧,选择"分隔符"列表中"下一页分节符"项,即可在光标处插入分节符,插入分隔符如图5-17所示。

提示:分页符和分节符是编辑标记,可单击"开始"选项卡中"显示/隐藏编辑标记"下拉按钮,勾选"显示/隐藏段落标记"项来显示该标记。

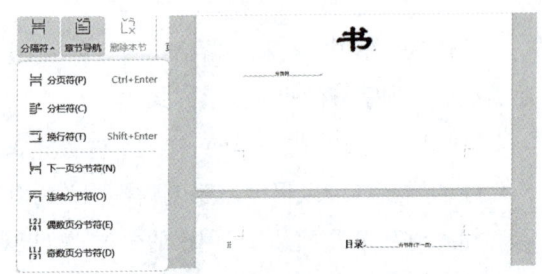

图5-17 插入分隔符

(2)插入页眉。将光标定位到文档的第3页,单击"插入"选项卡中"页眉页脚"按钮,激活"页眉页脚"选项卡,单击该选项卡,显示"页眉页脚"功能区,且页眉处于编辑状态,输入内容"Easy Buy系统说明书"。

(3)插入页码。将光标定位到文档的第3页,单击"页码"下拉按钮,在展开的下拉列表中选择"页码"项,打开的"页码"对话框中,设置位置为"底端居中",页码编号的起始页码为"1",应用范围为"本页及之后",单击"确定"按钮即可,编辑页眉和插入页码如图5-18所示。

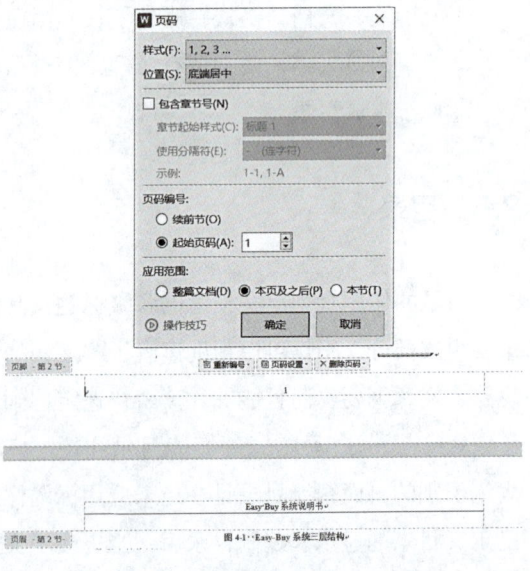

图5-18 编辑页眉和插入页码

提示：由于前一节页面中没有页眉和页脚，在设置页眉和页脚时，单击"导航"组中的"同前节"按钮，取消与前一节的关联。

技能点 2.2　制作封面

（1）插入艺术字。将光标定位到文档的第1页文字前，单击"插入"选项卡中"艺术字"下拉按钮。在展开的下拉列表中选择第1行第2列的样式，就在光标处出现了文本输入框，输入"Easy·Buy·在线购物系统"文字即可，插入艺术字如图5-19所示。

提示：艺术字是在常规普通文字的基础上进行的艺术化设计，更加美观且有趣，以起到强调突出的作用，满足了大多数用户对字体的个性化需求。

（2）插入图片。将光标定位到文档的第1页文字后，单击"插入"选项卡中"图片"下拉按钮，选择"本地图片"项。在打开的"插入图片"对话框中，找到"logo.png"图片，单击"打开"按钮即可完成文档中插入图片。拖放图片置于页面的右下角，插入图片如图5-20所示。

制作封面和E-R图

图5-19　插入艺术字

图5-20　插入图片

技能点 2.3　绘制管理员 E-R 图

光标定位到"4.2　在线购物系统局部E-R图"文字下方。通过"插入"选项卡中"形状"下拉列表中的"新建绘图画布"新建一个画布。

（1）插入矩形形状。单击"插入"选项卡中"形状"下拉按钮，在展开的形状库中选择"矩形"形状，当鼠标的指针变为十字形状"+"时按下左键，在新建空白画布处拖动鼠标绘制形状，至适当大小释放鼠标，完成插入形状。再单击"绘图工具"选项卡中"形状样式"右侧的下拉按钮，在展开的"预设样式"列表中选择第1个样式，并勾选"主题颜色"为黑色，完成修改形状样式。

（2）设置形状中的文字。使用鼠标右键单击矩形形状，在弹出的快捷菜单中选择"编辑文字"命令，出现光标后输入"管理员"文本。绘制矩形形状如图5-21所示。

提示：选中形状，在"绘图工具"选项卡下，单击"轮廓"下拉按钮，可以设置形状轮廓的颜色、线型、虚实等样式。单击"填充"下拉按钮，可以设置形状填充效果。

（3）插入椭圆形状。使用相同的方法，插入和绘制椭圆形状，并使用粘贴的方法复制3份，并修改各形状中的文本内容。

提示：编辑形状中的文字时，通过"文本框"属性，可以设置文字垂直对齐方式、文字方向、文字边距、文字自动换行等属性。

（4）插入直线。使用相同的方法，插入和绘制直线线条，并使用粘贴的方法复制3份，调整直线的大小、位置和方向，并连接各形状。

（5）组合形状

单击"开始"选项卡中"选择"下拉按钮，选择"选择对象"项，按住鼠标左键，框选所有形状。使用鼠标右键单击被选中的所有形状，在弹出的快捷菜单中选择"组合"命令，则所有图形组合成一个图形，管理员E-R图如图5-22所示。

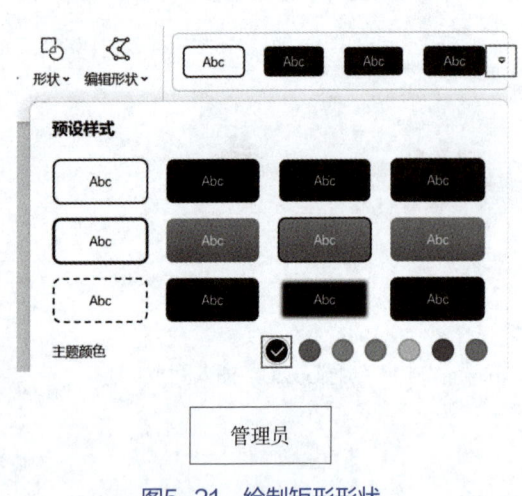

图5-21 绘制矩形形状

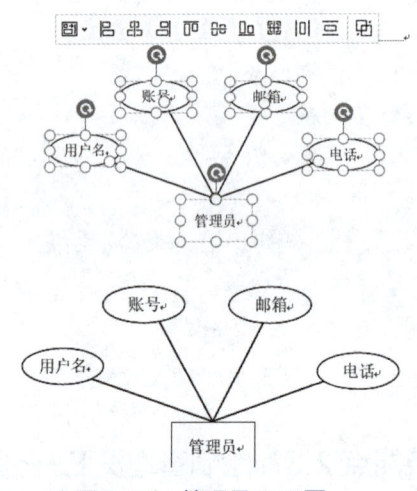

图5-22 管理员E-R图

技能点2.4 设置样式

（1）修改标题样式。在"开始"选项卡中，使用鼠标右键单击"样式"栏中"标题1"样式，在弹出的菜单中选择"修改样式"命令，打开的"修改样式"对话框中，修改字号为"三号"，再单击"修改样式"对话框左下角的"格式"按钮，修改段落为"首行无缩进""单倍行矩""段前0行""段后0行"。完成修改后，单击"确定"按钮即可保存修改后的样式。

使用同样的方法，修改"标题2"样式，字号为"四号"，段落为"首行无缩进""单倍行矩""段前0行""段后0行"。

（2）应用标题样式。设置一级标题文字（"1…""2…"等）为"标题1"样式。设置二级标题文字（"1.1…""1.2…"等）为"标题2"样式。应用样式后的部分标题效果如图5-23所示。

（3）查看文档结构。单击"视图"选项卡中"导航窗格"按钮 ，在界面的左侧出现导航窗格，可浏览文档中的标题，如图5-24所示。

设置样式和制作目录

提示： 导航窗格显示文档标题大纲，标题可以展开或收缩下一级标题，单击标题快速切换到某一章节，并且可以快速定位到标题对应的正文内容。

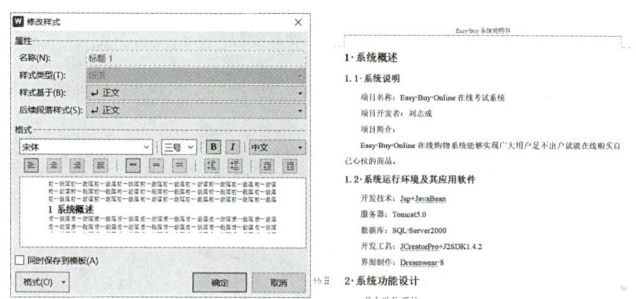

图5-23 应用样式后的部分标题效果

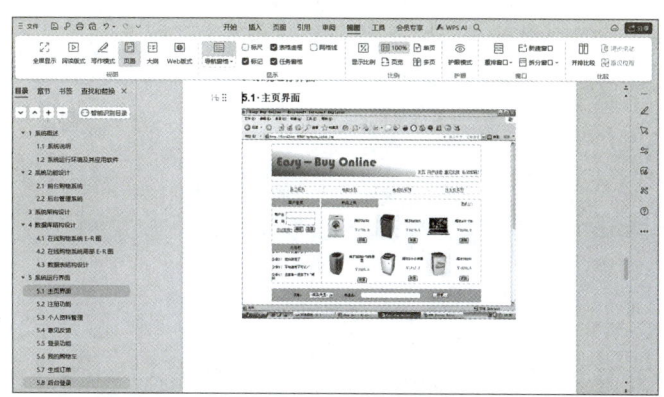

图5-24 导航窗格

技能点2.5 制作目录

（1）自动生成目录。将光标定位到文档第2页"目录"文本的下方，单击"引用"选项卡中"目录"下拉按钮 ，在展开的下拉列表中选择"自动目录"样式，适当修改目录格式，自动生成目录如图5-25所示。

提示：对文档应用标题样式，并为文档添加页码后，就可以为文档引用目录。目录中包含文档标题和相应的页码，将光标置于目录中的任一标题行，按住【Ctrl】键的同时单击，可以迅速跳转到相应的位置。

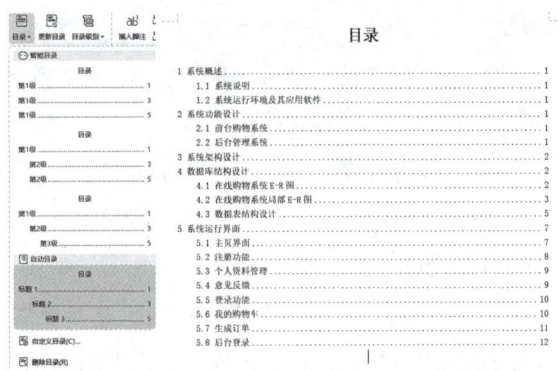

图5-25　自动生成目录

（2）更新目录。如果文档中的标题或页码发生变化，则可以单击目录区，然后单击目录区上方的"更新目录"命令，打开"更新目录"对话框，选择"只更新页码"或"更新整个目录"单选项，完成目录的更新。

（3）删除目录。单击目录区上方的"目录设置"按钮，选择"删除目录"命令即可。

思考总结

在WPS长文档的排版中，要确保文档的规范性和专业性。图形和图片的插入增强了文档的视觉表现力，页眉和页脚的添加提升了文档的专业性和一致性，样式功能改善了版面布局并提高了可读性。

在实践练习中，要熟练掌握这些功能的使用方法，在提高文档处理效率的同时，也能发展自己在信息整合、提炼和展示方面的专业技能。

任务拓展

新建样式

在WPS文字中，利用新建样式功能可以创建和应用自定义的文本格式，从而提高编辑效率并保持文档格式的一致性。新建"提示"样式的步骤如下。

单击"开始"选项卡中样式框右下角的小箭头，展开样式列表，选择"新建样式"命令。在"新建样式"对话框中，名称框内输入"提示"，样式类型选择"段落"，样式基于选择"正文"，设置字体格式为"仿宋"。再单击"新建样式"对话框左下角的"格式"按钮，根据需要设置边框和底纹。完成格式设置后，单击"确定"按钮以保存新建的样式，新建样式如图5-26所示。

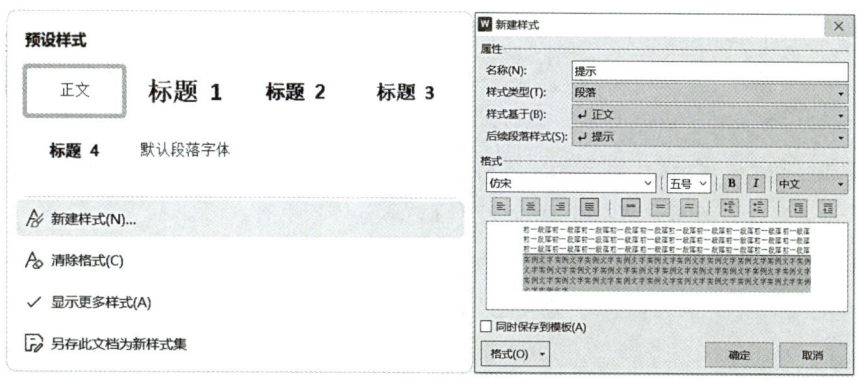

图5-26　新建样式

任务总结

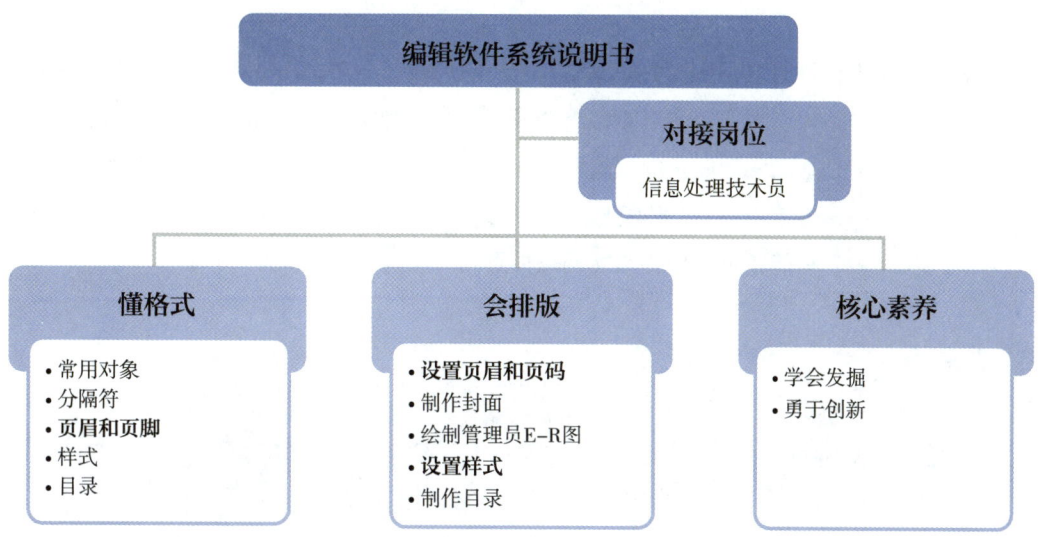

拓展阅读

WPS的产生与发展

20世纪80年代末90年代初，随着计算机技术的飞速发展，办公软件开始进入人们的视野。然而，当时市面上的主流办公软件大多来自国外，价格昂贵且不符合中文用户的习惯。在这样的背景下，WPS应运而生，它以中文界面、适合中文排版和亲民的价格迅速占领了市场，成为无数中国用户的首选。

随着信息技术的不断革新，WPS也在不断地发展与完善。从最初的文字处理软件，到后来的表格、演示等组件的加入，WPS逐渐形成了一套完整的办公软件体系。在功能上，WPS不断吸收和融合先进的技术，如云计算、大数据、人工智能等，使其在处理复杂数据和提供智能化服务方面越来越强大。同时，WPS还积极与国际标准接轨，确保其文件格式的兼容性和通用性，为用户提供了更为便捷的交流与协作平台。

进入21世纪后，移动互联网的兴起为WPS带来了新的发展机遇。WPS积极拥抱变革，推出了手机、平板等多种终端的应用版本，实现了随时随地的办公需求。此外，WPS还不断拓展其生态边界，与众多第三方服务和应用进行整合，打造了一个全方位的办公生态系统。如今的WPS，已经不仅仅是一款办公软件，更是中国信息化进程中不可或缺的一部分，它见证并推动了中国办公软件从无到有、从弱到强的历史进程。

▶ 知识检测

一、判断题

1. 在WPS文字中，页眉位于文档的底部。（   ）
2. 在WPS文字中，可以将几个图形对象组合成一个图形对象。（   ）
3. 在WPS文字中，拖动图片四角的控点可以使图片按比例缩放。（   ）
4. 在WPS文字中，分节符只有2种类型。（   ）
5. 在WPS文字中，只能在页脚位置给文档添加页码。（   ）

二、选择题

1. 关于WPS文字的表述正确的是（   ）。
   A. 只能插入图片   B. 不能插入艺术字
   C. 可以插入表格   D. 只能输入文字
2. 在WPS文字中，文字要环绕图片，应将图片环绕方式设置为（   ）。
   A. 浮于文字下方   B. 上下型
   C. 四周型   D. 浮于文字上方
3. 关于WPS文字中表格的描述正确的是（   ）。
   A. 表格线不可以是虚线
   B. 表格的行高可以通过鼠标拖动的方式进行调节
   C. 只能一次合并两个单元格
   D. 一个单元格中不可以输入多行文字

4. WPS文字具有分栏功能，下列关于分栏的说法中，正确的是（　　）。

  A．最多可以设四栏   B．各栏的宽度必须相等

  C．各栏的宽度可以不同   D．各栏之间的间距是固定的

5. 在WPS文字中，选中表格并按下Delete键后，（　　）。

  A．表格中的内容全部删除，但表格还存在

  B．表格和内容全部删除

  C．表格删除，但表格中的内容未删除

  D．表格中的内容和表格都没有删除

三、应用实践

现有一毕业论文素材，请用WPS文字的编排功能完成毕业论文的排版。

（一）编排要求

（1）用WPS打开毕业论文素材，设置页边距（上3cm，下2.5cm，左3cm，右2.5cm）。

（2）论文封面设置（合理自定），插入"学院图片1"图片（封面上端，嵌入型）。

（3）论文正文字体（宋体），字号（小四），段落设置（首行缩进2个字符），行距（1.5倍行距）。

（4）分别在"本人声明""摘要""一、绪论"前插入分节符，将文档分成4节。

（5）设置页眉页脚（奇偶页不同）：给第2节插入页眉，输入"蓝菲红酒网站整体建设方案设计"，字体（楷体），字号（五号）；给第3节插入页眉，输入"××职业学院毕业论文"，字体（楷体），字号（五号）。

（6）在第3节首页插入页码，位置（底端居中），样式（第1页），封面不设置页眉、页码。

（7）修改"标题1"样式：黑体、四号、加粗、居中对齐，段前间距为0.5行；将编号"本人声明""摘要""一"～"六"以及"参考文献""致谢"应用"标题1"样式。

（8）修改"标题2"样式：宋体、小四，段前间距为0.5行；将编号"（一）"～"（四）"应用"标题2"样式。

（9）修改"标题3"样式：楷体、小四，段前间距为0.5行；将编号"1"～"8"应用"标题3"样式。

（10）在"本人声明"前引用目录，目录字体（黑体、小二、居中）、目录内容（字号小四，行距为1.5倍）。

（二）注意事项

（1）编辑前备份原素材，以防意外丢失。

（2）插入图片和设置格式时，注意保持整体风格统一。

（3）分节和设置页眉页脚时，确保每节格式正确，避免内容混淆。

任务 3　统计笔记本销售表

▶ 任务描述

表格是一种常见的数据统计工具，可以快速有效地组织和管理各种信息，在日常工作及学习中会用到许多表格。WPS表格是一款功能强大的电子表格处理软件，在计算数据和分析数据方面使数据管理工作变得非常轻松。学会使用WPS表格对数据进行处理是信息处理技术员的基本能力要求。

某学生在电脑城实习，为了更好地跟踪和记录销售数据，使用WPS表格制作笔记本销售表，记录每月各种笔记本销售的数据，通过对这些数据进行统计和分析，可以更好地了解销售情况，制定更有效的销售策略，笔记本销售表如图5-27所示。

	A	B	C	D	E	F	G
1	季度	月份	联想	戴尔	华硕	三星	合计
2	一季度	一月	61	42	58	34	195
3	一季度	二月	89	65	80	59	293
4	一季度	三月	168	88	98	50	404
5	二季度	四月	124	70	100	67	361
6	二季度	五月	118	95	86	80	379
7	二季度	六月	96	100	92	86	374
8	三季度	七月	80	65	70	70	285
9	三季度	八月	105	92	82	95	374
10	三季度	九月	160	146	95	108	509
11	四季度	十月	125	102	105	98	430
12	四季度	十一月	96	82	76	88	342
13	四季度	十二月	85	75	58	62	280
14		平均值	108.9	85.2	83.3	74.8	352.2
15		最大值	168	146	105	108	509
16		最小值	61	42	58	34	195
17		总计	1307	1022	1000	897	4226

图5-27　笔记本销售表

▶ 知识学习

WPS表格是金山WPS Office套装的一部分，是一个灵活高效的电子表格制作工具，可以对数据进行计算、统计、汇总，还可以把相关数据用统计图的形式表示出来。WPS表格广泛应用于财经、金融、统计、管理等领域。

3.1　WPS 表格文件

通常情况下，WPS表格文件是指工作簿文件，扩展名为".et"，是WPS表格最基础的电子表格文件类型。除此以外，WPS表格程序还可以创建多种文件，如WPS模板文件（".ett"）、Excel文件（".xlsx"".xls"）、Excel启用宏的工作簿文件（".xlsm"）、网页文件（".htm"".html"".mhtml"）等。可以通过扩展名和图标区别不同类型的文件。

3.2　WPS 表格工作界面

WPS表格的工作界面与WPS文字的工作界面相似，由标题栏、快速访问工具栏、"文件"菜单、选项卡、功能区、编辑栏、工作表编辑区和状态栏等部分组成，如图5-28所示。

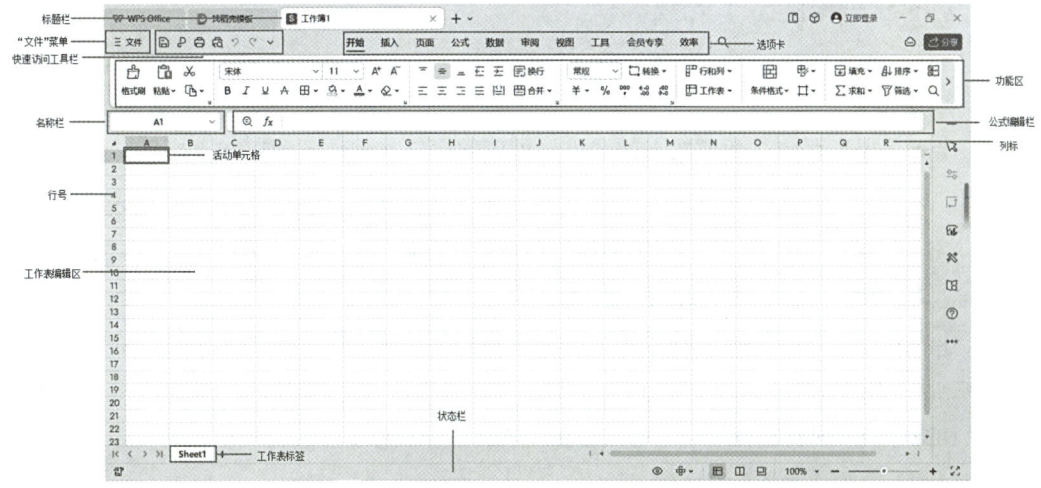

图5-28 WPS表格工作界面

下面主要介绍编辑栏和工作表编辑区的作用。

（1）编辑栏

编辑栏用来显示和编辑当前单元格中数据或公式，在默认情况下，编辑栏主要由以下几部分组成。

①名称栏。用来显示活动单元格的地址。

②"浏览公式结果"按钮。单击该按钮可以显示当前包含公式或函数的单元格的计算结果。

③"插入函数"按钮。单击该按钮会打开"插入函数"对话框，可在其中选择相应的函数插入表格。

④公式编辑栏。用于显示选定单元格的计算公式或函数，也可直接在其中输入和编辑内容。

WPS表格工作概述

（2）工作表编辑区

工作表编辑区用来编辑数据的主要区域，包括列标、行号、单元格地址和工作表标签等。

①列标。列标位于编辑栏的下方，横着排列，用A、B、C、D等大写英文字母标识。

②行号。行号位于工作表编辑区左侧的位置，用1、2、3等阿拉伯数字标识。

③单元格地址。单元格地址表示为"列标+行号"，例如：位于A列第1行的单元格可表示为"A1"单元格。

④工作表标签。工作表标签用来显示工作表的名称，如Sheet1、Sheet2等。

3.3 WPS 表格的基本元素

（1）工作簿

工作簿是用于存储并处理数据的文件，即WPS表格文件。新建WPS表格后，系统自动建立一个名为"工作簿1"的空白工作簿，每一个工作簿包含若干的工作表，默认情况下可以有1~255个工作表。对工作簿的基本操作包括新建、保存、打开、关闭等。

（2）工作表

工作表是工作簿的重要组成部分，是WPS表格对数据进行组织和管理的基本单位，用于对数据进行组织和分析。WPS表格默认只包含一张工作表，并以Sheet1命名。每个工作表最多由16384列和1048576行组成。可以根据需要在工作表标签处进行工作表的新建、删除、移动、复制、隐藏、重命名等操作。

（3）单元格

每一张工作表由若干个单元格组成，单元格是WPS表格中基本的数据存储单元。工作表中行、列交汇处的方格即为一个单元格。多个连续的单元格称为单元格区域，其地址表示为"单元格:单元格"，例如：A1单元格与D7单元格之间连续的单元格可表示为"A1:D7"单元格区域。对单元格的基本操作包括选择、插入、删除、合并与拆分等。

> 📝 **小知识**
>
> 单击任一个单元格，该单元格的四周就会被粗线条包围起来，成为活动单元格，表示用户当前正在操作的单元格。

工作簿、工作表和单元格是构成WPS表格的框架，工作簿以文件的形式独立存在，工作簿包含一张或多张工作表，工作表是由排列成行和列的单元格组成的，它们三者的关系是包含与被包含的关系，如图5-29所示。

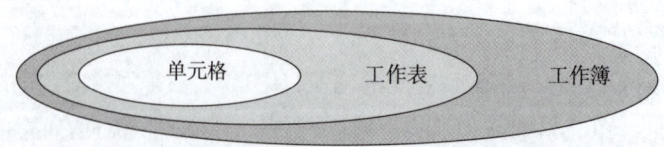

图5-29 工作簿、工作表和单元格的关系

3.4 表格中的数据

3.4.1 表格数据的输入

(1) 键盘输入

这是数据输入的普通方式,即用键盘输入数据后按【Enter】键或【Tab】键确认。WPS表格经常使用的数据类型有数值型、日期型、文本型和公式型等。

(2) 智能填充数据

当在行或列相邻单元格中输入按规律变化的数据时,WPS表格提供的智能填充功能可以实现数据的快速输入。使用自动填充功能可以快速输入批量数据,包括数值、字符、日期和公式等。

WPS表格中的序列是指一组有序的数据,可以由数字、字母、文字等组成,还可以自定义填充序列,系统已经定义好的自定义序列如图5-30所示,可以直接使用。

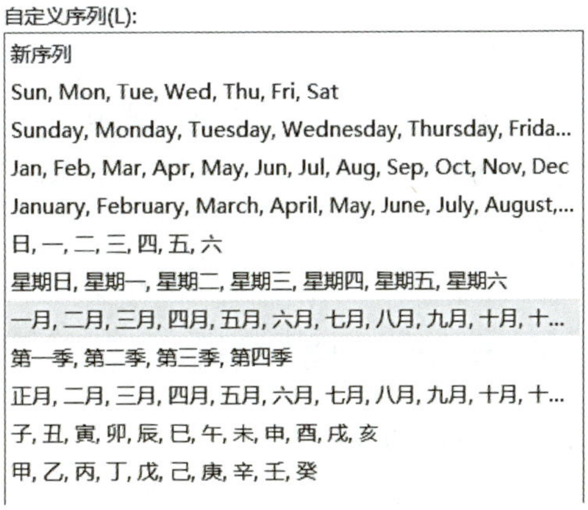

智能填充功能通过"填充柄"实现。填充柄是位于选定区域右下角的小方块。当鼠标指向填充柄时,鼠标的指针变为十字形状"+"时按下左键,拖动虚线框覆盖所有要填充的单元格,然后释放鼠标,所有的单元格都会填入数据源数据。

使用填充柄自动填充数据后,在最后一个单元格下方显示"自动填充选项"按钮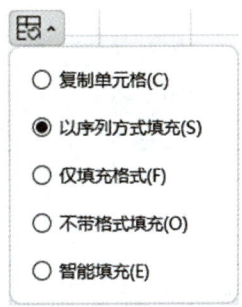,单击该按钮会弹出自动填充选项列表,如图5-31所示,填充数据不同,该列表的内容会不同,可根据需要选择合适的填充选项。

图5-30 自定义序列

图5-31 自动填充选项列表

3.4.2 表格数据的计算

数据计算是WPS表格的基本功能,在工作表中输入数据之后,可以对基本数据进行计算后获得新数据。

(1) 公式

公式是工作表中用于对单元格数据进行各种运算的等式,它可以对工作表中的数据进行加、减、乘、除等运算。公式可以由数值、单元格引用、函数及运算符组成，可以引用同一个工作表中的其他单元格、同一个工作簿不同工作表中的单元格及不同工作簿的工作表中的单元格。例如："=Sheet2!B18+Sheet3!C5"公式表示对Sheet2工作表中B18单元格和Sheet3工作表中C5单元格中的数据求和。

提示： 为了区分不同工作表的单元格，在单元格地址前面增加工作表名称，工作表与单元格地址之间用"!"分开。

（2）函数

函数是预先定义好的表达式，通常由函数名、括号和相应参数构成。函数允许使用多个参数或不使用参数，函数的参数可以是数值、日期、文本等，也可以是常量、数组、单元格引用或其他函数。

WPS表格中函数按功能可分为：文本函数、信息函数、逻辑函数、查找和引用函数、日期和时间函数、统计函数、数学和三角函数、数据库函数、财务函数、工程函数十大类。

3.5 数据的整理和分析

3.5.1 数据排序

数据排序是指以一个或多个关键字为依据，按一定顺序重新排列工作表中的数据，目的是方便浏览和进一步处理。

WPS表格提供了简单排序和多条件排序功能。简单排序是使用"升序"或"降序"按钮依据一个字段对数据进行排序。多条件排序也称自定义排序，遇到多个条件记录的值相同的情况，此时可以设置多个排序条件作为次要排序条件，即主要关键字相同，依次按第二关键字、第三关键字排序，以此类推。

3.5.2 分类汇总

分类汇总就是把工作表中的数据按指定的字段分类后进行统计，便于对数据进行分析管理。汇总方式有求和、计数、平均值、最大值、最小值、乘积等多种方式。分类汇总可以设置多级分类汇总以实现按某个汇总项指标进行汇总。

3.5.3 数据筛选

数据筛选是指在工作表中快速提取出满足指定条件的记录。筛选后将不符合特定条件的行隐藏起来，可以更方便浏览和查询。WPS表格提供了筛选和高级筛选两种筛选数据的方法，对于满足一个条件，或需要同时满足多个条件的筛选，可以采用自动筛选的方式，对于一些较为复杂的筛选操作或者只要满足多个条件之一的筛选,可以使用高级筛选方式完成。

3.6 图表

图表是工作表数据的图形化表示,使数据关系更形象直观,数据的对比或趋势变得一目了然。图表与工作表中的数据链接,并随着工作表中数据的变化而自动调整。图表是WPS表格中重要的数据分析工具,提供了柱形图、折线图、饼图、条形图、面积图等多种类型,用户可根据需要选用不同类型的图表。

图表主要由图表标题、坐标轴、图例、绘图区、数据系列等元素组成,如图5-32所示。

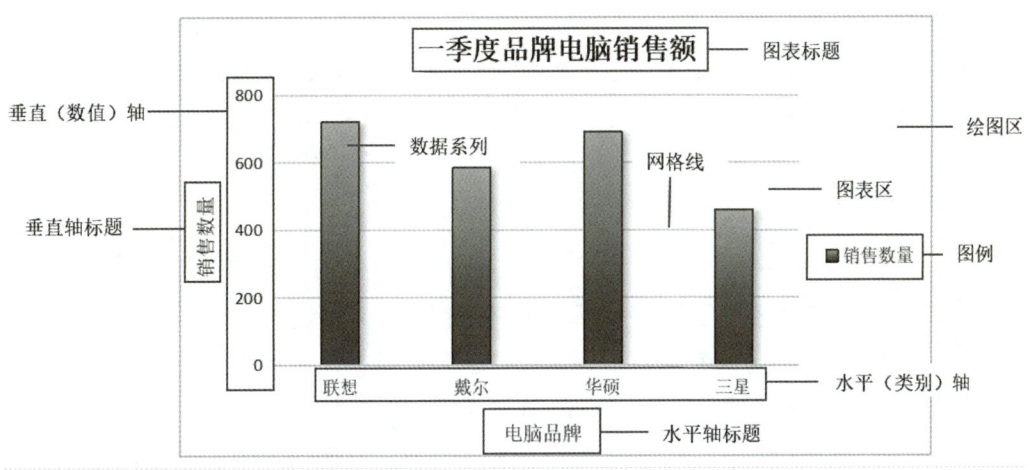

图5-32 图表组成元素

▶ 任务实施

技能点 3.1 新建并保存工作簿

(1)新建工作簿。启动WPS进入其工作界面,单击"新建"按钮 ,在打开的界面中单击"表格"按钮 ,然后选择"空白表格"项,系统将自动新建一个名为"工作簿1"的空白工作簿。

(2)保存工作簿。单击快速访问工具栏上的"保存"按钮 ,打开"另存为"窗口,在"位置"下拉列表中选择文件保存路径,在"文件名"文本框中输入"笔记本销售表"文本,然后单击"保存"按钮即可。

技能点 3.2 输入工作表数据

输入工作表数据

按照图 5-27 中的表格内容输入工作表原始数据，操作步骤如下所示。

（1）输入列标题。在工作表"Sheet1"中，选择 A1 单元格，输入"季度"，按【→】键切换到 B1 单元格，输入"月份"，使用相同的方法依次在 C1 至 G1 单元格中输入"联想""戴尔""华硕""三星""合计"列标题。

（2）填充各季度名称。在 A2 单元格中输入"一季度"，将鼠标指针移到 A2 单元格的填充柄上，向下拖动至 A4 单元格后释放鼠标，完成填充数据。使用相同的方法完成其他季度的填充。

提示：填充时，若相邻单元格数据相同，可拖动填充柄进行复制，若不相邻单元格数据相同，则通过复制粘贴操作完成。

（3）填充月份序列。在 B2 单元格中输入"一月"，拖动该单元格的填充柄到 B13 单元格，完成月份序列的填充。

（4）输入其余数据。在 B14 到 B17、C2 至 F13 单元格依次输入相应数据。

> **小知识**
>
> 　　有些数据虽全部由数字组成，如学号、电话、身份证号等，其形式表现为数值，但这些数字无须参加任何运算，WPS 表格可将其作为文本型数据处理，输入时应在数据前输入半角单引号"'"（如"'2023011001"），或者选定需要改变为文本的数据区域，将其改变成文本格式，再输入数字。

输入完成的工作表原始数据如图 5-33 所示。

提示：默认情况下，WPS 表格中文本型数据沿单元格左对齐，数值型数据沿单元格右对齐。

技能点 3.3 计算工作表数据

（1）使用公式计算合计。选择 G2 单元格，在公式编辑栏中输入"=C2+D2+E2+F2"，单击编辑栏中的"输入"按钮✓，得到一月的合计。拖动 G2 单元格填充柄到 G13 单元格，可复制公式，即计算出其他月份的合

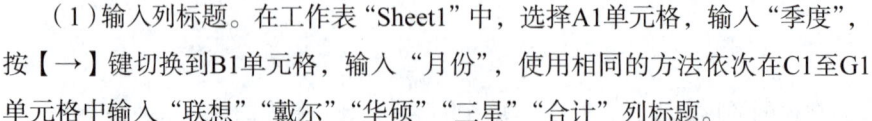

	A	B	C	D	E	F	G
1	季度	月份	联想	戴尔	华硕	三星	合计
2	一季度	一月	61	42	58	34	
3	一季度	二月	89	65	80	59	
4	一季度	三月	168	88	98	50	
5	二季度	四月	124	70	100	67	
6	二季度	五月	118	95	86	80	
7	二季度	六月	96	100	92	86	
8	三季度	七月	80	65	70	70	
9	三季度	八月	105	92	82	95	
10	三季度	九月	160	146	95	108	
11	四季度	十月	125	102	105	98	
12	四季度	十一月	96	82	76	88	
13	四季度	十二月	85	75	58	62	
14		平均值					
15		最大值					
16		最小值					
17		总计					

图 5-33 工作表原始数据

计，自动填充合计如图5-34所示。

（2）使用函数计算。选择C14单元格，输入"=AVERAGE(C2:C13)"，按【Enter】键，得到联想的平均值。

使用相同的方法，依次在C15单元格输入"=MAX(C2:C13)"，计算最大值；在C16单元格输入"=MIN(C2:C13)"，计算最小值；在C17单元格输入"=SUM(C2:C13)"，计算总计。

提示：函数可直接输入，也可以使用编辑栏中的"插入函数"按钮 fx，或者使用"公式"选项卡中"自动求和"按钮 ∑ 下方的下拉按钮插入函数。

选择C14:C17单元格区域，拖动填充柄到G17单元格，即计算出其他品牌的平均值、最大值、最小值及总计，自动填充函数计算如图5-35所示，至此完成表格中数据的计算。

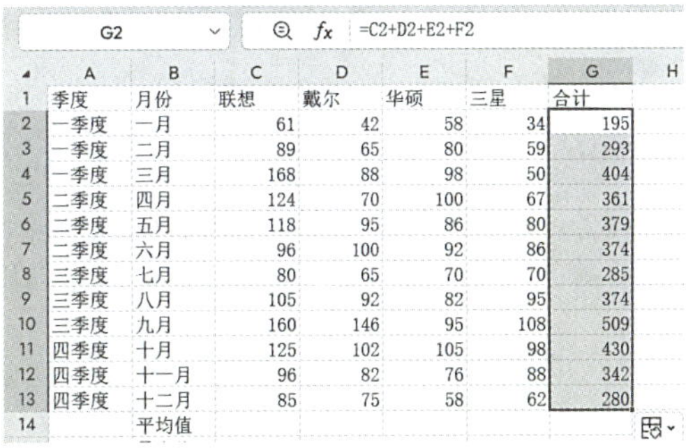

图5-34 自动填充合计

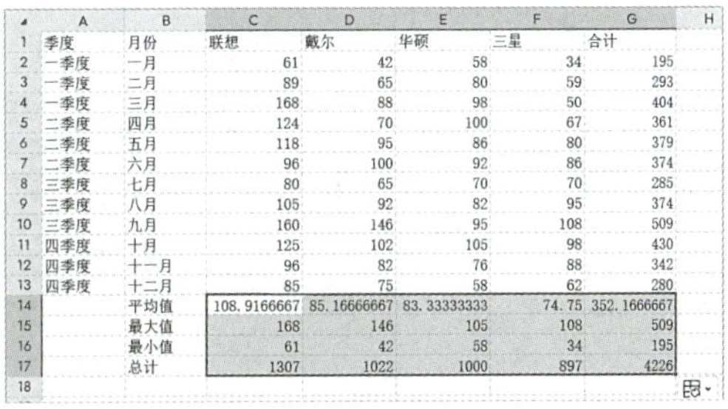

图5-35 自动填充函数计算

计算工作表
数据

技能点 3.4 设置单元格格式

（1）设置字体。选择A1:G1单元格区域，在"开始"选项卡中设置列标题格式为"加粗"、底纹为"钢蓝，着色1，浅色40%"。

（2）设置对齐方式和边框。选择A1:G17单元格区域，设置居中对齐，字体颜色为"钢蓝，着色1，深色25%"，外边框为"实线"，内边框为"黑色实线"。

（3）调整行高与列宽。把鼠标指向列标边线处，当鼠标变成双向箭头时，按住鼠标左键向右拖动，至合适列宽为止。

（4）设置数字格式。选择C14:G14单元格区域，打开"单元格格式"对话框如图5-36所示，选择"数字"选项卡，设置数值型，小数位保留1位。

技能点 3.5 工作表操作

（1）新建工作表。单击工作表标签右侧的"新建工作表"按钮 +，则在左侧插入一张空白工作表"Sheet2"。通过复制粘贴命令,把Sheet1工作表中的A1:G13单元格区域中的数据复制到Sheet2工作表中A1:G13单元格区域里。

(2)复制工作表。选择Sheet2工作表标签,按住【Ctrl】键的同时,按住鼠标左键向右拖动工作表标签,可以复制工作表,使用同样的方法,依次再复制2份工作表。

(3)重命名工作表。双击要重命名Sheet2工作表标签,工作表标签则为可编辑状态,输入"销售原表",单击工作表中该标签外的任意处或按【Enter】键退出,完成重命名工作表,使用同样的方法,分别为其余工作表重命名为"排序表""汇总表""筛选表"。工作表操作完成后效果如图5-37所示。

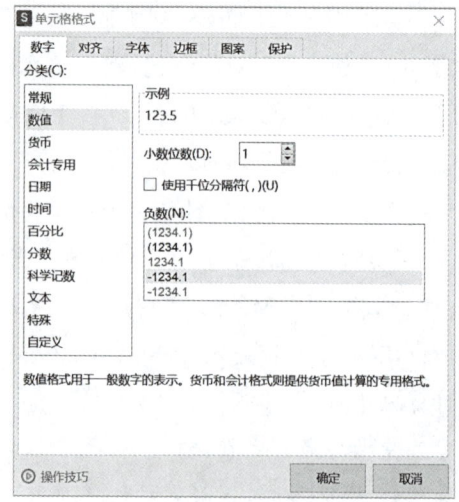

图5-36 "单元格格式"对话框

图5-37 工作表操作完成后效果

技能点 3.6 统计数据表相关数据

(1)根据季度、合计排序。

在"排序表"工作表中,选择整个数据清单,单击"数据"选项卡中"排序"下拉按钮 ,选择"自定义排序"项。

打开的"排序"对话框中,设置主要关键字为"季度""升序"。单击"添加条件"按钮,设置次要关键字为"合计""降序"。单击"确定"按钮即可,排序如图5-38所示。

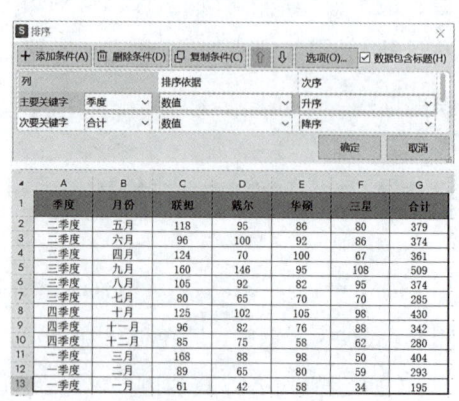

图5-38 排序

提示:排序时,每列数据的类型必须相同,列表的第一行是标题,同一列表中不能出现重复标题。

(2)对"季度"字段分类汇总,汇总方式为对各类笔记本求和。

在"汇总表"工作表中,选择整个数据清单,单击"数据"选项卡中"分类汇总"按钮 ,打开"分类汇总"对话框,分类字段为"季度",汇总方式为"求和",汇总项勾选"联想""戴尔""华硕""三星"字段名。单击"确定"按钮即可,分类汇总如图5-39所示。

统计数据表相关数据

提示：WPS表格中的工作表类似于数据库中的"表"，我们把表中的每行称作一个"记录"，每列称作一个"字段"，列标题作为表中的字段名。进行分类汇总的数据表中第1行必须有列标签，而且在分类汇总前必须对作为分类字段的列进行排序。

对数据进行分类汇总后，工作表内的数据包括具体的数据记录、各分类的数据汇总和整个表格数据的汇总三个层次，可以单击左上角1、2、3的"展开"按钮+和"收缩"按钮-显示或隐藏分类汇总的明细行。

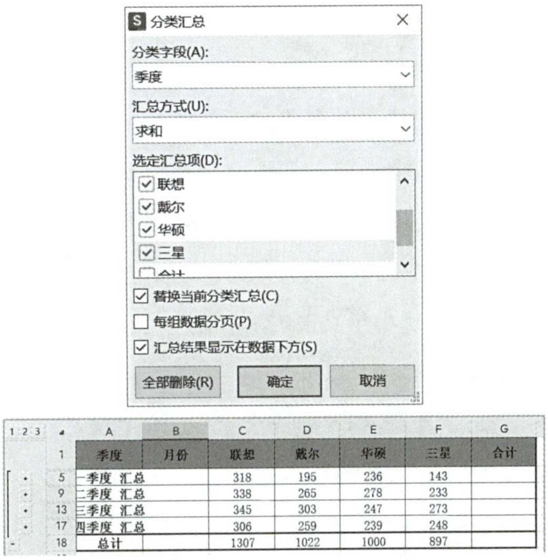

（3）利用高级筛选，筛选出三季度中"合计"大于300的所有记录。

图5-39 分类汇总

使用高级筛选的关键是设置用户自定义的条件，这些条件必须放在一个称为条件区域的单元格区域中。条件区域包括标题行和条件行两部分，本例中设置A15:B16单元格区域为条件区域。

在"筛选表"工作表中的数据清单下方A15:B15单元格区域分别输入"季度"和"合计"字段名，A16:B16单元格区域分别输入"三季度"">300"两个条件。

提示：当高级筛选条件有两个或两个以上时，条件的关系有两种情况，即"与"关系和"或"关系。要求筛选出两个条件都符合的数据，这是典型的"与"关系，构建条件时，必须让条件显示在同一行内。两个条件只要符合一个就可以，这是典型的"或"关系，构建条件时条件不能出现在同一行内，要分行输入。

选择整个数据清单，单击"数据"选项卡中的"筛选"下拉按钮，选择"高级筛选"项，打开"高级筛选"对话框。

单击"将筛选结果复制到其他位置"单选按钮，单击"条件区域"右侧按钮，拖选A15:B16条件区域，单击"复制到"右侧按钮，选择A18单元格。单击"确定"按钮即可，高级筛选如图5-40所示。

（4）在原位置中筛选戴尔大于100并且小于150的记录。

在"筛选表"工作表中，选择字段行，单击"数据"选项卡中"筛选"下拉按钮，

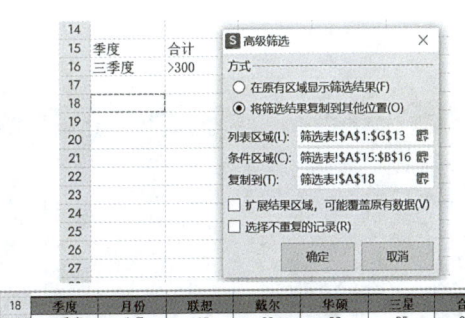

图5-40 高级筛选

选择"筛选"项,则工作表中每个字段名右侧都会出现一个下拉按钮。

单击"戴尔"字段的下拉按钮,在打开的下拉列表中,单击"数字筛选"按钮,在展开的列表项中选择"自定义筛选"选项,打开"自定义自动筛选方式"对话框,设置大于100并且小于150的条件筛选,自定义自动筛选如图5-41所示。

提示: 在WPS表格中还能通过颜色、数字和文本进行筛选,但是使用这类筛选方式都需要提前进行设置,选择字段时可以同时筛选多个字段的数据。

单击"确定"按钮即可,自动筛选结果如图5-42所示。

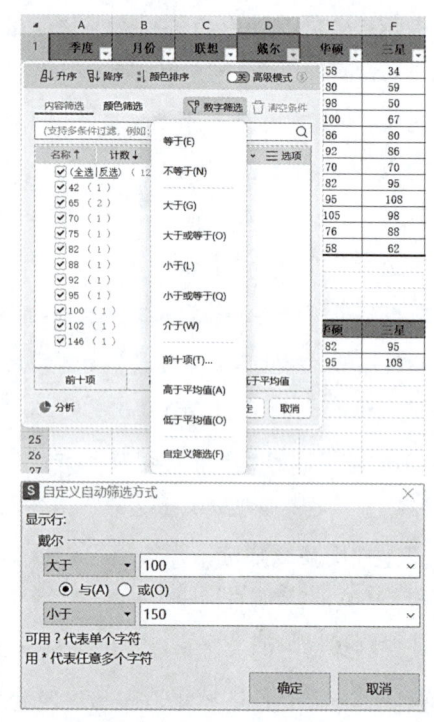

图5-41 自定义自动筛选

技能点 3.7 制作数据图表

(1)用柱形图分析各品牌笔记本销售情况。在"销售原表"工作表中,选择B1:F13单元格区域,单击"插入"选项卡中"插入柱形图"下拉按钮,在展开的下拉列表中选择"簇状柱形图",该图表被插入工作表中,在图表标题框中输入"品牌笔记本月销售情况比较图",插入图表如图5-43所示。

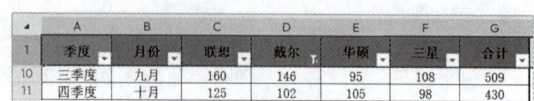

图5-42 自动筛选结果

制作数据图表

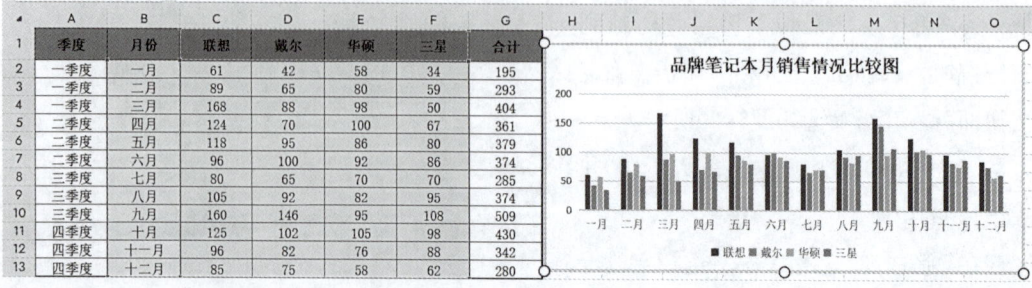

图5-43 插入图表

> **📝 小知识**
>
> 柱形图用于直观展示各项之间数据对比，折线图用于强调数值随时间变化的趋势，饼图用于直观显示各项的大小在各项总和中所占的比例。

（2）编辑图表

选择已建好的图表，会弹出新的选项卡"图表工具"，如图5-44所示，可以使用这些按钮和工具编辑生成的图表，如添加图表元素，修改图表样式，设置图表区域格式等。

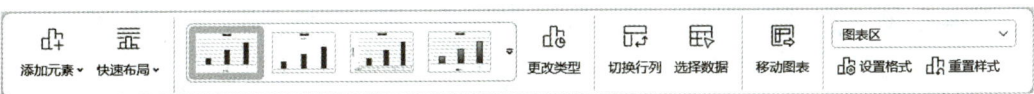

图5-44 "图表工具"选项卡

> **📝 思考总结**
>
> 电子表格可用于数据的输入、计算、分析和可视化展示，制作表格是一项非常实用的技能。在学习过程中要融会贯通，提升整理、处理信息的能力，促进信息素养的形成。在实际应用中，要不断探索，更加熟练和高效地运用表格进行数据处理，要善于发掘数据的潜在价值。

▶ **任务拓展**

数据有效性的应用

数据有效性是指对单元格中输入的数据限制在某个范围，例如，年龄是正整数，手机号是11位数字字符，可以通过数据有效性创建下拉列表进行数据的输入。

由于在笔记本销售表中季度只有固定的四个值，可以使用数据有效性控制输入。选择A2:A13单元格区域，单击"数据"选项卡中"有效性"按钮，打开"数据有效性"对话框，设置有效性允许条件为"序列"，来源中输入"一季度,二季度,三季度,四季度"，设置完毕后，单击"确定"按钮生效。单击A2单元格右侧的下拉框会显示下拉列表项，生成下拉列表框如图5-45所示。

提示： 输入数据时，每个季度之间的符号为英文输入法下的"逗号"。

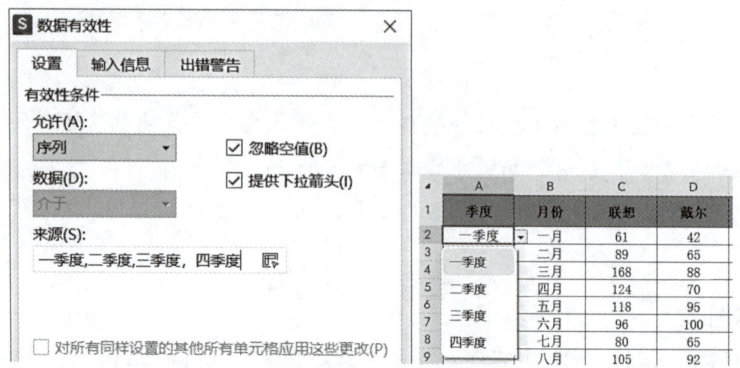

图5-45　生成下拉列表框

拓展阅读

汉字激光照排系统之父——王选

王选，中国科学院院士，中国工程院院士，计算机文字信息处理专家，计算机汉字激光照排技术创始人，主要致力于文字、图形、图像的计算机处理研究。1974年，我国设立"汉字信息处理系统工程"，简称"748工程"。王选通过分析比较，决定跳过印刷排版的第二代、第三代技术，直接跨越到第四代技术——激光照排，经过四年的连续攻关，1979年，我国首个汉字激光照排系统研制成功，开创了汉字印刷的新时代。王选被誉为"汉字激光照排系统之父"。

"高科技应做到'顶天立地'。"这是王选一生奋斗的信条。"顶天"即不断追求技术上的新突破，"立地"即把技术商品化，并大量推广、应用，而"顶天"是为了更好地"立地"。作为一名优秀的科学家，王选对科技创新一直给予高度关注。他主持研发的汉字激光照排系统为我国的新闻、出版行业信息化奠定了基础，实现了印刷革命，使我国在这个领域处于世界的前列。他的这种追求不懈的科研精神，对科研人员起到了很好的启发和示范作用。

任务总结

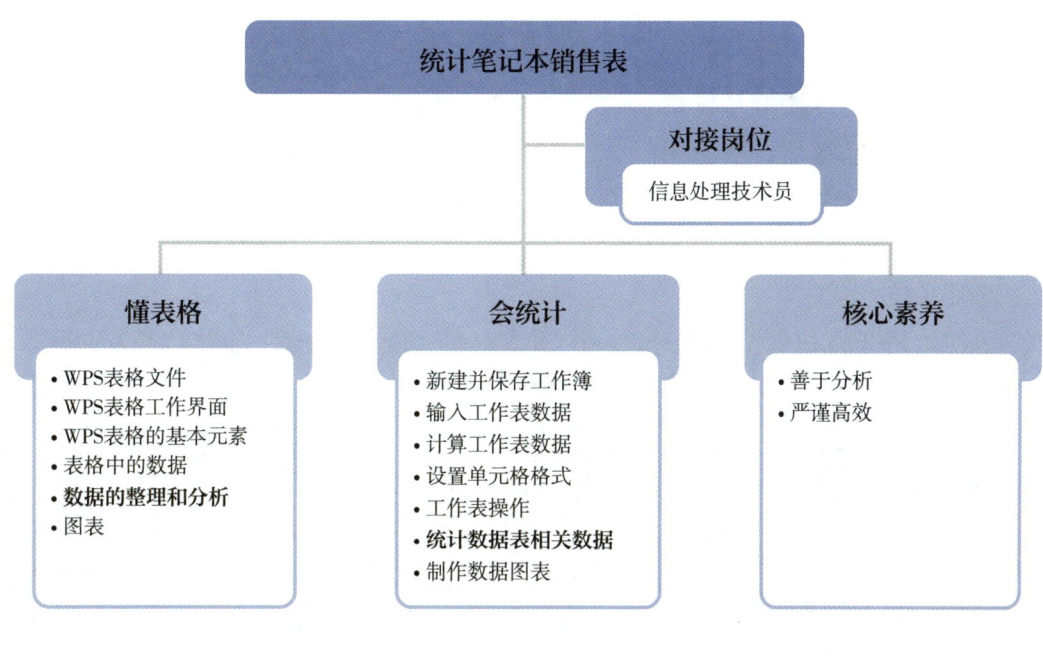

知识检测

一、判断题

1. 在WPS表格中，在单元格中输入的文本默认的对齐方式是居中对齐。
   （　　）
2. 在WPS表格中，可以使用填充柄执行单元格的复制操作。（　　）
3. 在WPS表格中，可按Shift+鼠标来选择多个不连续区域。（　　）
4. 当高级筛选条件有两个或两个以上时，条件的关系有与
   关系和或关系两种情况。（　　）
5. 在WPS表格中，一个图表建立好后，其标题不能修改或添加。（　　）

知识检测

二、选择题

1. 以下不属于WPS表格中数字分类的是（　　）。
   A．常规　　　　B．货币　　　　C．文本　　　　D．条形码
2. 在WPS表格中要想设置行高、列宽，应选用（　　）功能区中的"行和列"命令。
   A．开始　　　　B．插入　　　　C．页面布局　　　D．视图
3. 在WPS表格中，要输入公式必先输入（　　）。
   A．变量　　　　B．常量　　　　C．≥　　　　　　D．=

4. 在WPS表格中，可以通过（   ）功能区对所选单元格进行数据筛选，以得到符合要求的数据。

　　A．文件　　　　　　B．插入　　　　　　C．数据　　　　　　D．审阅

5. 在WPS表格中，对指定区域(C2:C4)求平均值的公式是（   ）。

　　A．=sum(C2:C4)　　　　　　　　　B．=average(C2:C4)

　　C．=max(C2:C4)　　　　　　　　　D．=min(C2:C4)

三、应用实践

按照如下图所示的基站情况统计表，在工作表中输入数据，并按要求完成对工作表的操作。

	A	B	C	D	E	F	G
1	业务信息	市区	基站名称	业务IP地址	网关IP地址	覆盖小区数量	接入用户数量
2	华为	上海	上海民富基站	10.106.210.158	10.106.210.157	3	2500
3	华为	上海	上海平盛基站	10.106.210.162	10.106.210.161	4	3600
4	华为	上海	上海宝田基站	10.106.210.166	10.106.210.165	3	3000
5	华为	北京	北京川岗基站	10.106.210.190	10.106.210.189	3	2900
6	华为	北京	北京富民基站	10.106.210.194	10.106.210.193	4	3100
7	华为	北京	北京加铭基站	10.106.210.198	10.106.210.197	3	2580
8	华为	北京	北京奋斗基站	10.106.210.202	10.106.210.201	3	3210
9	华为	天津	天津光明基站	10.107.54.66	10.107.54.65	4	3580
10	华为	天津	天津民志基站	10.107.54.70	10.107.54.69	3	3290
11	华为	天津	天津海城基站	10.107.54.74	10.107.54.73	3	3290
12	华为	天津	天津前进基站	10.107.54.78	10.107.54.77	4	3600
13	华为	成都	成都庆丰基站	10.107.54.102	10.107.54.101	3	2680
14	华为	成都	成都通达基站	10.107.54.106	10.107.54.105	3	3120
15	华为	成都	成都五星基站	10.107.54.110	10.107.54.109	4	3250
16	华为	成都	成都东明基站	10.107.54.114	10.107.54.113	3	2990
17	中兴	武汉	武汉鲁世基站	10.106.214.106	10.106.214.105	3	3110
18	中兴	武汉	武汉万胜基站	10.106.214.110	10.106.214.109	4	3280
19	中兴	武汉	武汉全鑫基站	10.106.214.114	10.106.214.113	3	2580
20	中兴	武汉	武汉欢胜基站	10.106.214.118	10.106.214.117	3	2790
21	中兴	长沙	长沙大桥基站	10.106.214.162	10.106.214.161	4	3460
22	中兴	长沙	长沙腾飞基站	10.106.214.166	10.106.214.165	3	2880
23	中兴	长沙	长沙兴隆基站	10.106.214.170	10.106.214.169	3	3190
24	中兴	长沙	长沙富源基站	10.106.214.174	10.106.214.173	4	3760
25	中兴	长沙	长沙远途基站	10.106.214.178	10.106.214.177	3	3120

（一）具体要求

（1）在工作表Sheet1的第一行前添加新行，在A1单元格中输入内容"基站情况统计表"。

（2）将A1:G1单元格区域合并后居中，设置字体为黑体，字号为18。

（3）用红色标出接入用户数量大于3000的记录，用蓝色标出大于2500的记录。

（4）使用函数计算覆盖小区数量的平均值及接入用户数量最大、最小值。

（5）为A2:G25单元格区域添加双实线外边框、单实线内部边框。

（6）对A2:G25单元格区域的数据根据"覆盖小区数量"列数值降序排序。

（7）使用分类汇总统计不同市区接入用户数量总数，分级显示选择分级2。

（二）注意事项

（1）操作工作表时，避免覆盖重要数据，确保输入内容准确。

（2）设置格式时，保持与整体风格协调，提高可读性。

（3）数据处理时，确保筛选条件准确，数据范围无误，分级显示便于查看。注意细节，确保工作高效准确。

任务4　展示常用工具软件

任务描述

WPS演示是主流的演示文稿制作软件，提供了演示文稿的创建、幻灯片编辑、动画设计、演示文稿的打包及放映等功能。学会使用WPS演示制作演示文稿是信息处理技术员的基本能力要求。

作为计算机的使用者要熟悉很多工具软件，能根据一些常用软件的基本信息，制作出集文字及各种对象为一体的教学课件。常用工具软件演示文稿如图5-46所示。

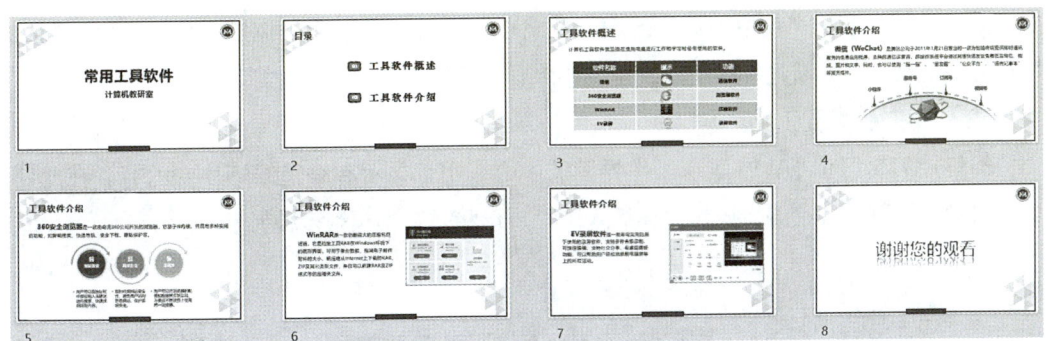

图5-46　常用工具软件演示文稿

知识学习

WPS演示是金山WPS Office套装的一部分，可以创建集文字、图像、声音、动画于一体的多媒体演示文稿，广泛用于会议、演讲、产品展示和教学课件等不同场合。WPS演示有界面友好、操作简单、功能强大等特点，是一款深受各行业欢迎的幻灯片制作软件。

4.1 WPS 演示文稿

WPS演示工作界面概述

演示文稿和幻灯片是相辅相成的两个部分，它们的关系是包含与被包含。演示文稿由幻灯片组成，每张幻灯片有自己独立表达的主题。制作一个演示文稿的过程实际上就是依次制作每张幻灯片的过程。

演示文稿的默认扩展名为".pptx"，也可以是".ppt"或者".dps"。"dps"是WPS演示文稿的一种文件保存格式，总的来说，".pptx"格式相对兼容性和特效更好。

4.2 WPS 演示工作界面

WPS演示的工作界面如图5-47所示，它与WPS文字和WPS表格的工作界面类似，其中快速访问工具栏、标题栏、菜单栏、选项卡和功能区等的结构及作用也很相近。

下面主要介绍WPS演示特有的功能。

（1）幻灯片/大纲浏览窗格

幻灯片/大纲浏览窗格用于显示演示文稿的幻灯片数量及位置，可以方便地掌握整个演示文稿的结构。在大纲窗格下列出了当前演示文稿中各张幻灯片的文本内容，在幻灯片窗格下，显示了整个演示文稿中幻灯片的编号及缩略图。在幻灯片/大纲浏览窗格中可以实现幻灯片的基本操作，如新建、移动、复制、删除、隐藏等。

（2）幻灯片编辑区

幻灯片编辑区位于WPS演示工作界面的中心，用于显示和编辑幻灯片的内容。在此处可以对幻灯片进行各种编辑操作，如插入图片、形状、音视频等多种元素。

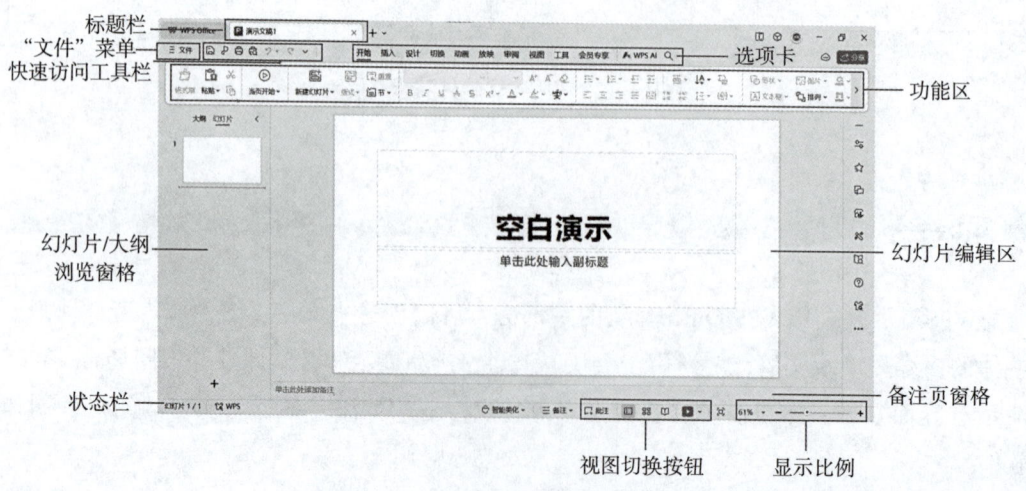

图5-47　WPS演示的工作界面

4.3　WPS 演示视图

WPS演示提供了普通视图、幻灯片浏览视图、阅读视图和备注页视图4种基本视图模式，如图5-48所示。

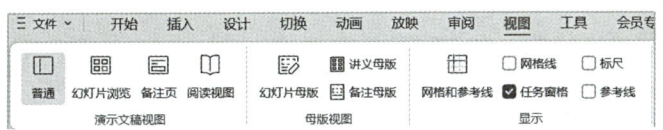

图5-48　4种基本视图模式

下面介绍各视图主要功能。

（1）普通视图

普通视图是WPS演示默认的视图模式，也是编辑幻灯片时常用的视图模式。在该视图下可以编辑单张幻灯片，也可以调整幻灯片的总体结构。

（2）幻灯片浏览视图

在幻灯片浏览视图下可以浏览演示文稿的整体效果，调整其整体结构，如调整演示文稿的背景、移动或复制幻灯片等，但是不能编辑幻灯片中的内容。

（3）阅读视图

进入阅读视图后，可以在当前计算机上以窗口的方式查看演示文稿的放映效果。

（4）备注页视图

在备注页视图下，可输入仅供制作者参考和查看的备注文字，在放映时，备注中的内容不会显示出来。

4.4　WPS 演示母版

WPS演示文稿中的母版是一个用于定义演示文稿中所有幻灯片统一样式和格式的模板。母版包含了演示文稿中所有幻灯片的共同元素，如背景设计、配色方案、字体样式、占位符位置和大小等。通过编辑母版，用户可以一次性地对整个演示文稿的外观和格式进行全局更改，使制作出来的演示文稿具有统一的风格。

母版分为三类：幻灯片母版、讲义母版和备注母版，其中最常用的是幻灯片母版。

4.5　WPS 演示版式

版式是幻灯片内容的布局，通过在幻灯片中预设占位符，设置文本、图片、表格、图表、形状和视频等元素的排列方式，布局新颖的版式能更好地体现创作者的意图，吸引观众的注意力，版式设计是幻灯片制作中的重要一环。

通常，版式由若干文本框组成，文本框中的占位符可以放置幻灯片的具体内容，如文字、表格、图片等。

WPS提供了多种预先定义的幻灯片版式，如图5-49所示，可以满足大多数实际应用的需要。应用幻灯片版式可使幻灯片的编辑工作更简单、更容易。

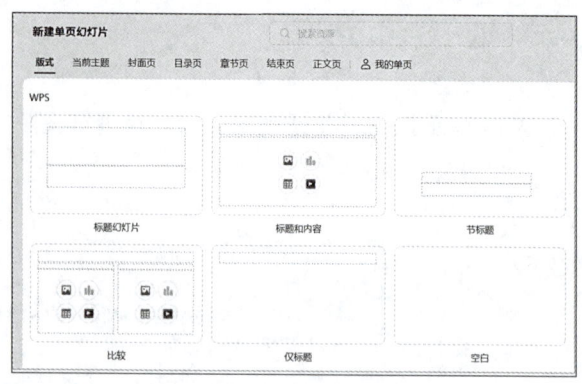

图5-49　幻灯片版式

4.6　多媒体对象

要制作出一份生动活泼、富有感染力的演示文稿，往往需要向幻灯片添加各种媒体对象。可以使用"插入"选项卡中相应按钮插入各种对象，"插入"选项卡如图5-50所示。

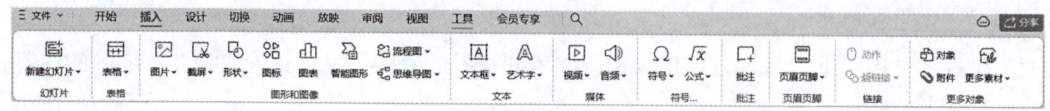

图5-50　"插入"选项卡

WPS演示提供了智能图形、思维导图、流程图、图标等图形和图像。智能图形以直观的方式表达信息关系，包括并列关系、循环关系、总分关系等，而且每种关系下还根据文字项数的不同进行了分类。思维导图运用图文并重的技巧，把各级主题的关系用相互隶属与相关的层级图表现出来。

为了使演示文稿声色动人、改善幻灯片在放映时的视听效果，用户可以在幻灯片中加入音频和视频等多媒体对象。音频一般可作为演示文稿的背景音乐，而视频一般作为辅助表达讲解的内容，更能直观形象地表达信息，提高演示文稿的可观赏性和说服力。

WPS演示文稿支持扩展名为.wmv、.asf、.avi、.mpeg等多种格式的视频文件。此外，在演示文稿中插入音频和视频后，还可以对插入的音频和视频进行编辑，如剪辑视频和播放方式等。

▶ 任务实施

技能点 4.1 新建并保存演示文稿

启动WPS，新建一个空白演示文稿，保存为"常用工具软件.pptx"。在默认情况下，演示文稿中只有一个标题幻灯片，标题幻灯片包含一个标题占位符和一个副标题占位符。

提示：在WPS Office或者其他类似办公软件中，占位符（Placeholder）是一种预先设计好的空白区域，用于在文档、幻灯片或其他应用中预留空间，以便用户插入文本、图片、图表、视频或其他对象。

技能点 4.2 设计幻灯片母版

设计幻灯片母版

（1）进入幻灯片母版视图。单击"视图"选项卡中"幻灯片母版"按钮，进入幻灯片母版编辑状态，"幻灯片母版"视图如图5-51所示，此时系统激活"幻灯片母版"选项卡。

提示：默认情况下，在幻灯片母版视图左侧窗格中的第1个母版（比其他母版稍大）称为"WPS母版"，在其中设置的内容和格式将影响当前演示文稿中的所有幻灯片；其下方的多个母版为幻灯片版式母版，在某个版式母版中进行的设置将影响使用了对应版式的幻灯片。

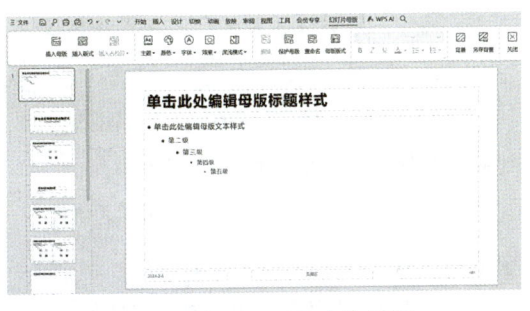

图5-51 "幻灯片母版"视图

（2）编辑WPS母版。在左侧的幻灯片窗格中选择第一个幻灯片，进行如下编辑。

①单击"插入"选项卡中"形状"下拉按钮，在展开的下拉列表中选择"矩形"，在此幻灯片母版中绘制一个矩形。单击"绘图工具"选项卡中相应按钮，设置形状轮廓为"钢蓝，着色1，深色25%"，形状填充为"无填充颜色"。

使用相同的方法，在母版已绘制的填充矩形下边中间位置，绘制一个矩形，设置形状轮廓为"钢蓝，着色1，深色25%"，形状填充为"钢蓝，着色1"，形状高度为"0.5厘米"，形状宽度为"6厘米"。

②单击"插入"选项卡中"图片"按钮，在展开的下拉列表中选择"本地图片"项，选择素材中"母版图1"图片，插入到母版左上角，设置图片格式为"置于底层"。

使用相同的方法，插入"母版图2"图片，并拖放在母版右下角位置；插入"校徽标志"

图片，并拖放在母版右上角位置。

③选择"母版标题样式"占位符中的文本，单击"开始"选项卡中"字体"功能组中相应按钮，设置字体颜色为"钢蓝，着色1，深色25%"，"文字阴影"。

使用相同的方法，选择"母版文本样式"占位符中的文本，设置字号为"20"磅。

WPS母版的设计如图5-52所示，至此，WPS母版编辑完毕。

提示：在WPS演示中，幻灯片母版标题样式默认字体是微软雅黑，字号是36磅，字形是加粗。幻灯片母版文本样式默认字体是微软雅黑，字号是18磅。

（3）编辑标题幻灯片版式。在"标题幻灯片版式"中，进行如下编辑。

①选择"母版副标题样式"占位符中的文本，设置字体颜色为"钢蓝，着色1，深色25%"，字号为"32"磅，"文字阴影"。

②选择"母版标题样式"占位符中的文本，设置"文字阴影"。

"标题幻灯片版式"的设计，如图5-53所示，至此，母版标题样式设置完毕。

（4）关闭幻灯片母版视图。单击"幻灯片母版"选项卡中"关闭"按钮⊠，退出幻灯片母版的编辑模式，可看到编辑母版后的效果。

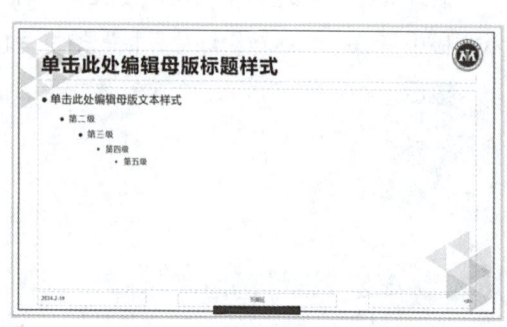

图5-52　WPS母版的设计

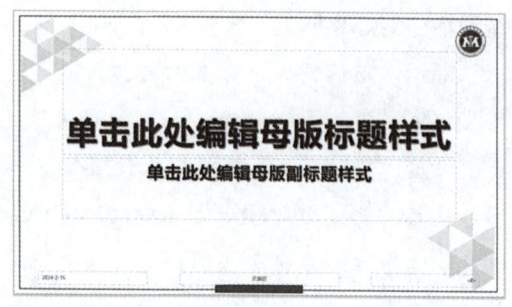

图5-53　"标题幻灯片版式"的设计

技能点4.3　制作标题页

在第一页的标题占位符中输入"常用工具软件"文本，副标题占位符输入"计算机教研室"文本，标题页效果如图5-54所示。

图5-54　标题页效果

技能点4.4　制作目录页

默认情况下，新建演示文稿时只包含一张幻灯片，若演示文稿的内容需要由多张幻灯片表达，就需要添加新的幻灯片。

（1）新建一张"仅标题"版式幻灯片，在标题占位符输入"目录"文本。

（2）编辑圆角矩形。单击"插入"选项卡中"形状"下拉按钮，在展开的下拉列表中选择"圆角矩形"，在"目录"文本下方绘制一个圆角矩形。

制作标题页和目录页

选择圆角矩形，单击"绘图工具"选项卡中相应按钮，设置形状填充为"钢蓝，着色1，浅色60%"，形状高度为"1.2厘米"，形状宽度为"1.8厘米"。

使用鼠标右键单击圆角矩形，在弹出的快捷菜单中选择"编辑文字"项，输入"01"文本，设置字体为"华文中宋"，字号为"18"磅，字体颜色为"白色"。

（3）编辑文本框。单击"插入"选项卡中"文本框"下拉按钮，在圆角矩形的右侧插入一个文本框，文本内容输入"工具软件概述"文本，设置字体为"华文中宋""加粗""文字阴影"，字号为"40"磅，字体颜色为"钢蓝，着色1，深色25%"，字符间距为"加宽8磅"。

提示：同一页幻灯片上的字体种类不宜超过两种，微软雅黑、华文细黑等字体适用于任何场合的演示文稿。

（4）复制形状。选中圆角矩形和文本框，按住【Ctrl】键向下拖动图形，将其向下复制1份，修改其中的文本内容。

至此，第2张幻灯片目录页制作完毕，目录页效果如图5-55所示。

提示：同一页幻灯片上文字颜色不宜超过3种。文字颜色应与背景色形成较大反差，如深色背景浅色文字、暗色背景亮色文字等。

图5-55　目录页效果

技能点4.5　制作内容页

（1）制作工具软件概述内容页。新建一张"标题和内容"版式幻灯片，进行如下编辑。

①标题占位符中输入"工具软件概述"文本，文本占位符中输入素材中文字。

②单击"插入"选项卡中"表格"下拉按钮，在展开的下拉列表中选择"插入表格"项，打开"插入表格"对话框，插入5行3列表格，插入表格如图5-56所示。

③适当调整表格大小，列标题位置依次输入"软件名称""图示""功能"文本，表格行其他内容按"表格图示"素材输入。

④设置表格第一行文本的字号为"24"磅，其他行文本字号为"20"磅。选择整个表格，单击"表格工具"选项卡中相应按钮，设置"加粗""居中对齐""水平居中"。

制作带有表格的内容页

⑤选择第2列的第2行单元格,在本地图片中选择素材中微信图片,此单元格中插入微信图标,适当调整图片位置与大小。使用同样的方法,完成其他三款软件图示图片的插入。

至此,第3张幻灯片制作完毕,工具软件概述内容页效果如图5-57所示。

(2)制作微信内容页。新建一张"标题和内容"版式幻灯片,进行如下编辑。

①标题占位符中输入"工具软件介绍"文本,文本占位符中输入素材中文字。

②设置段落格式为"首行缩进为2字符",选择开头文字"微信(WeChat)",设置字号为"28"磅,字体颜色为"钢蓝,着色1,深色25%",字体"加粗"。

③单击"插入"选项卡"智能图形"按钮,在打开的界面中,选择"精选"类别中"4项"的相应智能图形,如图5-58所示。智能图形插入幻灯片后,根据智能图形内文字提示,输入相应文本,并调整其大小,移至合适位置。

制作带有智能图形的内容页

至此第4张幻灯片制作完毕,微信内容页效果如图5-59所示。

(3)制作360安全浏览器内容页。使用同样的方法,制作第5张幻灯片,360安全浏览器内容页效果如图5-60所示。

(4)制作WinRAR内容页。新建一张"两栏内容"版式幻灯片,进行如下编辑。

①标题占位符中输入"工具软件介绍"文本,在左栏中按照素材输入文字内容。

②选择开头文字"WinRAR",设置字号

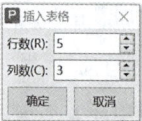

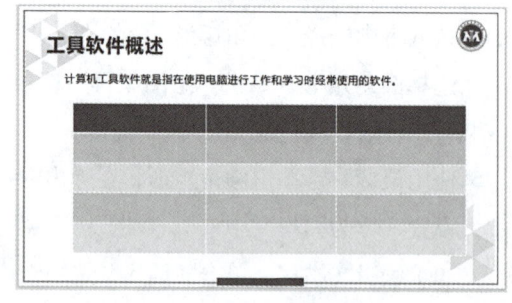

图5-56 插入表格

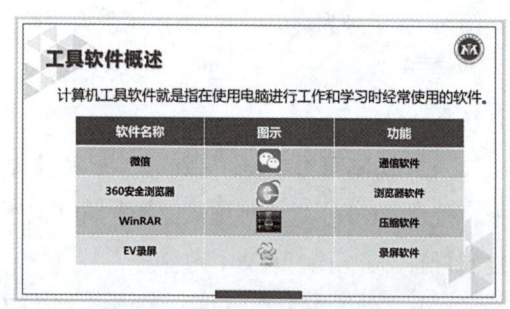

图5-57 工具软件概述内容页效果

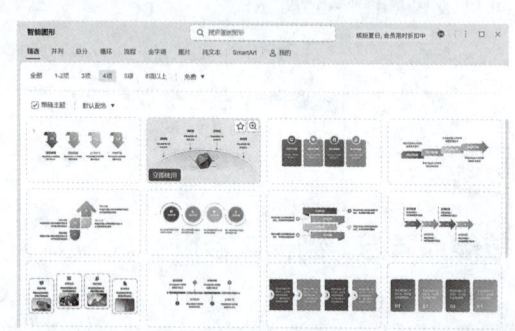

图5-58 智能图形

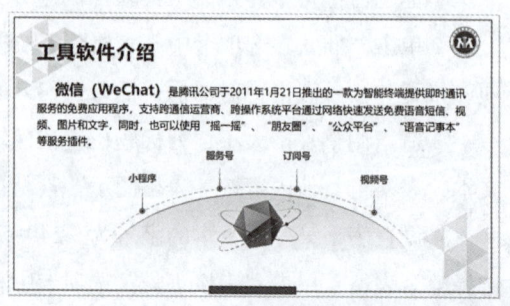

图5-59 微信内容页效果

为"28"磅，字段颜色为"钢蓝，着色1，深色25%"，字体"加粗"。设置首行缩进为2字符。

提示：每页幻灯片中的文字不宜超过200字，并将重点词汇加粗、加亮、加底纹或者换颜色，吸引观众注意力。若幻灯片中文字较多时，不方便阅读，容易影响观众的阅读兴趣。

③单击右栏中"插入图片"图标，插入素材中"WinRAR"图片，调整图片大小。单击"图片工具"选项卡中"效果"下拉按钮，在展开的下拉列表中选择"阴影"项中"外部"的"右下斜偏移"样式，调整左栏文本与右栏图片位置相匹配。

至此，第6张幻灯片制作完毕，WinRAR内容页效果如图5-61所示。

（5）制作EV录屏软件内容页。使用同样的方法，制作第7张幻灯片，EV录屏软件内容页效果如图5-62所示。

技能点4.6 制作结束页

①新建一张"空白"版式幻灯片。

②编辑艺术字。单击"插入"选项卡中"艺术字"下拉按钮，在展开的下拉列表中选择艺术字预设分类中第2行第1列项，在插入的艺术字上输入"谢谢您的观看"文本。

选中艺术字后，激活"文本工具"选项卡，设置艺术字填充为"钢蓝，着色1，深色25%"，设置艺术字文字效果中的倒影为"半倒影，4pt偏移量"样式。

至此，第8张幻灯片制作完毕，带艺术字的结束页如图5-63所示。

图5-60　360安全浏览器内容页效果

制作两栏内容页

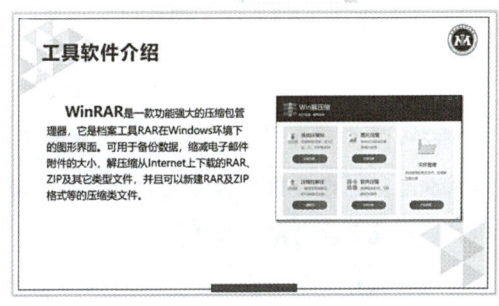

图5-61　WinRAR内容页效果

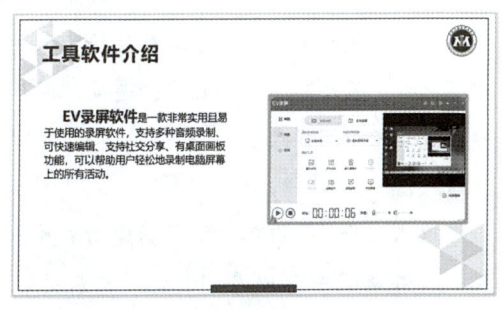

图5-62　EV录屏软件内容页效果

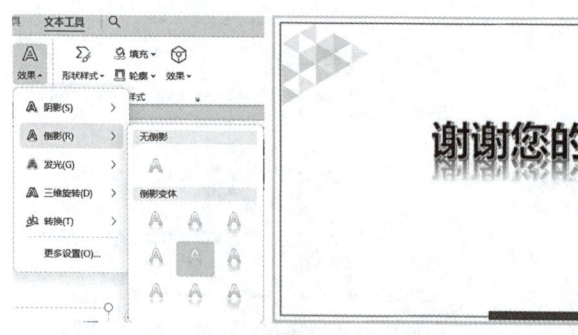

制作带有艺术字
的结束页

图5-63 带艺术字的结束页

> **思考总结**
>
> 　　设计母版可以控制演示文稿的整体外观。在制作演示文稿时，首先设计幻灯片母版，然后再编辑每张幻灯片的具体内容，基本原则是简练、整齐、逻辑清晰、重点突出。幻灯片中除了文本之外，还包含图片、形状和表格等对象。在使用过程中，可以思考如何通过合理的布局和内容组合，提高演示文稿的表现力。

任务拓展

制作幻灯片自定义版式

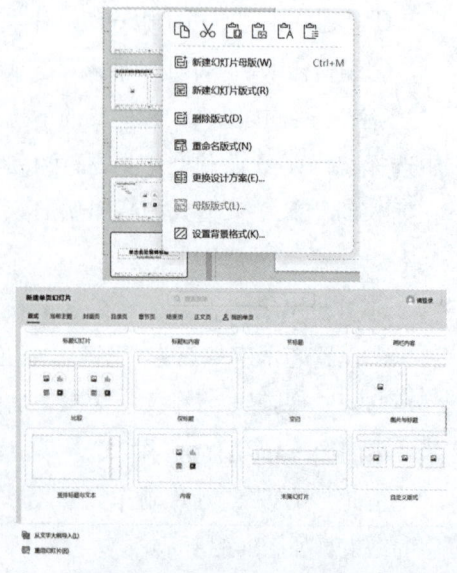

　　在WPS演示文稿中，用户可以根据自己的需求和喜好，设计出符合特定主题风格的幻灯片版式，这就需要自定义版式。

　　使用鼠标右键单击"幻灯片母版"左侧窗格中最后一张版式母版，在弹出的快捷菜单中选择"新建幻灯片版式"项，则在最后面插入一张新版式。在新版式中，单击"幻灯片母版"选项卡中"插入占位符"下拉按钮，选择"图片"选项，插入三个同样大小的图片占位符，关闭幻灯片母版。

　　单击"开始"选项卡中"新建幻灯片"下拉按钮，在版式中可以看到自定义幻灯片版式如图5-64所示。

图5-64 自定义幻灯片版式

拓展阅读

中国软件行业的发展前景与挑战

随着技术的不断进步和应用领域的拓展，中国软件行业的发展前景十分广阔。数字化、网络化、智能化的趋势正在加速推动软件行业的发展，为软件企业提供了更多的商机和发展空间。同时，新兴技术的应用，如人工智能、云计算、大数据等，正在改变软件行业的格局，为软件企业带来了更多的创新机会。

然而，中国软件行业的发展也面临着一些挑战。首先，人才短缺问题日益突出。随着软件行业的快速发展，对高素质、专业化的人才需求越来越大，需要企业加强人才培养和引进。其次，信息安全问题也日益受到关注。随着软件应用的普及，信息安全问题越来越突出，需要企业加强技术研发和安全保障能力，需要政府、企业和社会各界共同努力，加强人才培养、技术研发和安全保障等方面的工作，推动软件行业持续健康发展。同时，也需要加强国际合作与交流，共同推动软件行业的进步与发展。

任务总结

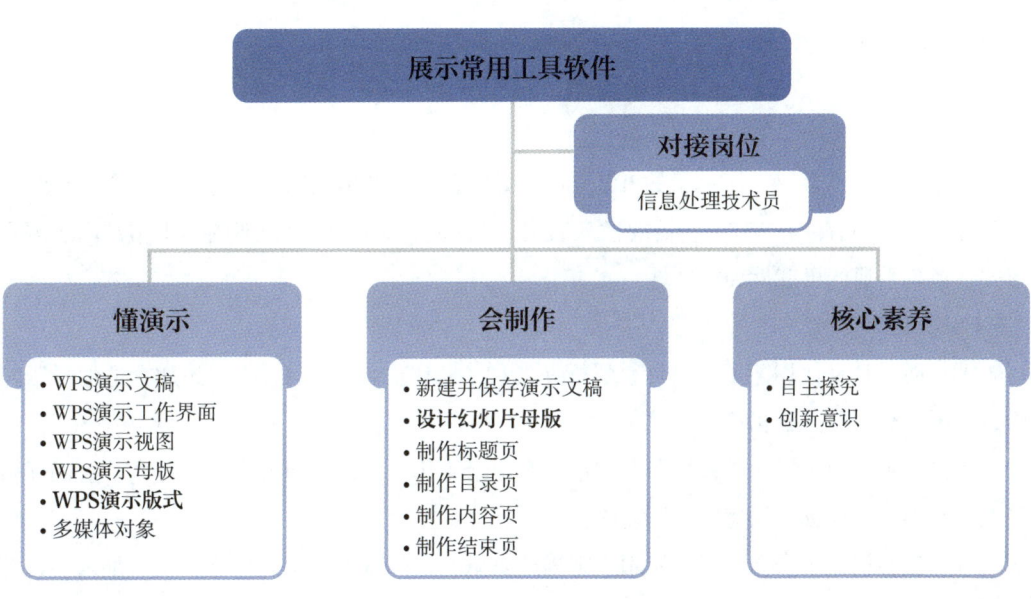

知识检测

一、判断题

1. 在阅读视图中，可以对幻灯片中的对象进行编辑操作。　　　　（　　）

知识检测

2. 在幻灯片浏览视图中，可以同时看到演示文稿的多幅幻灯片缩略图。（   ）
3. 在WPS演示中，已插入到占位符中的文本无法修改。（   ）
4. WPS演示提供了幻灯片母版、讲义母版和备注母版。（   ）

二、选择题

1. 在WPS演示的各种视图中，只显示单张幻灯片，并可以进行文本编辑的视图是（   ）。
   A．普通视图   B．幻灯片浏览视图
   C．幻灯片放映视图   D．备注页视图
2. 画矩形时，按住（   ）键能画出正方形。
   A．【Ctrl】   B．【Alt】   C．【Shift】   D．以上都不是
3. 在WPS演示中，可以添加（   ）对象。
   A．文字   B．图片   C．文本框   D．以上都可以
4. 通过（   ）选项卡可以在WPS演示文稿的幻灯片中创建表格。
   A．视图   B．插入   C．审阅   D．开始
5. WPS演示文稿幻灯片中占位符的作用是（   ）。
   A．表示文本的长度   B．限制插入对象的数量
   C．表示图形的大小   D．为文本、图形预留位置

三、应用实践

制作一份腾讯会议工作手册的PPT，涵盖腾讯会议的基本操作、功能介绍、会议组织与管理等方面的内容。在PPT中，需要插入表格、艺术字、形状以及智能图形来丰富内容展现形式，提高手册的可读性和实用性。

（一）具体要求

①封面设计：使用艺术字设计手册标题，如"腾讯会议工作手册"。添加合适的母版作为背景图，与手册主题相符。

②目录页：使用形状或智能图形创建一个目录结构，列出手册的主要内容章节。确保目录结构清晰，方便读者快速定位所需内容。

③腾讯会议基本操作介绍：使用文字描述腾讯会议的基本登录、创建会议、加入会议等操作流程。插入形状或图标，辅助说明操作步骤。

④功能介绍：列举腾讯会议的主要功能，如屏幕共享、聊天互动、录制会议等。使用表格展示各项功能及其简要说明。

⑤会议组织与管理：介绍如何设置会议议程、邀请参会人员、管理会议权限等。可以使用流程图或时间线等智能图形展示会议组织流程。

⑥常见问题与解答：列出一些常见的腾讯会议使用问题及其解答。可以使用文本框对图片或截图中的关键部分进行解释说明。

⑦结尾页：感谢观看，并提供联系方式或相关资源链接，方便读者进一步了解或咨询。

（二）注意事项

①发挥创意，设计个性化的PPT风格，但要确保与手册主题相符。

②在制作过程中注意版权问题，避免使用未经授权的图片或内容。

任务 5 展示手机电子产品

任务描述

WPS演示可以通过形状、图像、视频、动画等多媒体形式表现复杂的内容，制作出图文并茂、富有感染力的演示文稿。学会使用WPS演示编辑多媒体形式动态演示文稿是信息处理技术员的基本能力要求。

作为公司商务职员，经常在和新客户洽谈或外出参加一些交流会议时，需要介绍公司产品。为了更好地推销公司产品，配合演讲宣传，需要制作出一个生动有效的电子产品演示文稿，手机电子产品演示文稿如图5-65所示。

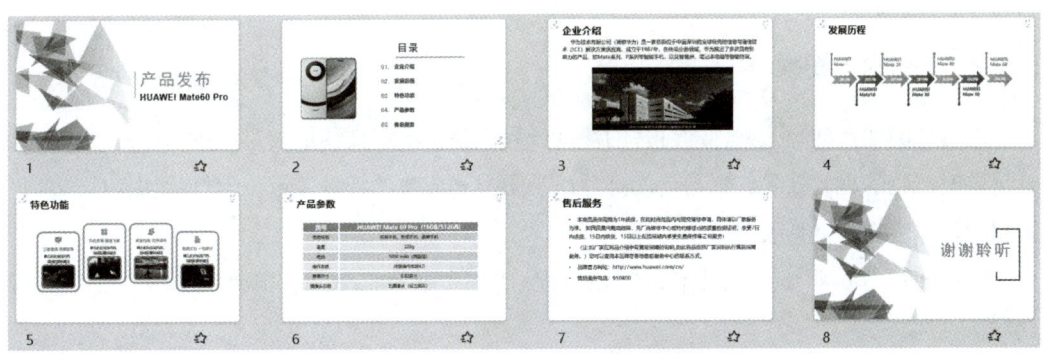

图5-65 手机电子产品演示文稿

知识学习

为了美化演示文稿，使制作出来的幻灯片具有统一的风格、良好的布局及合理的色彩搭配，可以使用WPS演示提供的设计主题快速达到效果。在制作演示文稿时，根据讲解的需要，为幻灯片中的某些元素添加一些动态效果，可以使整个演示文稿显得更加生动。

5.1 WPS 动画效果

在制作演示文稿的过程中，除了精心组织内容、合理安排布局，还需要应用动画效果控制幻灯片以及其所包含对象的进入方式和顺序，以便突出重点，控制信息播放的流程，从而使放映的演示文稿具有动态效果，来吸引观众的注意力。WPS动画效果分为"对象动画"和"幻灯片切换"两种。

多媒体形式动态演示文稿

5.1.1 对象动画

WPS演示对象动画，又称自定义动画，是指赋予WPS演示文稿中的文本、图片、形状、表格、智能图形和其他对象进入、退出、大小或颜色变化甚至移动等特殊视觉效果。一个对象可以添加一种动画效果，也可以添加多种动画效果。

在WPS演示中，可以使用"动画"选项卡中相应按钮设置动画效果，"动画"选项卡如图5-66所示。

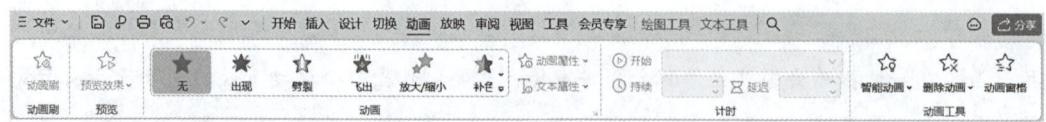

图5-66 "动画"选项卡

5.1.2 幻灯片的切换

幻灯片的切换动画，又称幻灯片的切换效果，是指演示文稿播放过程中幻灯片进入和离开屏幕时产生的视觉效果，也是让幻灯片以动画方式放映的特殊效果。幻灯片切换使幻灯片显得生动、有趣、更具吸引力。

可以使用"切换"选项卡中相应按钮设置幻灯片切换动态效果，"切换"选项卡如图5-67所示。

图5-67 "切换"选项卡

> **📝 小知识**
>
> 可以为幻灯片统一设置相同的切换效果或者切换方式,也可以为每张幻灯片设置与其他幻灯片不同的切换效果和切换方式。选定一种切换效果后,还可以设置切换速度、是否有声音等。

5.2 超链接与动作设置

演示文稿放映时,默认是按幻灯片在演示文稿中的排列顺序进行放映的。为了改变幻灯片的放映顺序,让用户来控制幻灯片的放映,可以通过向演示文稿插入超链接或动作按钮来实现。

5.2.1 超链接

超链接是从一个幻灯片到另一个幻灯片、另一个文件、网页或电子邮件等的一个连接。在WPS演示中,可以为图片、形状、文字、文本框、艺术字、图表等对象添加超链接。

超链接不能在创建时激活,在播放演示文稿时会自动激活,当鼠标指针指向超链接,鼠标指针变成手形时,单击即会跳转到所链接的目标幻灯片或其他对象。

5.2.2 动作设置

动作设置具有与超链接相似的功能,可以通过鼠标单击或鼠标移过某对象时跳转到下一张幻灯片、上一张幻灯片、第一张幻灯片、最后一张幻灯片、指定的某张幻灯片、网页、其他WPS演示文稿或其他文件等。

动作按钮是WPS演示预置了具有超链接功能的图形按钮,如前进、后退、开始、结束等。动作按钮特点是使用便捷,更加灵活自如,但是只能在本演示文稿中跳转。

可以在"插入"选项卡中选择"形状"按钮,在展开列表的"动作按钮"类别中,选择所需动作按钮设置相应动作,动作按钮如图5-68所示。

图5-68 动作按钮

5.3 演示文稿的放映

演示文稿制作完成后,通过放映来展示演示文稿的内容。放映演示文稿的方式可以根据用户的具体要求进行设置。幻灯片放映视图占据整个计算机屏幕，同时可以看到文字、影片、动画元素、切换效果等。

可以使用"放映"选项卡中相应按钮设置演示文稿放映效果，"放映"选项卡如图5-69所示。

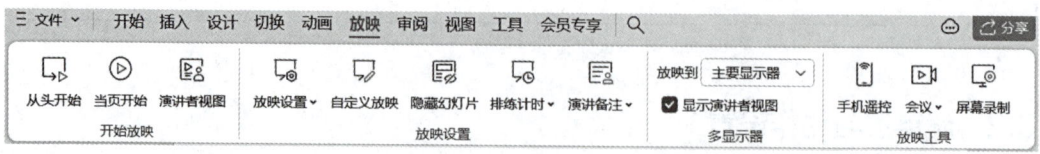

图5-69 "放映"选项卡

5.4 演示文稿的发布

除了在本地放映演示文稿外，也可以打印演示文稿，或输出为其他便于传播的格式，如PDF、图片、压缩包、视频等，或者上传到云端与他人分享。

任务实施

技能点 5.1 设置主题

（1）新建一个空白演示文稿，保存为"手机电子产品.pptx"。

（2）设置演示文稿的主题。单击"设计"选项卡中"更多设计"按钮，在展开的主题列表中，选择要应用的"商业发布会"主题，在右侧显示这个主题的所有方案，选择封面页、目录页、结束页等主题页，选择幻灯片主题如图5-70所示，单击"应用并插入"按钮，这3类页面插入幻灯片中，即在WPS演示中插入了一个设计主题。

设置应用主题

提示：可以为演示文稿中的所有幻灯片应用系统内置的某一主题。主题是指一组统一的设计元素，使用颜色、字体和图形设置文档的外观以及幻灯片使用的背景。

图5-70 选择幻灯片主题

技能点 5.2　设置封面页和目录页

（1）设置封面页。在封面页中，标题占位符修改为"产品发布"。在副标题占位符中输入"HUAWEI Mate60 Pro"，设置字号为"36"磅，"加粗"，"文字阴影"。至此，第1张幻灯片——封面页设置完毕，设置封面页如图5-71所示。

（2）设置目录页。在目录页中，依次在目录1~5内容占位符中输入"企业介绍""发展历程""特色功能""产品参数""售后服务"文本。单击"插入"选项卡中"图片"下拉按钮，在展开的下拉列表中选择"本地图片"项，在素材中选择"手机图片"图片，调整已插入的图片大小高度为"9.25"厘米，宽度为"8.5"厘米，调整图片位置为目录页左侧。

至此第2张幻灯片——目录页设置完毕，设置目录页如图5-72所示。

图5-71　设置封面页

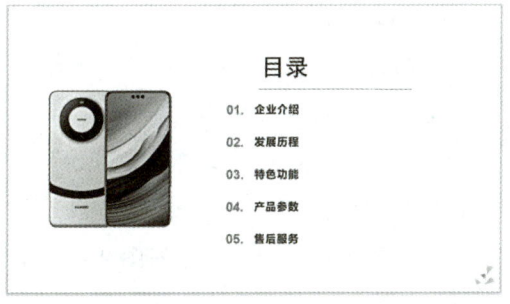
图5-72　设置目录页

技能点 5.3　制作正文页

（1）制作企业介绍页。在目录页下方新建一张"标题和内容"版式的幻灯片，在标题占位符中输入"企业介绍"文本，设置字号为"36"磅。在文本框中输入素材中文本，设置字号为"20"磅。

制作正文页

提示： 在后面的第3~7张幻灯片中，标题与内容文本字号均按上述设置，也可使用母版统一设置字号。

单击"插入"选项卡中"视频"下拉按钮，从下拉按钮中选择"嵌入视频"项，插入素材中视频。在"视频工具"选项卡，如图5-73所示，设置视频播放方式为"单击"开始，勾选"全屏播放"。

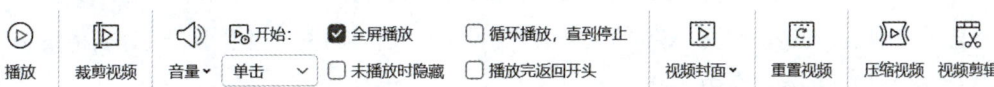

图5-73　"视频工具"选项卡

至此，第3张幻灯片——企业介绍页制作完毕，企业介绍页效果如图5-74所示。

（2）制作发展历程页。单击"开始"选项卡中"新建幻灯片"下拉按钮，在新建单页幻灯片列表中，选择"流程-5-正文页"主题页。在标题占位符中输入"发展历程"文本，按照"HUAWEI Mate"系列发展历程的时间顺序，在智能图形的"数字"位置填写时间，在"添加标题"位置分别输入"HUAWEI Mate"系列手机型号。

调整母版版本为"标题和内容"版式，至此第4张幻灯片——发展历程页制作完毕，发展历程页效果如图5-75所示。

（3）制作特色功能页。单击"开始"选项卡中"新建幻灯片"下拉按钮，在新建单页幻灯片列表中，选择"并列图文-3"主题页。

在标题占位符中输入"特色功能"文本，使用鼠标右键单击图形中第一张图片，在弹出的快捷菜单中选择"更改图片"项，打开的"更改图片"对话框中，选择素材库中"卫星通话"图片，完成图片的更改设置。

在与该图片对应的文本框处输入"卫星通话 纵横四海"文本，使用相同的方法，完成其他图片与文本的设置。

调整母版版式为"标题和内容"版式，至此，第5张幻灯片——特色功能页制作完毕，特色功能页效果如图5-76所示。

（4）制作产品参数页。新建一张"标题和内容"版式的幻灯片，在标题占位符处输入"产品参数"文本。在内容占位符处插入7行2列表格，按照素材库中内容在表格中输入文字。

输入完成后，设置标题行文字的字号为"24"磅，适当调整表格大小。选择表格文字，设置"居中对齐""水平居中"。

至此，第6张幻灯片——产品参数页制作完毕，产品参数页效果如图5-77所示。

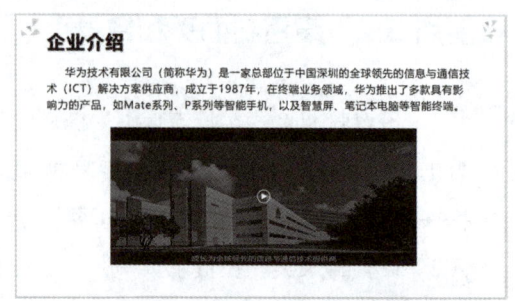

图5-74　企业介绍页效果

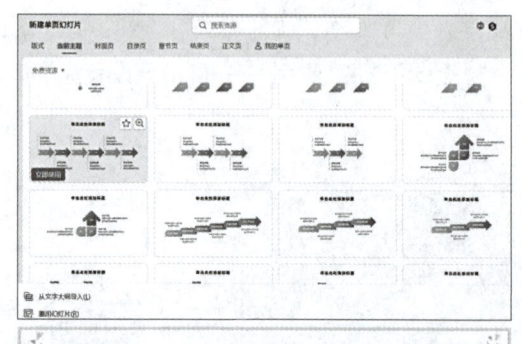

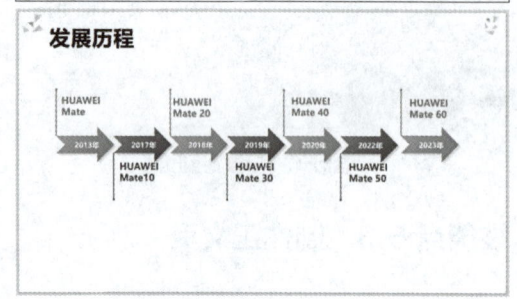

图5-75　发展历程页效果

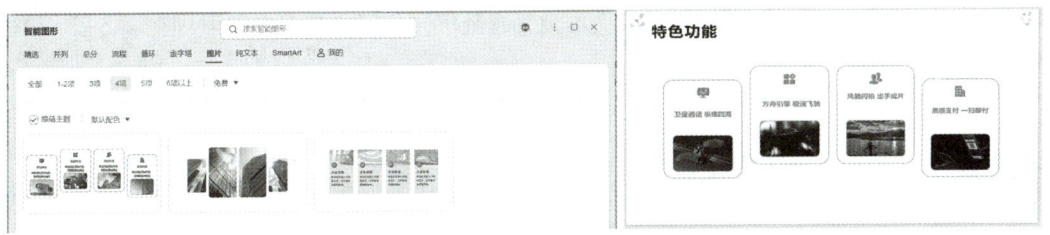

图5-76 特色功能页效果

图5-77 产品参数页效果

图5-78 售后服务页效果

（5）制作售后服务页。新建一张"标题及内容"版式的幻灯片，在标题占位符处输入"售后服务"文本。在文本框中根据素材输入文本。至此，第7张幻灯片——售后服务页制作完毕，售后服务页效果如图5-78所示。

（6）结束页使用默认的样式，结束页效果如图5-79所示。

图5-79 结束页效果

技能点5.4 设置超链接

在第2张幻灯片目录页中，选择第一条目录"企业介绍"文本，单击"插入"选项卡中"超链接"按钮，打开"编辑超链接"对话框，单击"链接到"中"本文档中的位置"按钮，在"请选择文档中的位置"列表框中选择要链接到的第3张幻灯片，设置超链接如图5-80所示，单击"确定"按钮完成超链接的添加。

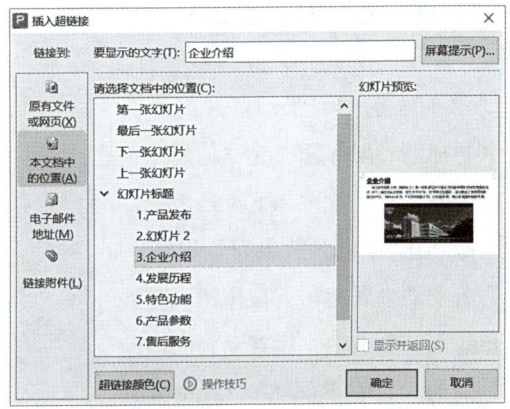

图5-80 设置超链接

使用同样的方法，为其他4处目录文本设置超链接，分别将其链接到第4张、第5张、第6张、第7张幻灯片。

技能点 5.5　设置切换效果

（1）选择第1张幻灯片，在"切换"选项卡的"切换效果"下拉列表中选择"推出"项，选择切换效果如图5-81所示。

图5-81　选择切换效果

提示：单击"切换"选项卡中"效果选项"按钮，可以为添加的切换动画设置不同的显示效果。例如"推出"动画可以选择"向上""向下""向左""向右"4种切换效果。需要注意的是，不同切换动画的效果选项中的参数是有所区别的。

图5-82　设置切换效果

（2）在"切换"选项卡的"声音"下拉列表中选择"照相机"选项，可为幻灯片的切换设置声音，设置切换效果如图5-82所示。

提示：勾选"单击鼠标时换片"复选框，表示放映演示文稿时通过单击鼠标来切换幻灯片，勾选"自动换片"复选框表示在设置的时间后自动切换幻灯片。

（3）单击"切换"选项卡的"应用到全部"按钮，为所有幻灯片添加相同的切换效果。

设置动画效果

技能点 5.6　设置自定义动画效果

（1）选择第1张幻灯片封面页中的标题和副标题，在"动画"选项卡的"动画效果"下拉列表中，选择"进入"动画效果为"飞入"，单击"动画属性"下拉按钮，在展开的下拉列表中，设置动画的运动方向为"自右下部"，设置进入动画如图5-83所示。

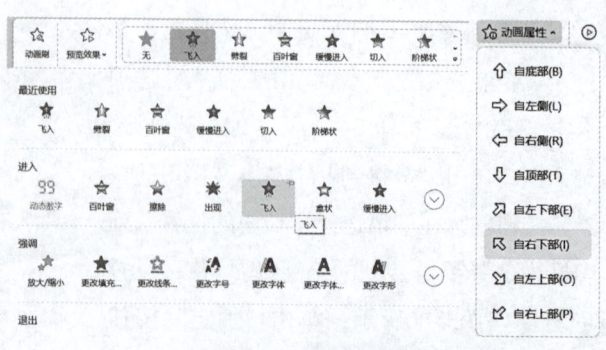

图5-83　设置进入动画

（2）选择第2张幻灯片目录页中的图片，设置进入动画效果为"劈裂"，动画属性为"左右向中间收缩"，设置目录项动画效果为"自底部飞入"。

使用相同的方法，设置第3张、第6张、第7张幻灯片的文本、视频、图片及表格的进入动态效果为"劈裂"，动画属性为"左右向中间收缩"。

> **小知识**
>
> 利用"动画刷"可以快速复制和应用动画效果。选择一个已经设置好动画的对象，单击"动画刷"按钮，鼠标变成刷头，单击想要应用相同动画的其他对象，则它们的动画效果就与第一个对象一样，如果要复制应用到多个对象，就要双击"动画刷"。

（3）选择第4张幻灯片中的"HUAWEI Mate 60"文本，单击"动画"选项卡中"动画窗格"按钮✦，打开"动画窗格"任务窗格，单击"添加效果"下拉按钮，在展开的下拉列表中，设置强调动画效果为"补色"，动画窗格如图5-84所示。

（4）选择第5张幻灯片中的并列图文，设置进入动画效果为"阶梯状"，在"动画窗格"中设置开始为"上一动画之后"，方向为"右上"，速度为"快速"（1秒），更改动画如图5-85所示。

提示：在动画窗格窗口的开始列表项中，"单击时"选项表示要单击一次后才开始播放该动画，"之前"选项表示设置的动画将与前一个动画同时播放，"之后"选项表示设置的动画将在前一个动画播放完毕后自动播放。

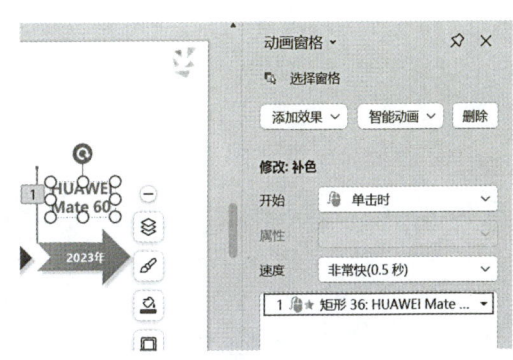

图5-84　动画窗格

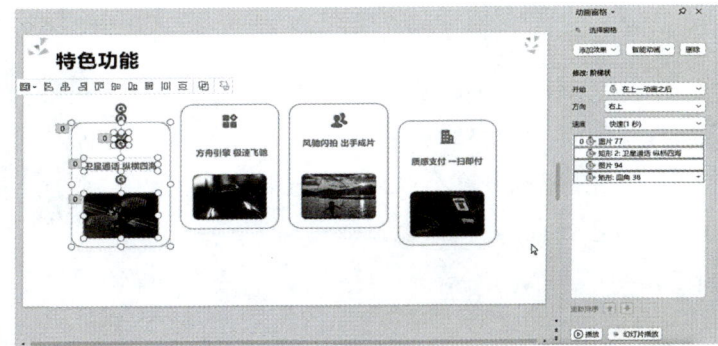

图5-85　更改动画

技能点 5.7　设置放映方式

演示文稿制作好后，单击"放映"选项卡中"放映设置"按钮，打开"设置放映方式"对话框，如图5-86所示，可进行幻灯片设置。

提示：可以从第1张幻灯片开始播放演示文稿，也可以从当前幻灯片开始播放演示文稿，按【Esc】键结束放映。不同的幻灯片放映方式，在不同的场合有不同的应用。

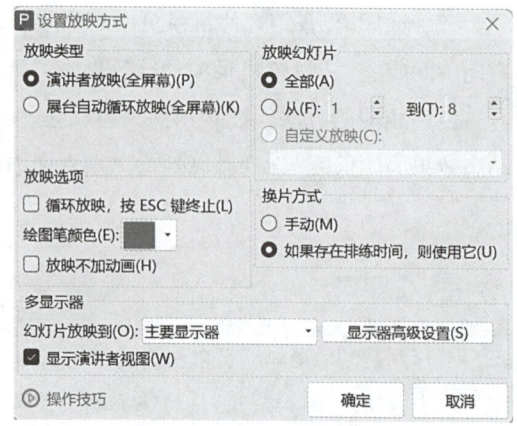

图5-86　"设置放映方式"对话框

思考总结

WPS动画效果在演示文稿中扮演着至关重要的角色，它不仅能显著提升文稿的视觉效果，还能有效增强信息的传达与理解。在制作过程中，应当注意动画的流畅性，确保其与文稿内容自然融合，避免突兀和过度使用。同时，还要考虑动画的加载速度，确保演示文稿的专业性和易读性。通过精心设计和合理运用WPS动画效果，能够更好地展现演示文稿的价值。

任务拓展

剪裁视频

为了增强视频的表现力、主题性和观赏性，在WPS演示文稿中插入视频，也可对视频直接剪辑。

选择本演示文稿中的企业介绍页中视频，单击"视频工具"选项卡中"裁剪视频"按钮，在适当时长拖动滑块进行剪裁，如开始时间剪裁至00:00:86，结束时间剪裁至02:26:43，剪裁视频如图5-87所示。

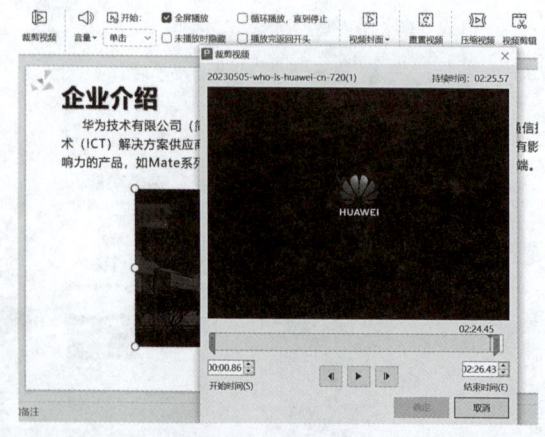

图5-87　剪裁视频

拓展阅读

国产操作系统突围，"纯血鸿蒙"亮相

2024在1月18日举行的鸿蒙生态千帆启航仪式上，华为宣布HarmonyOS NEXT鸿蒙星河版面向开发者开放申请，该系统不依赖于Linux、UNIX等操作系统内核，而是从底层开发技术就实现了自主研发的操作系统。在发布之前，因摆脱对安卓内核的依赖，就已经有不少业内外人士将即将发布的HarmonyOS NEXT称为"纯血鸿蒙"。

鸿蒙生态设备数量目前已经增长至8亿。目前已有高德地图、微博、WPS等超200家头部应用加速鸿蒙原生开发，原生应用版图成型。而中国银联等众多伙伴也开放了垂直领域的创新能力，和鸿蒙的底座能力一起，给开发者提供了高效的全链路开发工具，进一步加速鸿蒙原生应用开发。

任务总结

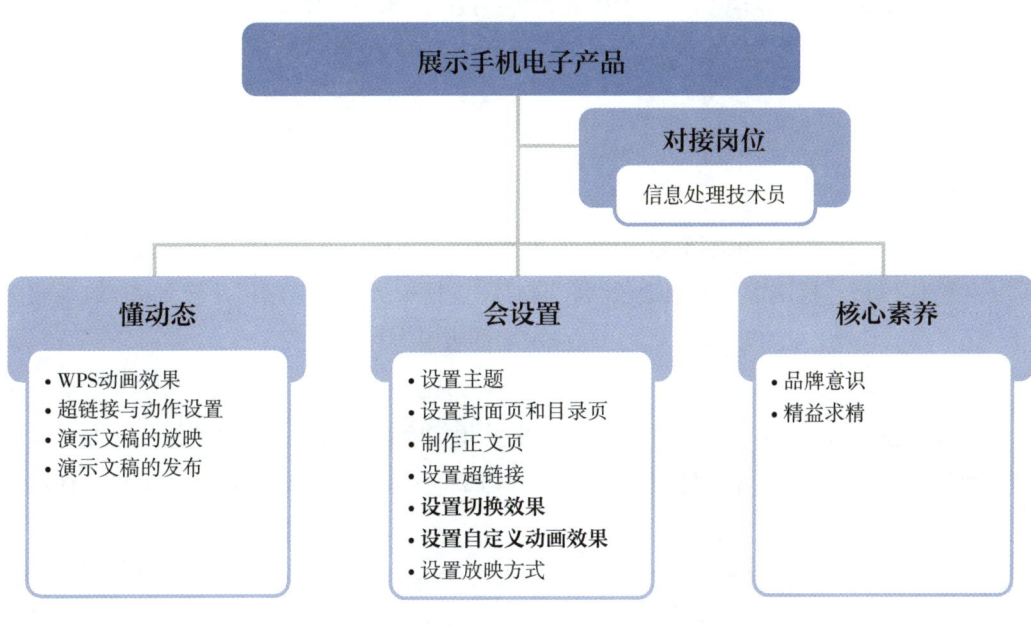

知识检测

一、判断题

1. 使用WPS演示中的"动画刷"工具，可以快速为多个对象设置相同动画。（　　）
2. 在WPS演示的"视图"选项卡中，可以进行幻灯片页面设置、配色方案的选择和设计。（　　）

知识检测

二、选择题

1. 在WPS演示中，欲在幻灯片上添加文本框，在功能区中应该选用（　　）选项卡。
   A．视图　　　　　　　　　　B．插入
   C．设计　　　　　　　　　　D．切换

2. 在WPS演示中，已设置了幻灯片的动画，但没有看到动画效果，应切换到（　　）。
   A．普通视图　　　　　　　　B．幻灯片浏览视图
   C．备注页视图　　　　　　　D．幻灯片放映视图

3. 在WPS演示中，向幻灯片添加动作按钮正确的方法是（　　）。
   A．单击"插入"选项卡→"形状"按钮，在列表框中选择"动作按钮"区中的某一按钮
   B．单击"插入"选项卡→"图标"按钮，在列表框中选择"动作按钮"区中的某一按钮
   C．单击"开始"选项卡→"动作按钮"按钮
   D．单击"设计"选项卡→"动作按钮"按钮

4. 演示文稿放映时，单击（　　）会跳转到所链接的目录幻灯片或其他对象。
   A．超链接　　　　　　　　　B．切换效果
   C．添加动画　　　　　　　　D．排练计时

三、应用实践

制作一个关于笔记本电脑介绍的PPT，包含笔记本电脑的图片、功能等。使用设计模板来美化整体风格，利用形状来辅助说明，同时设置目录页的超链接以跳转到PPT的不同部分，还需要有切换效果和动画效果，以增强演示的吸引力和互动性。

（一）具体要求

①设计模板与布局：选择一个与笔记本电脑相关的设计模板，确保整体风格专业、清晰且吸引人。根据模板的布局特点，合理安排PPT的页面内容，确保信息展示有序且易于阅读。

②内容制作：制作至少5张幻灯片，包含笔记本电脑的内容介绍，如品牌、外观、配置、性能等。在每张幻灯片中插入至少1张与内容相关的笔记本电脑图片，并确保图片清晰、质量高。使用形状或智能图形标注或突出重要信息，如产品的关键特性、性能参数等。

③超链接：在目录页中为每个章节或内容点设置超链接，确保单击后能直接跳转到对应的幻灯片位置。

④切换效果与动画效果：为PPT的页面切换添加合适的切换效果，如淡入淡出、推进推出等，提升演示的流畅性和视觉吸引力；在每张幻灯片中适当添加动画效果，如文字飞入、图片旋转等，以突出关键信息并增强观众的注意力。

(二)注意事项

①文字描述应简洁明了。

②图片和形状的使用应与内容相匹配,避免过于花哨或无关的元素。

③切换效果和动画效果应适度使用,避免过于烦琐或分散观众的注意力。

任务6 绘制网络拓扑图

▶ 任务描述

在计算机网络的设计与规划中,网络拓扑图扮演着至关重要的角色,它不仅影响着网络的设计、功能和可靠性,还直接关系到通信成本的高低。作为研究计算机网络的核心环节之一,精通专业的拓扑图绘制技巧对于从事该行业的人来说是基本要求,同时也是网络管理员专业素养和技术水平的重要体现。

公司承担了某高校一项数字化校园网络扩建工程,为了形象展示建设内容,需要绘制网络拓扑图。现利用WPS中的流程图功能完成网络拓扑图的制作,要求直观、专业、规范、完整,能够正确呈现网络架构。校园网网络拓扑图如图5-88所示。

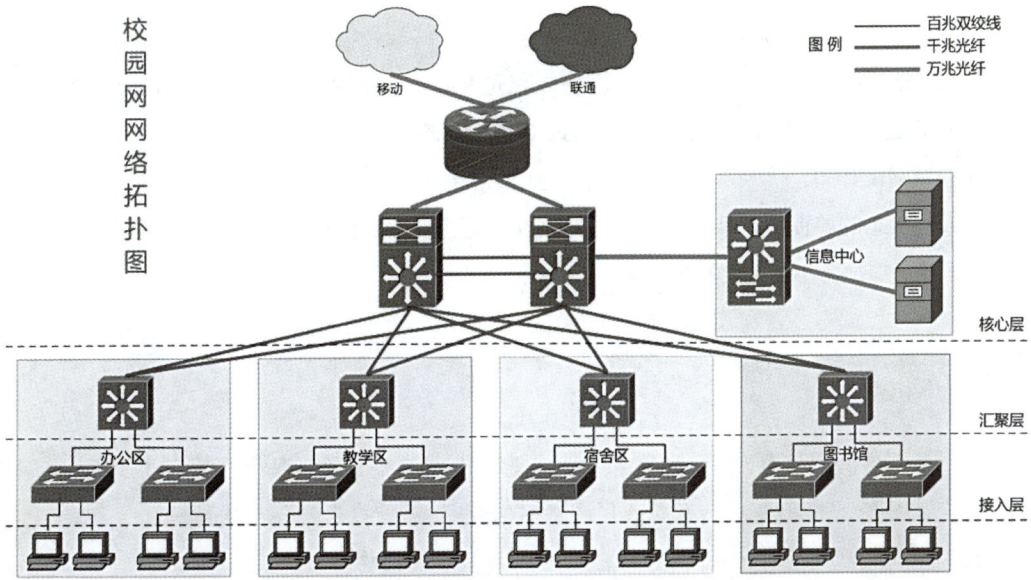

图5-88 校园网网络拓扑图

▶ 知识学习

6.1 层次化网络设计

校园网组建是一项看似简单实则复杂的系统工程,涉及需求分析、设计原则、技术选型、设备选择和安全防范等诸多方面。校园网的建设目标是建立一套具有高性能、高可靠性、高负载、高安全性的网络系统,整个系统易于扩充、便于管理、方便用户接入。

大型校园网络结构复杂、用户数量庞大、网络应用繁多且流量大,可以采用业务界通用的"核心层——汇聚层——接入层"层次化网络设计模型。

(1)核心层

核心层一般采用高性能的多层模块化交换机,承担信息中心的主服务器与网络主干交换设备的连接,核心交换机多设于网络中心,采用双核心结构互相分担网络流量,互为备份,保障了网络核心的可靠性和冗余性。

核心层通常采用高带宽网络技术,并经路由器与中国教育和科研计算机网(CERNET)相连。整网的核心交换要求具有高性能、高带宽的特点,能够提供无瓶颈的数据交换。

(2)汇聚层

汇聚层包括建筑群的主干节点,上链核心层,下链接入层,主要由1000Mbit/s传输率的三层交换机组成,楼层之间采用千兆光纤相连。汇聚层采用双机双链路做保护,当一台设备出现故障时,网络流量可以从另一台设备转发。

(3)接入层

接入层主要由建筑物楼内的交换机组成,连接用户终端及桌面设备。根据网络综合布线情况,接入层使用的交换机应具备网络管理功能和先进的安全特性,通常选择48端口或24端口的百兆或千兆交换机,并配备一定数量的支持POE供电的交换机。

在局域网设计中,接入层网络一般采用通用的星型拓扑结构,可以减少故障节点,使网络工作在最佳状态的前提下,具有较好的可伸缩性、容错性和可操作性。为了有效控制网络建设的成本,接入层通常不会使用冗余链路。

> 📝 **小知识**
>
> 采用层次化模型设计,将复杂的网络设计分成几个层次,每个层次着重于某些特定的功能。中小型、小型局域网一般可采用"核心/接入层"层次结构,大型、大中型局域网一般可采用"核心/汇聚/接入层"层次结构。

6.2 绘图软件

6.2.1 绘制网络拓扑的软件

网络拓扑结构图是用于描述计算机网络中各设备及其连接方式的图形表示。一个直观且专业的网络拓扑结构图可以有效地呈现整个网络的架构。

对于小型、简单的网络拓扑结构图可能比较好画,因为其中涉及的网络设备不是很多,图元外观也不会要求完全符合相应产品型号,可以通过画图软件轻松实现。而一些大型、复杂网络拓扑结构图的绘制则通常需要运用一些专业的绘图软件。

绘图网络拓扑软件很多,如Visio、PowerPoint、SmartDraw、亿图等。这些专业的绘图软件,不仅有许多外观漂亮、型号多样的产品外观图,而且还提供了圆滑的曲线、斜向文字标注,以及各种特殊的箭头和线条绘制工具。

6.2.2 Visio 和亿图

(1) Visio

Visio系列软件是微软公司开发的高级绘图软件,可以绘制网络拓扑图、房屋平面图、信息点分布图等。它功能强大,易于使用,适合大型网络拓扑绘制。由于发布早,用的人比较多,但上手难度较高。

(2) 亿图

亿图系列软件由深圳市亿图软件有限公司开发,是一款办公绘图软件,用于绘制流程图、组织架构图、网络拓扑图等。该软件小巧轻便、简单易用,并支持多种操作系统。然而,试用版的功能较为有限,且存在一些使用限制。

亿图能够与Visio完美衔接,可以随意导入和导出Visio格式的文件,并且导出后的文件还可以在Visio中继续编辑。这两款绘图软件各有其优势和不足,Visio和亿图的不同点如表5-1所示。

表 5-1 Visio 和亿图的不同点

项目	Visio	亿图
绘图模板	较少,比较单一	多种模板类型,满足多场景使用需求
模具(形状库)	模具丰富,搜索功能一般	模具丰富,搜索功能好用
图形美化	比较普通,美化功能单一	配色方便,自动排版和排列
标准	工业标准	标准性不高

提示:可根据使用习惯选择工具,新手建议亿图,使用比较熟练的可用Visio。

6.3 流程图

流程图是一种图形化、结构化的表示方法，可以用来展示各种复杂的流程和系统，而WPS可以很方便地制作流程图。WPS可以插入在线流程图和本地流程图，本地流程图实际链接到亿图图示。

WPS×亿图界面如图5-89所示，工作界面的顶部为功能区，左侧为符号库，中间为画布区。

图5-89 WPS×亿图界面

（1）画布区

画布区是创建和编辑流程图的主要区域，可以在这里拖放符号、输入文本、调整布局等。

（2）符号库

符号库位于界面左侧，默认显示我的库、基本绘图形状、基本流程图形状等符号库。符号库中包含了各种预定义的符号，如长方形、椭圆、三角形等。可以直接将所需的图形拖放到画布区域。

▍任务实施

WPS Office中的文字、表格和演示中都支持插入流程图，下面以WPS文字中的绘制操作作为示范，绘制图5-88所示的图形。

技能点 6.1　新建绘图文档

（1）打开WPS Office，单击顶部标题栏右侧的"+"，新建空白文字文档。

（2）创建空白绘图文档。打开空白文字文档，单击"插入"选项卡中"流程图"下拉按钮，在展开的下拉列表中选择"本地流程图"项。

在打开的"流程图"对话框中，选择"网络"类别下的"网络图"子类，单击"思科网络拓扑图"模板，如图5-90所示，即创建一个空白绘图文档。

图5-90　"流程图"对话框

技能点 6.2　绘制接入层及汇聚层图形

（1）添加拓扑符号。根据要绘制的网络图，从界面左边的"思科网络拓扑图"符号库里直接拖拽"个人计算机""工作组交换机""思科5500系统"等拓扑符号放至画布中，智能对齐。

（2）添加连接线。单击"开始"选项卡中"连接线"按钮，按住鼠标拖拽连接线将各拓扑符号连接起来。

提示：连接线放在拓扑符号边框的时候，会出现蓝色圆圈，拖动连接线到另一个出现蓝色圆圈的拓扑符号边框，松开鼠标后，连接点会出现红色的小方块，会自动吸附。

（3）设置连接线格式。选中图形中的连接线，在浮动工具条中，设置粗细为"1pt"，终点箭头为"00"，设置连接线格式如图5-91所示。其他连接线可以利用格式刷快速实现连线格式设置。

（4）组合拓扑符号。绘制好后，用鼠标框选所有拓扑符号，单击浮动工具条中"组合"按钮，组合拓扑符号如图5-92所示，即完成选区所有对象的捆绑组合。

为了使图形更加美观，我们可以对编辑好的图形进行缩放调整。只需点击

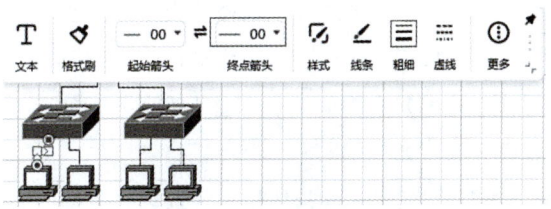

图5-91　设置连接线格式

图形四周的蓝色小方块,然后拖动鼠标,便可按需要放大或缩小图形。

(5)复制图形。选中组合后的图形,同时按下【Ctrl】键和【Shift】键,将鼠标拖拽到右侧空白区域,然后释放鼠标左键来完成复制和粘贴。接着重复这个过程3次,以便将图形复制粘贴到其他3个空白区域。

(6)设置对齐。用鼠标框选所有对象,单击浮动工具条中"对齐"按钮,在展开的"对齐"列表框中选择"上对齐"按钮和"形状等间距横向分布"按钮,设置对齐如图5-93所示。

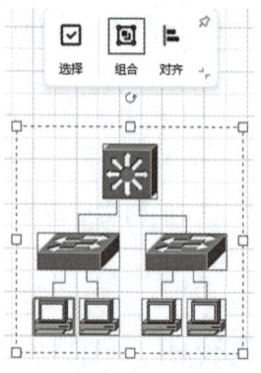

图5-92 组合拓扑符号

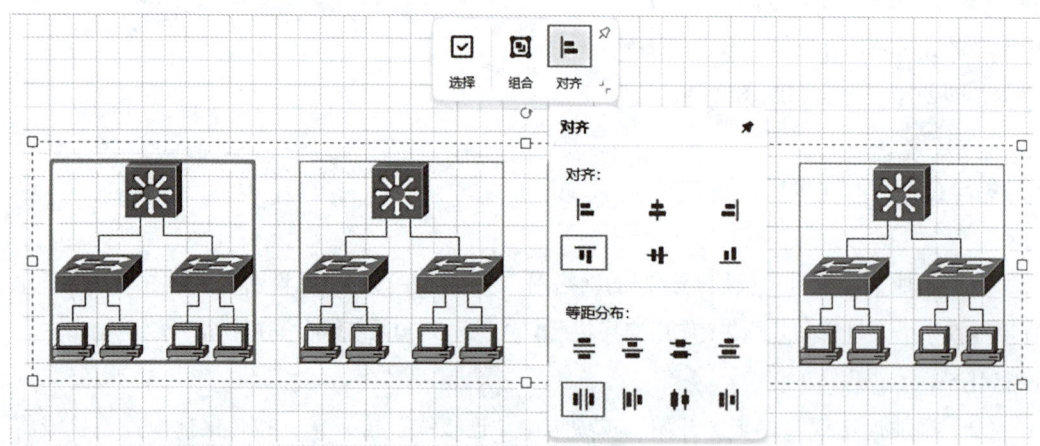

图5-93 设置对齐

技能点 6.3 绘制核心层图形

(1)添加拓扑符号。从界面左边的"思科网络拓扑图"符号库里拖拽"文件/应用服务器""数据中心交换机""带路由/交换机处理器""带防火墙的路由器""网络云"等拓扑符号放至画布中,智能对齐。

(2)添加连接线。单击"开始"选项卡中"连接线"下拉按钮,选择"直线连接线"按钮,按住鼠标拖拽连接线将各拓扑符号连接起来。

(3)设置交换机间连接线格式。选择核心层交换机与汇聚层交换机之间连接线,单击右键,在弹出的快捷菜单中勾选"忽视跳线"选项。在浮动工具条中,设置粗细为"2pt",终点箭头为"00",线条为"深红"。

(4)设置其他连接线格式。选择"数据中心交换机"和"带防火墙的路由器"之间连接线,在浮动工具条中,设置粗细为"3pt",终点箭头为"00",线条为"浅蓝"。核心层区域图形如图5-94所示。

提示：选用万兆以太网作为高速主干，选用千兆以太网作为各个园区的主干，形成大学校园网的汇聚层，选用百兆以太网作为基本的接入形式。

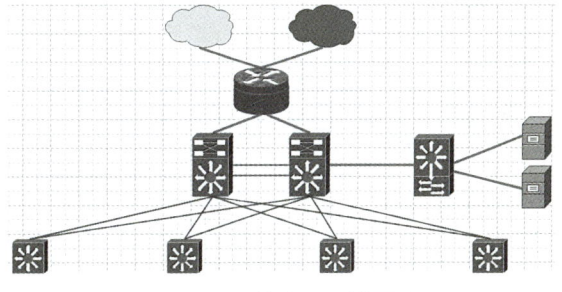

图5-94　核心层区域图形

技能点 6.4　绘制网络区块布局

（1）绘制办公区块。选择"开始"选项卡中"形状"下拉按钮，在下拉项中选择"矩形工具"拖拽到画布中，单击"开始"选项卡中"位置"下拉按钮，在下拉项中选择"置于底层"选项。选中该矩形形状上控制点，拖拽调整其在画布中的大小，并移动到合适位置上。双击该矩形形状，添加注释，输入"办公区"文本。在浮动工具条中，设置适当样式。

（2）绘制其他网络区块。使用同样的方法，再绘制4个矩形形状，调整大小、位置，添加注释，设置样式，完成教学区、宿舍区、图书馆、信息中心区块的绘制。

技能点 6.5　添加层次结构和标注

（1）添加层次结构。选择"开始"选项卡中"形状"下拉按钮，选择"线条工具"形状，拖拽到画布中，双击该线条形状的右侧，在出现的文本框中输入"接入层"文字标注，调整文本框的位置。使用同样的方法，添加其他层文字标注，如图5-95所示。

（2）添加网络云标注。双击画布中网络云拓扑符号，在其下面出现的"文本"占位符中，分别输入"移动"和"联通"文字标注。

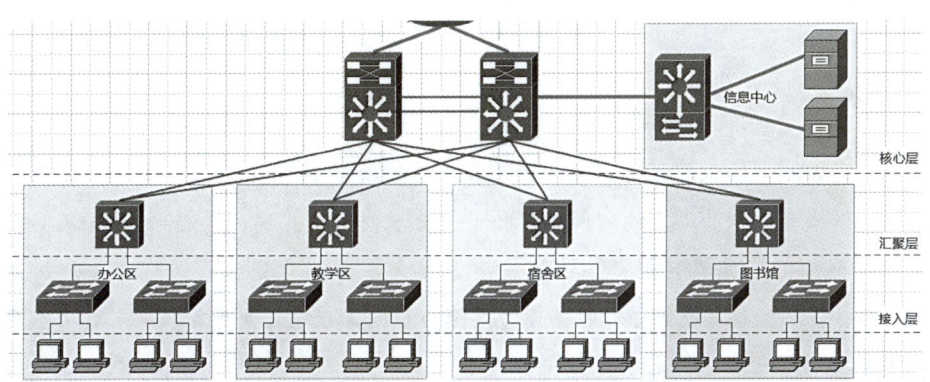

图5-95　网络区块和层次结构

提示：校园网通过移动和联通2条出口线路连接到教育网，可以实现负载均衡。

技能点 6.6　添加标题及图例

（1）添加标题。双击右上方工作区，出现"文本"占位符，输入"校园网网络拓扑图"文字，设置字号为"16"磅，字体颜色为"深红色"。

（2）绘制图例。利用线条工具给不同网速连线绘制图例，添加标题及图例如图5-96所示。

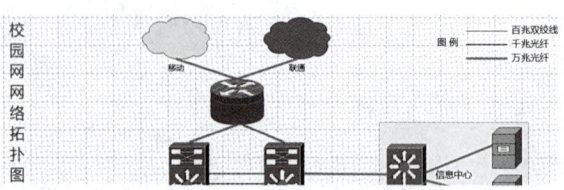

图5-96　添加标题及图例

技能点 6.7　保存导出流程图

（1）保存流程图。网络图绘制完成后，可以选择保存到电脑，文件类型是亿图XML文件（.eddx），也可以通过单击画布中的"插入到文档"按钮 直接插入到文档中。

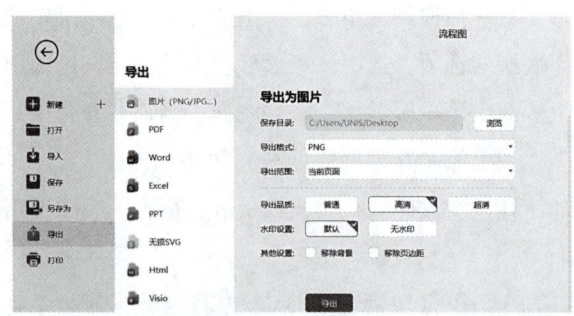

图5-97　导出设置界面

（2）导出流程图。单击"快速访问工具条"中选择"导出"按钮，打开导出设置界面，如图5-97所示。设置保存目录、导出格式、导出品质、水印设置等，单击"导出"按钮，即可输出PNG图片。

提示：该软件支持将文件导出为图片、Html、SVG、Office、Visio、PDF矢量等多种文件格式。但是，只有注册会员才能导出无水印、高清或超清效果的文件。

> 📋 **思考总结**
>
> 　　利用WPS中的流程图可以轻松绘制出清晰直观的网络拓扑图，帮助有需要的人进行网络规划和管理。绘制网络拓扑时，善于使用格式刷、复制-粘贴等工具，并确保网络拓扑元素要规范、连接线要连贯、图例注释完善、网络层次分明易读、拓扑呈现完整等。识图、绘图能力是综合布线工程设计与施工组织人员必备的基本功。

任务拓展

亿图美化技巧

在亿图中绘制完网络拓扑结构图时，可以通过"设计"选项卡中的内置主题来快速美化图形的样式和主题风格。

首先选择需要修改的图形，然后单击"设计"选项卡，从中找到合适的内置主题并单击应用，即可修改整个图形的样式和主题。具体的内置主题样式如图5-98所示。

图5-98　内置主题样式

任务总结

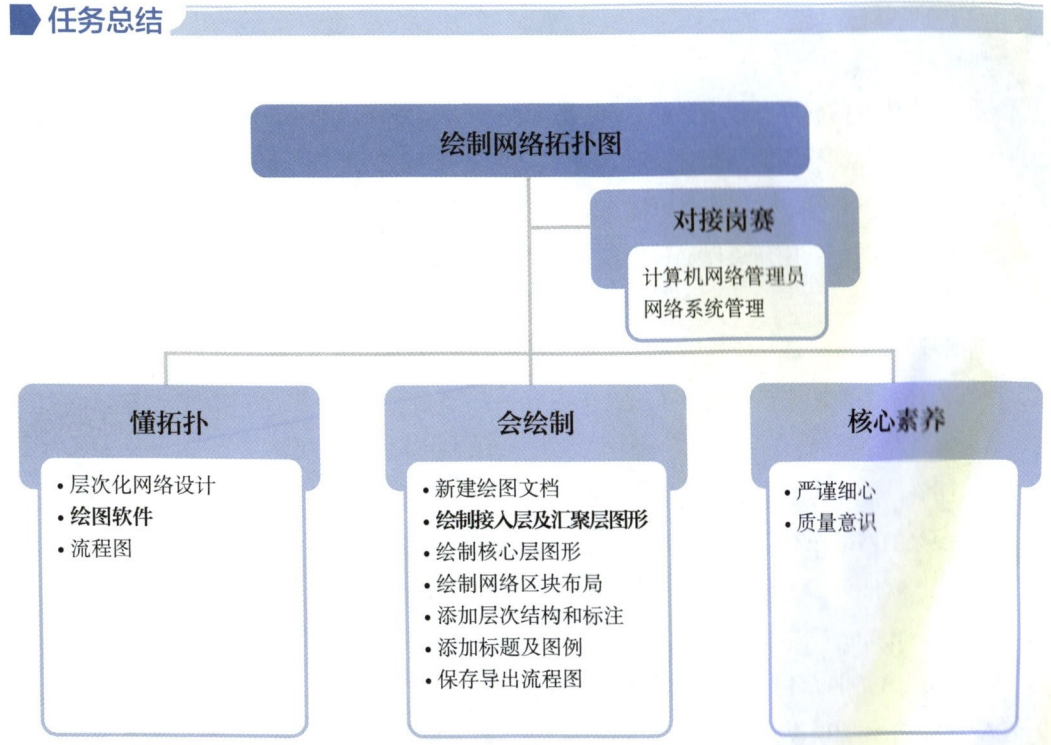

📖 扩展阅读

自主可控的信创产业

信创产业是以信息技术产业为根基，基于基础设施、基础软件、应用软件、信息安全等系列创新技术所构成的产业，其核心在于打造国产化软硬件底层架构、标准体系及全周期生态体系，在芯片、服务器、操作系统、数据库等领域实现国产化替代，变成可独立掌控、可独立研究、可持续发展的产业。

2023年中央经济工作会议提出："以科技创新引领现代化产业体系建设。要以科技创新推动产业创新，特别是以颠覆性技术和前沿技术催生新产业、新模式、新动能，发展新质生产力。"对国产化软件和硬件技术的研究和应用，不仅可以提高国内技术的安全性和自主可控性，而且可以为国家经济发展和国际竞争力提供有力支撑。

📖 知识检测

一、判断题

1. 绘图网络拓扑的软件有很多，如Visio、亿图、PowerPoint、VMware等。（   ）
2. 使用WPS×亿图绘制网络拓扑图时，通常需要使用到的图形符号包括路由器、交换机、服务器等，这些符号可以在亿图的符号库中找到。（   ）
3. 在WPS×亿图中，用户可以通过拖拽的方式将所需的图形添加到画布中。（   ）

二、选择题

1. 网络拓扑图主要用来描述以下（   ）内容。
   A. 文件存储布局　　　　　　　　B. 计算机硬件配置
   C. 网络设备及其连接方式　　　　D. 软件架构设计
2. 对于复杂的网络拓扑结构，以下（   ）软件更适合绘制。
   A. 画图软件　　　　　　　　　　B. Visio
   C. PowerPoint　　　　　　　　　D. 亿图
3. WPS×亿图提供了（   ）类型的绘图模板。
   A. 网络拓扑图模板　　　　　　　B. 组织结构图模板
   C. 思维导图模板　　　　　　　　D. 所有以上选项
4. 在WPS×亿图中，（   ）方式可以快速添加图形符号。
   A. 手动绘制　　　　　　　　　　B. 文字输入
   C. 拖拽图形库中的符号　　　　　D. 复制粘贴

三、简答题

1. 简述WPS×亿图的主要功能和特点。
2. 简述将WPS×亿图绘制的图形导入WPS文档中的操作步骤。

项目实战

【项目要求】

某计算机从业人员在一台计算机中安装完WPS Office软件，现承担了学校机房的改造，需要使用WPS Office完成计算机工程文档的日常编辑。

【项目实施】

步骤一：使用WPS文字制作并编辑工程招标文档。
步骤二：使用WPS本地流程图制作并编辑机房的基本网络图形。
步骤三：使用WPS表格制作并编辑综合布线施工材料表。
步骤四：使用WPS演示制作并编辑机房施工方案演示文稿。

【项目评价】

考核评价表

任务	专业能力和职业素质	评价指标	考核方式
1-2	能够使用WPS文字编辑、排版文档，要有整理、处理信息的能力	规范，清楚，信息素养的形成，学会发掘和利用新功能，有条理地表达自己的思想、态度和观点	互评
3	能够使用WPS表格创建、计算和分析表格，能分析、统计与管理数据	内容准确，分析、对待数据的严谨态度，思维模式和思维习惯	师评
4-5	能够使用WPS演示创建、编辑演示文稿，精益求精的工匠精神	图文混排，整体效果，自主探究的精神，有工匠精神，个人展示，语言表达清楚、明确	自评
6	能够使用绘图软件绘制校园网络拓扑结构图，严谨细心的职业素质	整洁，规范，准确描述用户网络需求	师评

注：评价档次采用A（优秀）、B（良好）、C（合格）、D（不合格）四个水平。

参考文献

［1］程远东. 信息技术基础（Windows 10+WPS Office）（微课版）［M］. 2版. 北京：人民邮电出版社，2023.

［2］陈向阳. 信息技术（基础篇）［M］. 北京：北京理工大学出版社，2021.

［3］吴媛. 信息技术项目化教程［M］. 北京：北京理工大学出版社，2021.

［4］陈平. 计算机导论（微课版）［M］. 北京：中国水利水电出版社，2022.

［5］谢江宜. 大学计算机基础实验（WPS版）［M］. 北京：中国水利水电出版社，2022.

［6］唐继勇. 计算机网络基础创新教程（模块化+课程思政版）［M］. 北京：中国水利水电出版社，2021.

［7］阚定朋. 计算机网络技术基础［M］. 3版. 北京：高等教育出版社，2021.

［8］郭绍义. WPS Office办公应用从入门到精通［M］. 天津：天津科学技术出版社，2022.

［9］谢江宜. 大学计算机基础（WPS版）［M］. 北京：中国水利水电出版社，2022.

［10］王艳萍. 计算机网络技术项目化教程（微课版）［M］. 北京：北京理工大学出版社，2021.

［11］万钊友. 计算机组装与维护项目教程［M］. 2版. 北京：北京理工大学出版社，2021.

［12］赖作华. 计算机组装与维护立体化教程（微课版）［M］. 3版. 北京：人民邮电出版社，2021.

［13］华为技术有限公司. 网络系统建设与运维（中级）［M］. 北京：人民邮电出版社，2020.